カラー版 徹底図解

自動車のしくみ

The visual encyclopedia of car

新星出版社

徹底図解

自動車のしくみ

もくじ

はじめに ………………………………………………………… 6

第1章　自動車の種類 …………………………… 7
法律による分類 ………………………………………………… 8
車体形式による分類 …………………………………………… 10
車各部の名称 …………………………………………………… 12
　Column 国によって異なる形式名 ……………………… 14

第2章　最先端技術 ……………………………… 15
4輪操舵システム ……………………………………………… 16
燃料電池車 ……………………………………………………… 18
W型エンジン …………………………………………………… 20
4輪駆動システム ……………………………………………… 22
カーナビゲーションシステム ………………………………… 24
　Column 非石油化が進むエンジン技術 ………………… 26

第3章　エンジン ………………………………… 27
エンジンの形 …………………………………………………… 28
燃焼室 …………………………………………………………… 30
4サイクル ……………………………………………………… 32
搭載方式 ………………………………………………………… 34
ボア＆ストローク ……………………………………………… 36
カムシャフト …………………………………………………… 38
バルブ機構 ……………………………………………………… 40

バルブタイミング ………………………………………………… 42
SV、OHV、OHC ………………………………………………… 44
ピストン …………………………………………………………… 46
コンロッド ………………………………………………………… 48
クランクシャフト ………………………………………………… 50
ロータリーエンジン ……………………………………………… 52
スロットルバルブ ………………………………………………… 54
バルブトロニック ………………………………………………… 56
燃料ポンプ ………………………………………………………… 58
燃料噴射装置 ……………………………………………………… 60
バッテリーとスターターモーター ……………………………… 62
点火コイルとディストリビューター …………………………… 64
点火プラグ ………………………………………………………… 66
オルタネーター …………………………………………………… 68
排気経路 …………………………………………………………… 70
エキゾーストマニホールド ……………………………………… 72
マフラー …………………………………………………………… 74
排出ガス浄化装置 ………………………………………………… 76
冷却水と循環経路 ………………………………………………… 78
冷却水 ……………………………………………………………… 80
ラジエター ………………………………………………………… 82
エンジンオイル …………………………………………………… 84
ターボ① …………………………………………………………… 86
ターボ② …………………………………………………………… 88
スーパーチャージャー …………………………………………… 90
エンジンルームのメンテナンス ………………………………… 92

第4章　駆動系統　95

FFとFR …………………………………………………………… 96
RRとMR …………………………………………………………… 98
4WD ………………………………………………………………… 100
変速機とクラッチ ………………………………………………… 102
変速機 ……………………………………………………………… 104

3

クラッチ …………………………………………… 106
シンクロ …………………………………………… 108
AT …………………………………………………… 110
トルクコンバーター ……………………………… 112
ロックアップ機構 ………………………………… 114
CVT ………………………………………………… 116
プロペラシャフト ………………………………… 118
ドライブシャフト ………………………………… 120
ディファレンシャル ……………………………… 122
LSD ………………………………………………… 124
トラクションコントロール ……………………… 126
タイヤのメンテナンス …………………………… 128
　Column 進むアクティブセーフティ技術 ……………… 130

第5章　シャシー ……………………………… 131

サスペンションの働き …………………………… 132
スプリングとショックアブソーバー …………… 134
リジッド方式 ……………………………………… 136
独立懸架方式 ……………………………………… 138
ステアリング ……………………………………… 140
アッカーマン機構 ………………………………… 142
ステアリングギア ………………………………… 144
パワーステアリング ……………………………… 146
四輪操舵（4WS） ………………………………… 148
タイヤの基本 ……………………………………… 150
タイヤの種類 ……………………………………… 152
タイヤのサイズ …………………………………… 154
ホイールの基礎知識 ……………………………… 156
ブレーキ …………………………………………… 158
ディスクブレーキ ………………………………… 160
ドラムブレーキ …………………………………… 162
ABS ………………………………………………… 164
ブレーキのメンテナンスと異常 ………………… 166

ワイパーとランプの交換 …………………………………… 168
Column 進むプラットフォームの共有化 ……………………… 170

第6章　ボディ …………………………………… **171**

ボディ構造 ………………………………………………… 172
空気抵抗 …………………………………………………… 174
歩行者安全ボディと衝突安全インテリア ………………… 176
塗装 ………………………………………………………… 178
ドアとルーフ ……………………………………………… 180
洗車 ………………………………………………………… 182

第7章　装備 ……………………………………… **187**

ライト ……………………………………………………… 188
ナイトビジョンとワイパー ………………………………… 190
シート ……………………………………………………… 192
シートベルト ……………………………………………… 194
エアバッグ ………………………………………………… 196
ドアミラーなど …………………………………………… 198
リモコンキーと空調関連 ………………………………… 200
ETCとカーナビ …………………………………………… 202
横滑り防止装置 …………………………………………… 204
クルーズコントロールと車載コンピューター ……………… 206
Column 安全装備はあくまで補助装置 ……………………… 208

第8章　自動車の歴史 ……………………………… **209**

研究の時代 ………………………………………………… 210
実用化の時代 ……………………………………………… 211
工業化の時代 ……………………………………………… 212
技術開発の時代 …………………………………………… 213
日本の自動車産業 ………………………………………… 214

さくいん …………………………………………………… 215

はじめに

　私たちにとって車は身近な乗り物です。最近の車は自分でメンテナンスを心がけなくてもめったに壊れなくなり、またディーラー、ガソリンスタンドやカー用品ショップのサービスが行き届いているので、ボンネットを定期的に開ける人はまれでしょう。しかし、車はありとあらゆる技術の集大成ともいえる工業製品です。車を設計して商品として世界に流通させることのできる国はごくわずか。それほど車を生産するには多岐にわたる技術力が必要なのです。

　この本ではそんな車を支える技術の数々をできるだけ個々に取り上げ、図とともに解説しております。第1章では車の分類の仕方、車の形状について、第2章では車に用いられている最先端の技術を解説しています。第3章から第7章までは、車に使われている部品や機構についての詳細な解説をしました。特に技術の粋が集められているエンジンについては、3章で細かく説明しました。最後の第8章では自動車の歴史について簡単にまとめました。

　また、テーマによっては章末にメンテナンスのページを設け、簡単にできるメンテナンス方法を紹介しました。この本で取り上げたメンテナンスを行うことによって、車のメカニズムについて理解と関心が深まることを編集部では期待しております。

　車のメカニズムを知ることは、車の異常を早期に発見する手助けにもなります。本書を読んでいただくことで、安全で快適なカーライフの一助になれば幸いです。

第1章

自動車の種類

法律による分類

Key word 5ナンバー、3ナンバー　車は大きさやエンジンの排気量によって税制上区分され、それがナンバープレートの分類番号に表される。

乗用車ではおもに3つに分けられる

　車は法規上、様々な種類、形式を区別する事項が規定されている。主なものは、「普通車か、小型車か」といった種別、「乗用車か、貨物車か」といった用途、さらに車体形状やエンジンの種類、排出ガス・レベルといったものによってだが、その区分された種類の中でもよく耳にするのが、「**5ナンバー**」や「**3ナンバー**」といった言葉だろう。乗用自動車の場合、道路運送車両法により種類は大きく3つに区分されている。

　それは3ナンバーとよばれる普通自動車、5ナンバー（7の場合もある）とよばれる小型自動車、そして軽自動車だ。つまり、ナンバープレートの分類番号（3桁以下の数字）の最初の数字が、ボディの大きさによって変わってくるわけだが、5ナンバーと3ナンバーがどのように区分されているかは次の通り。例えば、全長4.7m、全幅1.7m、全高2.0m以下で、用途は乗用車、かつ、ディーゼルまたは総排気量2000cc以下のガソリンエンジンの場合は5ナンバーとなる。これがボーダーラインとなり、3ナンバーと5ナンバーに振り分けられる。つまり、車のサイズのいずれかの寸法、または総排気量が2000ccを超えると3ナンバーになる。だから、最近の欧州車に見られるように、排気量が2000cc以下であっても、ボディサイズ（中でも全幅）が5ナンバーの小型車枠を超えてしまう車は、3ナンバーになってしまうのだ。

車内の広さは車体アレンジの工夫による

　過去には排気量のみで車の税制上の分類を振り分けていた時期もあったが、現在ではボディサイズと排気量で区分している。かつては3ナンバー車と5ナンバー車では税金が大幅に違っていた。よって、3ナンバー車は高級というイメージがあったが、現在ではそのイメージは薄れつつある。なぜなら、3ナンバー車でもそれほど税金が高くならないように法律が改訂されたからだ。

　最近では「ボディサイズが小さくても室内空間は広い」といったコンセプトを持った車も多く、シートサイズの設定の見直しなどにより、室内空間を有効に使っている車も多い。昔のように、「5ナンバーは3ナンバーに比べると、人が乗るには狭い」ということは一概に言えなくなってきている。

　ちなみに**軽自動車**とは、法規上、全長3.4m以下、全幅1.48m以下、高さ2m以下で、総排気量660cc以下の3、4輪車のことである。

豆知識 ナンバープレートには欠番がある。下2桁が、「42」や「49」の番号は割り当てられないことになっている。「42」は「死に」、「49」は「轢く」を連想させるからだ。

5ナンバー車

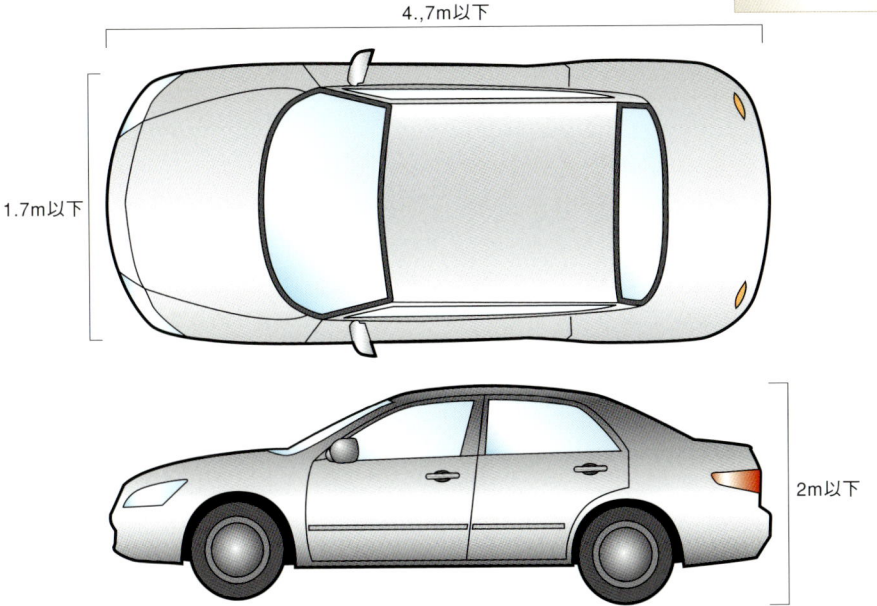

4.,7m以下
1.7m以下
2m以下
エンジンの排気量 2000cc以下

軽自動車

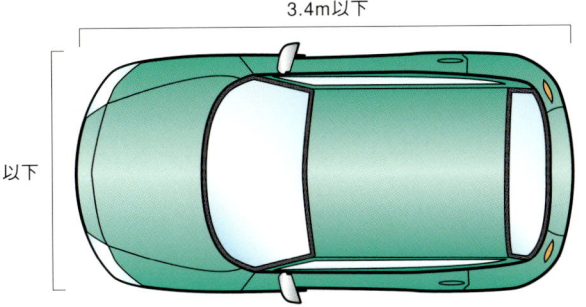

3.4m以下
1.48m以下
エンジンの排気量 660c以下

2m以下

第1章

豆知識 好きな数字が自分のナンバープレートになる「希望ナンバープレート制」が日本でも開始された。希望できるのは「4桁以下のアラビア数字の部分」のみ。

車体形式による分類

 Key word ボックス　車のボディ形状は、ボックス（箱、部屋）がいくつで構成されるかで表現される。

一つの形にも色々なよび名がある

　車のボディには様々な形態がある。中でもよく聞くのが1ボックスや2ボックスといった「**ボックス（BOX）**」という言葉。車のボディ形状を箱の形で表現したもの。例えば、3ボックスと言う場合、エンジンルーム、乗員室、トランクルームという3個の部屋（ボックス）から構成される車を指す。これは中型車以上に多く見られる形態で、車体後部に1段低くなったトランクルームが張り出しているのが、外見の大きな特徴だ。

　このような3ボックスタイプの車は、アメリカ流に言えば「**セダン**」、ヨーロッパ流に言えば「**サルーン**」となる。その中でも2ドアでスポーツタイプのものを「**クーペ**」と呼び、後部が滑らかに下がっている流線型のものを「**ファストバック**」とよぶ。また、3ボックスの後ろに張り出したトランクルーム部分を取り去ったものが2ボックスだ。これは、最近のFF車によく見られるタイプで、トランクルームが乗員室と一体になっている。元々は「**ワゴン**」から派生したもので、多くは後部に扉（ハッチ）があり、ここから荷物の出し入れができる。さらに、リアのシートを倒すことで、その空間をラゲッジスペースとしても使用可能としたものがほとんどだ。このように、セダンとワゴンのよい所を足して2で割った車体形式は「**ハッチバック**」とよばれる。

　また、外観的に段差が無く、エンジンルームと乗員室、トランクルームが一つの箱に内在しているものを1ボックスとよぶ。このタイプにはシートアレンジができるものが多く、ボディサイズの割に広い空間を利用できるのが最大の特徴だ。近年では、衝突安全のため運転席より前の部分が張り出した、**1.5ボックス**が主流となっている。

　ドアの数で分類する場合、トランクルームを備えた車は、それぞれそのまま2ドア・タイプとか4ドア・タイプとよぶが、車室内と直接つながっているドアが後部にある車は、その扉もドアの枚数と数え、それぞれ3ドア・タイプ、5ドア・タイプとよぶ。

　このようなボディの分類は、メーカー独自の意図によって明確ではない部分もあり、各社よびかたがまちまちである場合がある。

豆知識　トヨタが使う「リフトバック」とはハッチバックの事。「リフトバック」はトヨタの登録商標である。

コンバーチブル 屋根が開閉できる形式。セダンやハッチバックを改造して、コンバーチブルにした車も多い。

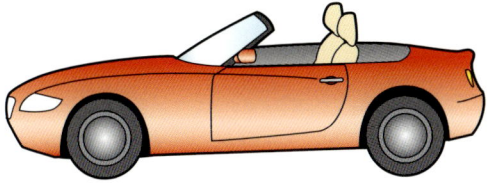 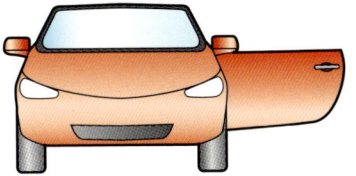

セダン 車体後部に独立したトランクを持つ形式。トランクを開閉しても、室内に外気が流れ込んでこない。

 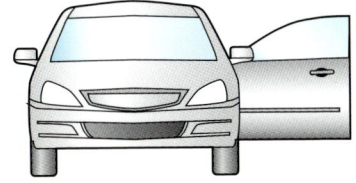

ワゴン セダンのルーフ後端を延長して、荷室を大きくしたタイプ。セダンに比べたくさんの荷物を積むことができる。

 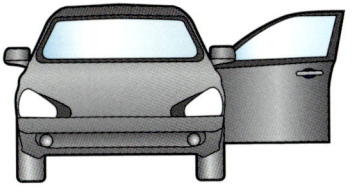

セダン：ハードトップタイプ 窓の枠がない車をハードトップとよぶ。これはコンバーチブルに金属製の屋根をかぶせた車から発展してきた車種。

 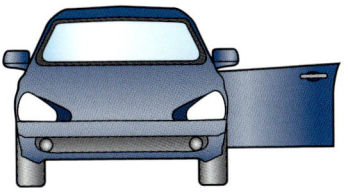

ハッチバック セダンのトランクを取り去ったような形。荷物はセダンにくらべてそれほど積めないが、車体寸法を小さくできる。

豆知識 車体形式のよび名は各社まちまちである。SUVやミニバンというジャンルを、最近ではよく見かけるようになった。どちらも車体形式というよりも、車の使い方で分類したよび名である。

車各部の名称

Key word **3万個** 自動車1台に使われる部品の数は、およそ3万個にもおよぶという。

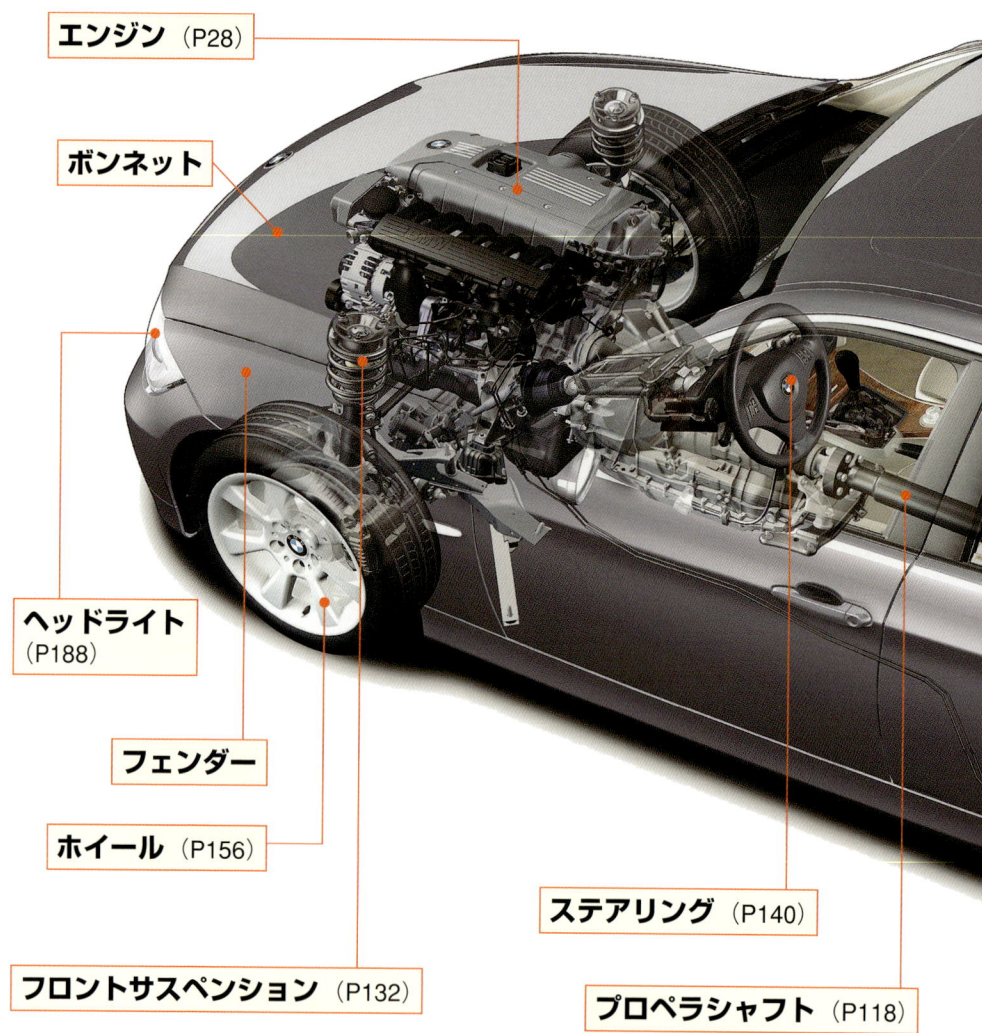

- エンジン（P28）
- ボンネット
- ヘッドライト（P188）
- フェンダー
- ホイール（P156）
- フロントサスペンション（P132）
- ステアリング（P140）
- プロペラシャフト（P118）

豆知識　写真の車はBMWの3シリーズ。ハンドルが左にあるのは欧州仕様車であるから。

豆知識 車に使われる材料は金属、ガラス、ゴムなど多岐にわたり、車を生産するにはそれぞれの産業が発達していることが条件となる。

Column

国によって異なる形式名

日本では各国のよび方が混在

　日本人の習慣として、外来語はそのまま日本語として取り入れることが多い。そして、輸入先の形式名をそのまま日本語として取り入れてきた結果、日本にはたくさんの車体形式名が乱立するようになった。

・セダン

　セダンというよび方はアメリカ式。同じ英語圏なのに、イギリスではサルーンとよんでいる。日本においては、セダンの高級車をサルーンとよぶ場合がある。おそらくイギリスの高級セダンのイメージなのだろう。フランスではベルリーヌ、イタリアではベルリーナ、ドイツではリムジーネとよばれる。

・コンバーチブル

　コンバーチブルというよび方もアメリカ式。意味は「形を変えることができる」というもの。イギリスではドロップヘッド、フランス、イタリア、ドイツではカブリオレとよぶ。日本では屋根が開閉式の車はすべて、オープンカーとよばれることが多い。

　2人乗りスポーツカータイプで、もともとオープンカーとして設計されたものはロードスターとよぶ。ロードスターはイギリスのよび名。イタリアではスパイダーとよばれる。

・ハードトップ

　意味は「固い屋根」。コンバーチブルの屋根を金属化したもの。そのためドアの窓に枠がなく、前後のドアウィンドウの真ん中に柱（Bピラー）がない。セダンよりもスポーティーなイメージを演出でき、アメリカで大流行した後、日本にも伝わり、日本においても大流行した。しかし安全性が重要視されるようになり、強度確保の必要から現在ではBピラー付きとするものが多い。横からの衝突や、車が転倒した際に、Bピラーは重要な強度メンバーとなるからだ。今では、ドア窓に枠がなく、やや背が低くスポーティーなスタイルを身にまとったモデルを、ハードトップとよんでいる。

・ステーション・ワゴン

　セダンの屋根を後ろまで伸ばして広い荷物室を設けた車。日本ではワゴンと省略してよばれることが多い。もともとはアメリカで走っていた駅馬車という意味。イギリスではエステート、フランスではブレーク、イタリアではファミリアーレ、ドイツではコンビとよぶ。

第2章

最先端技術

4輪操舵システム

Key word リアアクティブステア　車速と前輪の操舵角に応じて、後輪を前輪と同方向あるいは逆方向に操舵する日産自動車の4輪操舵システム。

車速とステアリングの操舵角に応じて、後輪を前輪と同方向または逆方向に操舵させるシステム。サスペンションをむやみに固めることなく、中低速域での俊敏な動きと高速域での安定した動きが両立できる。フーガでは、国産車で初めての19インチタイヤと組み合わされている。

アクチュエーター部

電動アクチュエーター

リアマルチリンクサスペンション部に設けられた、リアアクティブステア用の電動アクチュエーター。車速とステアリング舵角に応じて、後輪を逆位相または同位相にするのが、このパーツの役割。後輪が操舵されていることに気がつかないほどリニアな制御で、スポーティ感と安定性が高次元で両立される。

豆知識 日本語の特性から、外来語である車各部の名称は略される傾向にある。サスペンションは「サス」、ディファレンシャルは「デフ」など。

制御イメージ

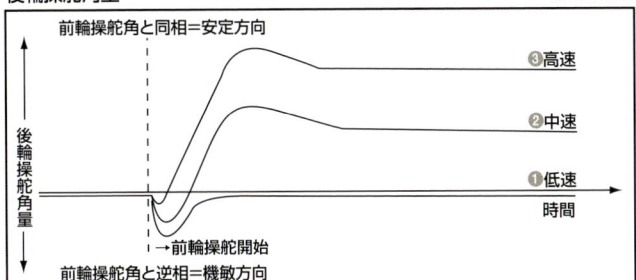

低速から高速まで3段階に設定された前輪操舵角と後輪操舵の関係。どの速度域でもいったん逆位相(前輪と逆方向)に操舵されて回頭性を高めている。速度が上がるほど逆位相の時間が短くなり、安定志向の設定がなされていることがわかる。

制御システム図

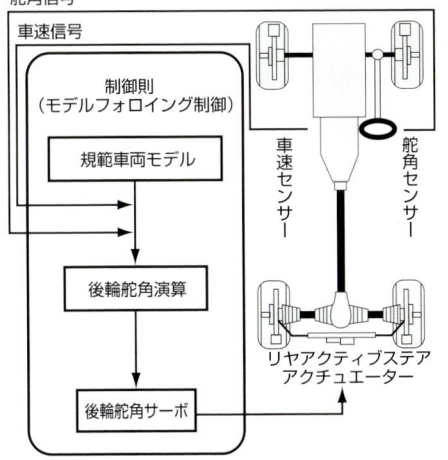

走行している速度とドライバーが操作したステアリングの舵角を監視して、そのデータをもとにリアアクティブステアの操舵角が決定される。

作動イメージ

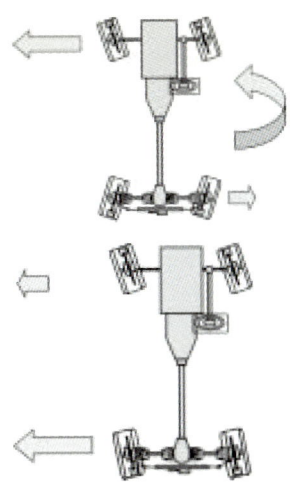

上が逆位相時で、主に市街地にある交差点などでの作動状態。下が高速走行時の同位相状態。

構成部品

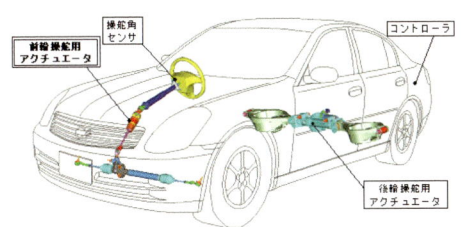

ステアリングに設置された操舵角センサー／車速センサー／後輪操舵用アクチュエーター／コントローラー——で構成される。以前、スカイラインなどに採用されていたHICAS(ハイキャス)の後継となる4輪操舵システムといえる。

豆知識 4輪操舵システムの実用化が始まったのは10年以上も前。しかし、ユーザーには動きが不自然であると不評であった。最近再びこの技術が使われだしたのは、電子制御技術が進化したため。

燃料電池車

Key word ホンダFCX 世界初の市販燃料電池車。水素と酸素を反応させて発生させた電力で駆動する電気自動車だ。

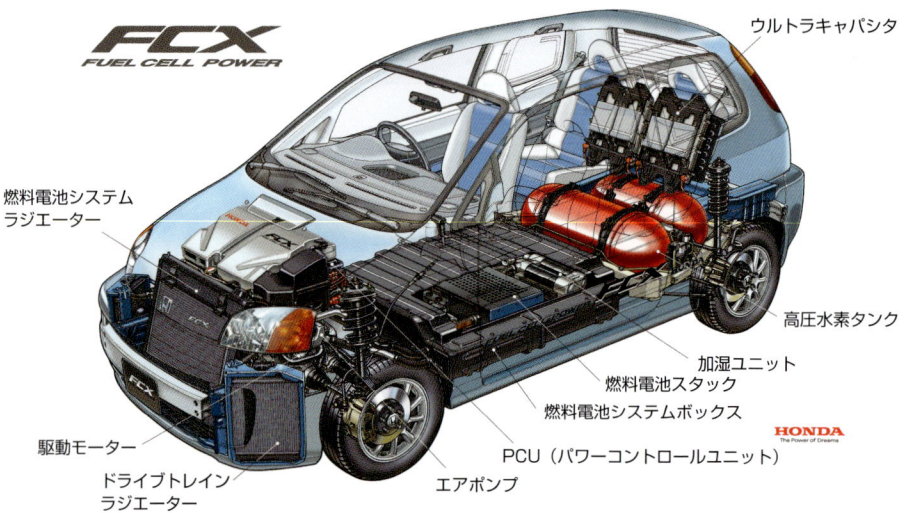

- ウルトラキャパシタ
- 燃料電池システムラジエーター
- 高圧水素タンク
- 加湿ユニット
- 燃料電池スタック
- 燃料電池システムボックス
- 駆動モーター
- ドライブトレインラジエーター
- PCU（パワーコントロールユニット）
- エアポンプ

ホンダFCXの全体透視図。ハイブリッドカーがガソリンエンジンとモーターの組み合わせなのに対して、このFCXをはじめとする燃料電池車は、化石燃料をいっさい使わない究極の低公害車として注目されている。水素と酸素の化学反応から得た電気エネルギーでモーターを駆動する。

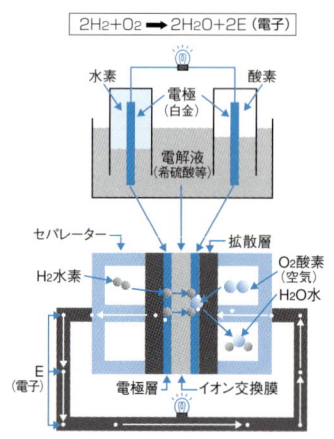

$2H_2 + O_2 \rightarrow 2H_2O + 2E$（電子）

燃料電池スタックの発電原理。水素が水素イオンに変わって電子を放出し、直流電流を発生させる。酸素極の酸素イオンと電子が結びつき、直流電流が通電されて発電する。

究極の低公害車といっても、燃料となる水素はどこでも補給できるわけではない。そこで開発されたのが、移動式の水素ステーション。インフラの充実が一番の課題だろう。

豆知識 2005年6月17日、ホンダは「FCX」の国土交通省型式認証を日本で初めて取得した。同日にトヨタも認証を取得している。

FCX のパワートレインと構造

燃料電池システムが室内の床下に搭載され、高圧水素タンクがラゲッジルーム床下に搭載されるなど、レイアウトが工夫されたことで、ボディサイズを大きくせず、快適な居住空間が確保されている。

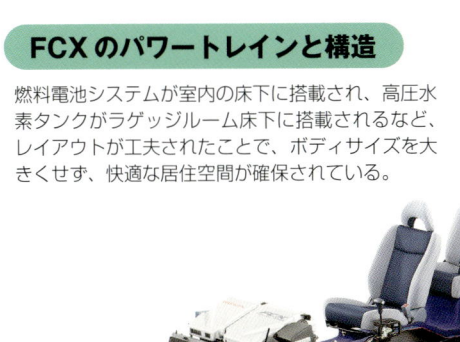

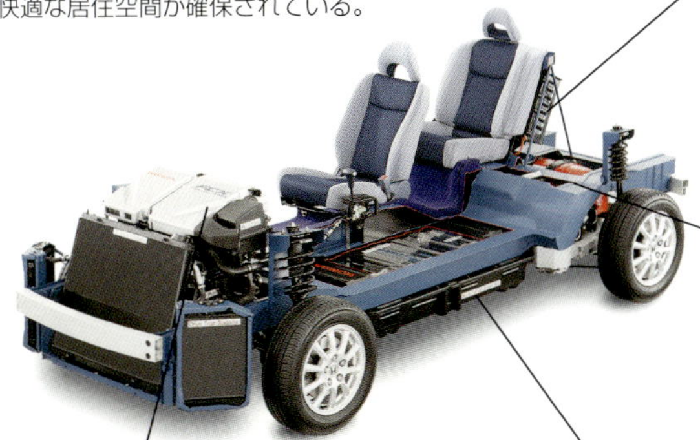

発進時に高出力をアシストするウルトラキャパシタ。

正極集電板
電極体
（活性炭・アルミ箔・セパレーター）
巻き芯
電解液
アルミケース
負極集電板

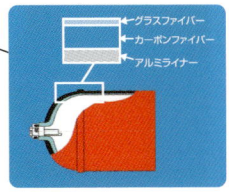

グラスファイバー
カーボンファイバー
アルミライナー

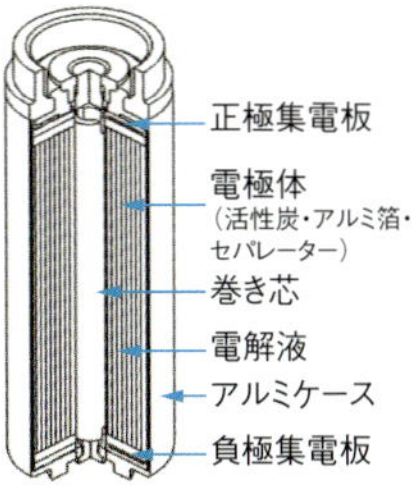

350 気圧の水素が充填できる高圧水素タンク。

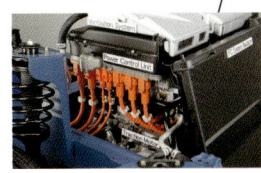

燃料電池スタックからの電力などを制御するパワーコントロールユニット。

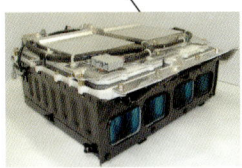

86kW の最高出力を持つ燃料電池スタックなどが収まるシステムボックス。

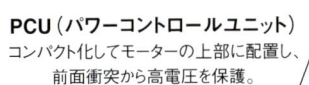

居住空間
メカニズムレイアウトの工夫によって、
大人4人がしっかり座れる余裕の空間を実現。

燃料電池システムボックス
燃料電池スタックを中心とした
発電システムをボックス構造として
床下に配置し、充分な居住空間を確保。

PCU（パワーコントロールユニット）
コンパクト化してモーターの上部に配置し、
前面衝突から高電圧を保護。

ウルトラキャパシタ
リアシート背後に斜めに配置し、
荷室スペースを確保。

高圧水素タンク
リアシート下に収納し、
貯蔵容量を拡大しながらも
荷室スペースを確保。

1735
1110
2530
4165
（単位：mm）

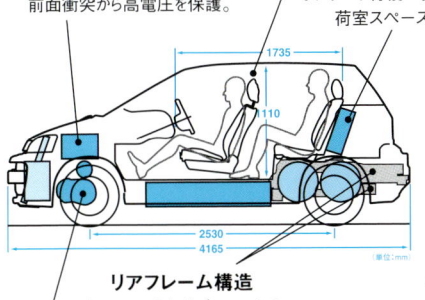

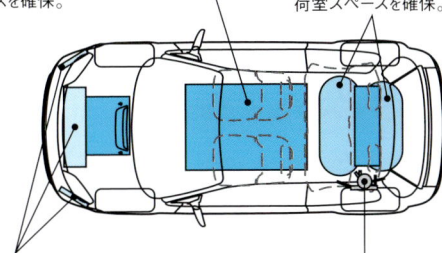

リアフレーム構造
リアフレームとサブフレームの
2階建て構造でタンクを
衝突から保護。

ラジエーター
モーター一体構造トランスミッションのコンパクト化により
燃料電池システムラジエーターを大型化して中央斜めに配置。
さらにドライブトレインラジエーターを両サイドに設置して
冷却性能を向上。

モーター一体構造トランスミッション
コンパクト設計によって
運転しやすいボディサイズに貢献。

リアサスペンション
高圧水素タンクとサブフレームに
一体マウントし、搭載性を向上。

第2章

豆知識 「FCX」は当面リースで個人ユーザーに貸し出す予定。

W型エンジン

Key word **W型** V型を2基組み合わせた形のエンジン。フォルクスワーゲンが開発した。

バンク角度がわずか15度というV型6気筒エンジンや、V型5気筒などのユニークなエンジンを開発したフォルクスワーゲンが放つ、大排気量の新世代マルチシリンダーエンジン。V型エンジンを2つ組み合わせたW型8気筒でも、エンジンの全長は2.5気筒くらいのコンパクトさが特徴。

シリンダーブロックの構造

V型エンジンを2基組み合わせるという新しい発想から生まれた新しいタイプのエンジンだが、一般的なVバンク角では横幅や高さが大きくなってしまうことは下の図からもわかる。W型エンジンは、それぞれのVバンク角が狭いからこそ実現できたといえる。

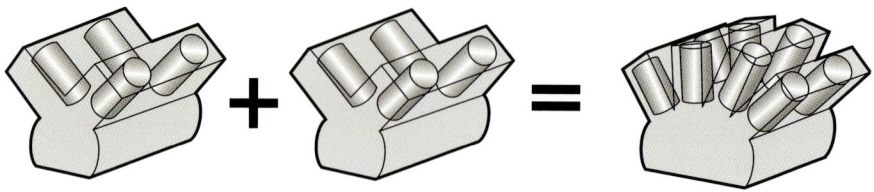

豆知識　フォルクスワーゲンのW12気筒エンジンは、V8エンジンなみのサイズにまとまっている。

ピストン配列

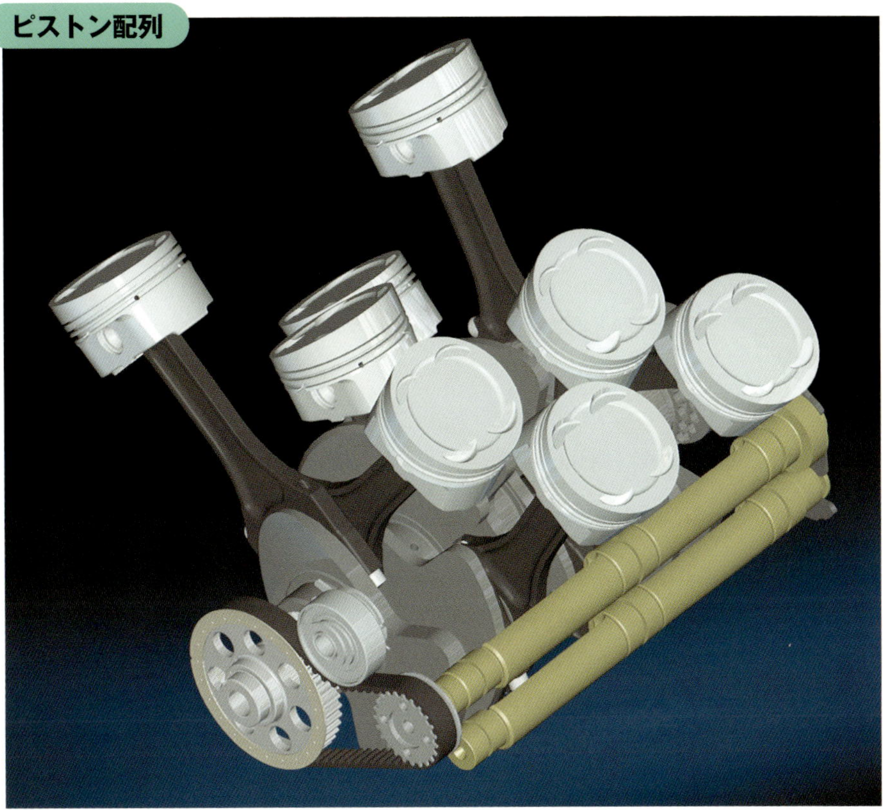

ピストンが4列にわたって配置される光景は、W型エンジンでしか見られない。普通のV型エンジンは2個のシリンダーブロックがあるのに対して、W型は1個のブロックで構成されているので、エンジンの外観からはW型であることは認識できない。これは8気筒だが、フォルクスワーゲンの最高級セダン・フェートンにはW型12気筒エンジンも搭載されている。

クランクシャフト

シリンダー配列が個性的だが、クランクシャフトの形状も特徴的。全長の短さもさることながら、薄く大きなカウンターウェイトの形状などはこのW型エンジンならではといってよい。

W型エンジンを搭載するパサート。

豆知識 フォルクスワーゲングループのブガッティには、W18気筒エンジンが搭載されている。

4輪駆動システム

Key word　**SH-AWD**　ホンダが開発した4輪駆動システム。リアドライブユニットのみで、前後左右の駆動力を制御する。

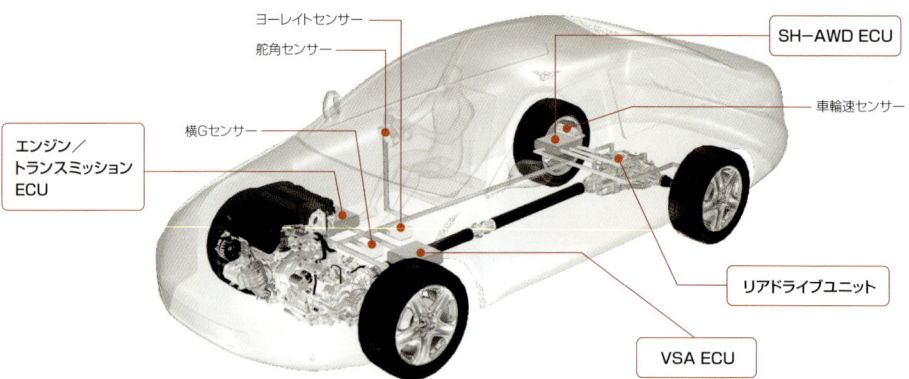

SH-AWDの構成部品レイアウト。一番の特徴は、これまでのこの種の4WDの駆動力配分が前後輪方向だけだったのに対して、後輪左右の駆動力も可変にされていることだ。

駆動力制御イメージ

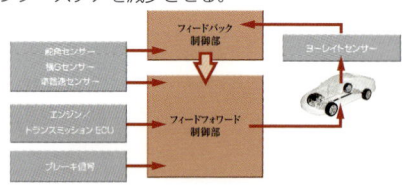

後輪左右への駆動力配分を連続的に可変させることで、ドライバーが思ったより外側に車がふくらんでしまうアンダーステアを減少させる。

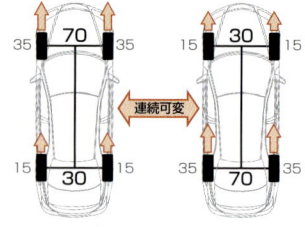

●前後輪駆動力配分イメージ
前後輪の駆動力が70:30〜30:70の範囲で連続可変

●後輪左右駆動力制御イメージ
後輪に配分された駆動力をさらに左右へ100:0〜0:100の範囲で連続可変
(後輪に駆動力を最大に配分した場合の可変制御イメージ)

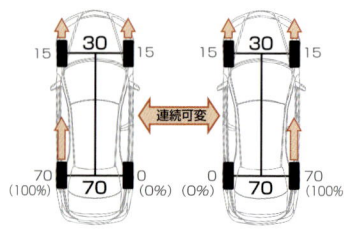

駆動力配分は、舵角や横Gなどの各種センサーとエンジンなどのコンピューターを使って緻密に制御される。

豆知識　車輪のすべてに動力を伝えたほうが車を安全に早く走らせることができる。近年メーカーでは、いかに効率的に4輪に異なる駆動力を配分するかを研究している。

リアドライブユニット

SH-AWDの心臓部となる部分。センターデフとリアデフで構成されるこれまでの4WDとの大きな違いは、リアドライブユニットのみで前後左右の駆動力を制御すること。ドライブシャフト側に増速機構、後輪シャフト側にダイレクト電磁クラッチが配置されている。

ダイレクト電磁クラッチ部。数枚のプレートで構成されるクラッチや、赤い四角部分のソレノイドなどで構成され、これが左右に1セットずつ配置される。通常はソレノイドとその外側の磁性体の間に隙間があり、駆動力がかかるときにその隙間が密着する。

リアドライブユニットの構造

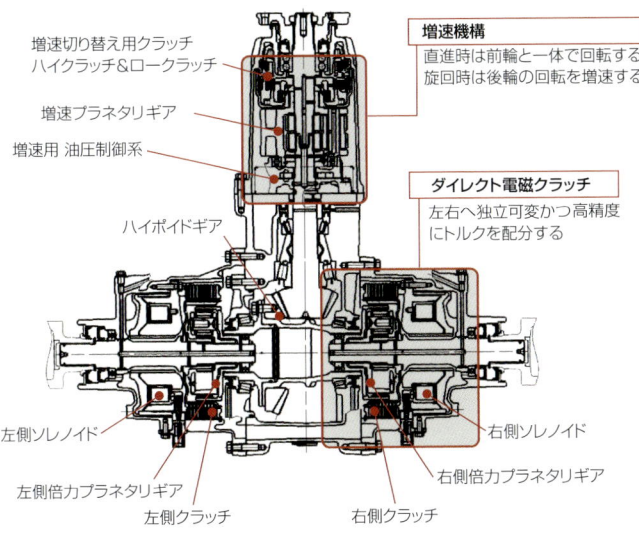

- 増速切り替え用クラッチ ハイクラッチ＆ロークラッチ
- 増速プラネタリギア
- 増速用 油圧制御系
- ハイポイドギア
- 左側ソレノイド
- 左側倍力プラネタリギア
- 左側クラッチ

増速機構
直進時は前輪と一体で回転する
旋回時は後輪の回転を増速する

ダイレクト電磁クラッチ
左右へ独立可変かつ高精度にトルクを配分する

- 右側ソレノイド
- 右側倍力プラネタリギア
- 右側クラッチ

コイルに電流を流すことで発生する電磁力で、多板クラッチを直接制御する方式は世界初。左右それぞれのダイレクト電磁クラッチのソレノイド部分にあるメインコイルに電流を流すと、磁力が発生することで磁性体（ソレノイドの外側にあるパーツ）が電磁石（ソレノイドを囲むパーツ）を引き寄せ、ピストンを介してクラッチを押し付けることで駆動力が伝達される。押し付ける力（トルク配分）は電流量で細かく制御される。

> **豆知識** ホンダのSH-AWDのすぐれたところは、車速やハンドル操作などの状況を細かくセンサーでモニターし、能動的に駆動力を配分するところ。

カーナビゲーションシステム

Key word インターナビ・システム　ホンダがサービスを行う高機能カーナビゲーションシステム。

ホンダ・インターナビ・システムが装備されるレジェンド。8インチのディスプレイが、センターコンソール上部のドライバーの視点移動が少なく見やすい位置に配置されるのは、純正品の強み。

携帯電話を利用するインターナビ・プレミアムクラブでは通常のVICS(道路交通情報通信システム)に加えて、目的地方面の渋滞情報も事前に入手できて、より早く到着できる道が検索できる。

  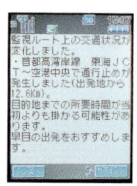

高速道路の入り口などを実際の風景のように表示する「3Dマップ」のほか、渋滞などの交通情報に加えて、目的地までの気象情報を知ることができたり、メールの送受信も可能。

 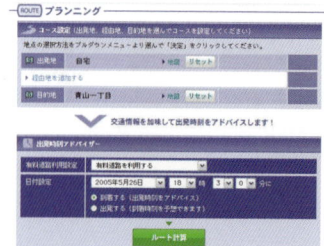

所要時間や到着時間は市販のナビゲーションでも当たり前の機能だが、ホンダのインターナビ・システムでは、渋滞情報を考慮して出発時間までアドバイスする機能もある。

豆知識 カーナビゲーションシステムはアメリカの軍事技術の応用である。民間用に流されているGPS衛星の電波をカーナビゲーションシステムは受信し、自車の位置を測位している。

プレミアムメンバーズVICS

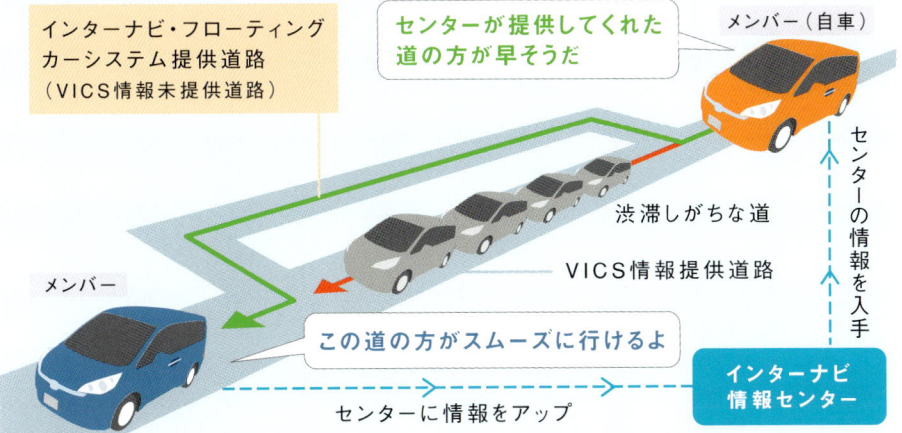

ホンダのオーナーズサービス・ネットワークであるインターナビ・プレミアムクラブなら、通常のVICSで案内されない道でも、目的地までの間でメンバーが走行した道路（5.5m以下の生活道路を除く）であれば、その所要時間が情報センターに記録されているので、その情報も加味した最短時間で到着できるルートの情報が入手できる。休日と平日、時間帯によって異なる状況にも対応しているという。

車線別情報

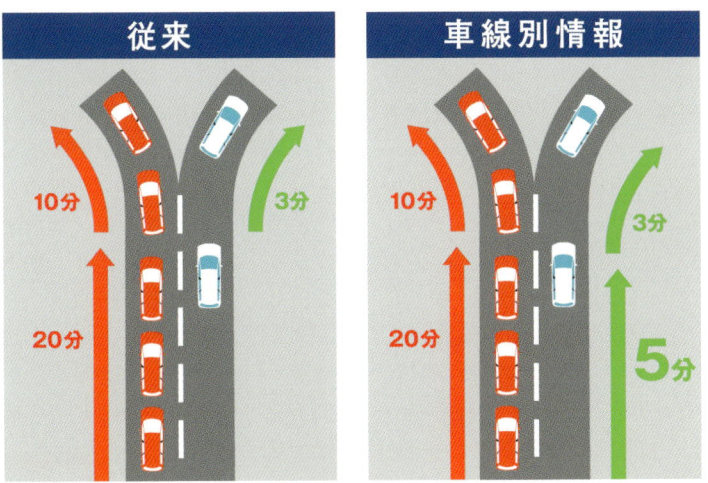

インターナビ・プレミアムクラブのVICSでは、図のような車線別の所要時間が表示され、これが加味されたルート案内が可能。現在は都市高速道路からサービスが開始され、大型交差点まで網羅されるようになるという。

豆知識　最近のカーナビゲーションシステムは、駐車場の空き情報などを地図上に表示できる。

Column

非石油化が進むエンジン技術

普及が進むハイブリッドエンジン車

　石油の枯渇問題と、ガソリンエンジンやディーゼルエンジンの排気ガスが環境を汚す問題とがクローズアップされ、自動車業界はこれらに替わる動力源を模索している。

　現在もっとも実用化が進んでいるのがハイブリッドエンジン方式。ガソリンエンジンと電気モーターとを組み合わせ、排気ガスの量を大幅に削減することに成功している。ガソリンエンジンは回転数を急激に上げるときに、ガソリンを多く消費する。しかし、同じ回転数で動いているときには、それほどガソリンを消費しないという特性がある。そこで、ハイブリッド車は発進時や加速時などはモーターの力を使う。エンジンは発電器を回す動力としても使われ、バッテリーに蓄電する。

実用化のめどがつきそうな燃料電池車

　次に実用化が進んでいるのは、燃料電池方式だ。これは水素と酸素を反応させ、電気を発生させモーターを回転させる。排出するのはガスではなく水だ。車に搭載する燃料は水素だけ（水素を取り出すためのメタノールなどを搭載するパターンもある）。酸素は空気中から取り入れる。低公害で高効率化も望めることから、今さかんに研究されている。問題点としては、爆発する危険性のある水素をいかに安全かつ大量に収容するかにかかっている。燃料電池の原理は、1839年に発明されたもの。現行技術の応用だけに、その研究スピードは早い。2010年頃には今のハイブリッド車並に町中を走っているとの予測もある。しかし、それには水素ガスステーションなどのインフラの整備がキーポイントとなる。

　また実用化はまだ先だが、研究が進んでいる技術に水素エンジンがある。燃料電池では水素を使って電気を発生させ、モーターを駆動力として使うが、水素エンジンは水素をシリンダーの中で爆発させ、動力とする方式。この技術の利点は、ガソリンエンジンで培ったノウハウが使えるということだ。BMWがさかんに研究している。そのほかにも植物の油で動くエンジンなども研究されている。

第3章

エンジン

エンジンの形

Key word　**シリンダー配列**　エンジンの排気量、大きさ、バランスなどを考慮して、各メーカーは気筒数、配列を決める。

排気量と気筒数

エンジンの排気量を増やせば馬力は大きくなる。排気量を増やすには、1つの**シリンダー（気筒）**の容積を大きくするのが一番簡単だが、燃焼速度や部品一つ一つの剛性や耐久性の面から、大きくするには限界がある。そのため、シリンダー数を増やして、全体の排気量を増やす方法が採られる。シリンダーの並べ方には、メーカーの考え方などが現れ、1列に並べる直列と2列に並べるV型や水平対向がある。

小排気量で主に使われる直列

直列とはシリンダーが一列に並んだ形状である。現在2ℓ以下の排気量なら、直列4気筒がもっとも多い。軽自動車には3気筒と4気筒の両方があるが、4気筒のほうが振動や静粛性にすぐれるため、高級な扱いを受けている。また、2ℓ以下の6気筒なども過去にはあったが、シリンダー1つあたりの排気量が小さいと、爆発力も小さくなり、低回転でのトルクが小さく、街中で扱いにくいエンジンになってしまう。そのため、現在は4気筒が主流となっている。

大排気量はV型が主流

V型エンジンは直列エンジンをV型に組み合わせたもの。燃焼するタイミングのバランスを取ることから、シリンダー数によって適切なバンク角は異なる。例えば6気筒や12気筒であれば、90度バンクが理想とされる。8気筒では60度が理想的な角度だ。V型は直列に比べて、幅が広がるが、長さは短くなり、重心も低くなるなどのメリットがある。現在減少傾向の直列6気筒は、回転と振動のバランスがよくとれており、高級なエンジンともいえファンは多いが、エンジン本体が長くなり、ボディ前部に衝突安全のクラッシャブルゾーンを確保するにはコストがかさむ。また横置きには使いにくいことなどから、V型が主流となりつつある。

水平対向はバンク角が180度のV型ともいえる形式で、V型よりも重心はさらに低くなる。しかし幅が広くなることから、全幅の狭い車両だとタイヤの切れ角が小さくなってしまう。また、重力の影響から、潤滑油が偏りやすいなどのデメリットもある。

豆知識　10年ほど前には、1.8リットルV6エンジンなども存在したが街中で扱いにくく、またコストもかさむことから最近では小排気量車の6気筒モデルはめずらしくなった。

シリンダーの配列

● 直列エンジン

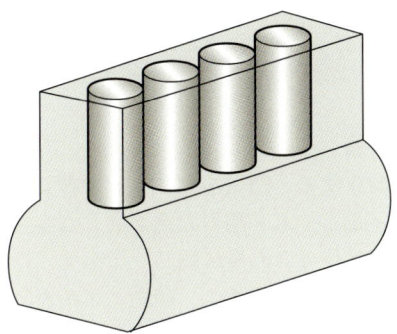

シリンダーがまっすぐ縦に並んでいる。全長は長くなるが、構造はシンプル。

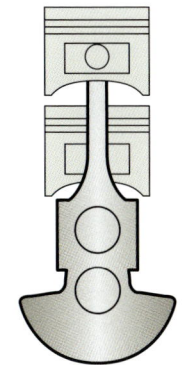

ピストンはすべて垂直に配置されることが多いが、少し斜めに倒して配置される場合もある。

● V型エンジン

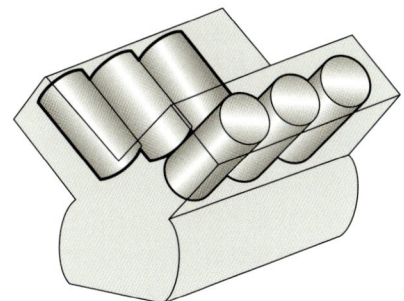

シリンダーを2列に配置した形式。直列エンジンよりも、外寸を小さくできる。

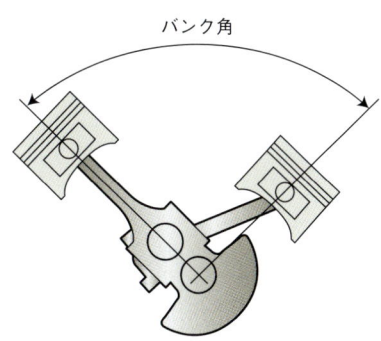

2列のピストンが斜めに動く。二つのピストンの配置された角度を、バンク角という。

● 水平対向エンジン

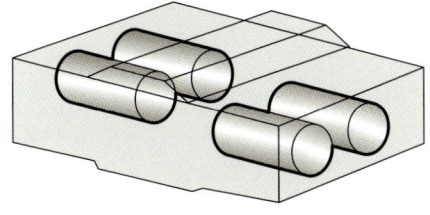

V型エンジンのバンク角が180度まで開いた形式。

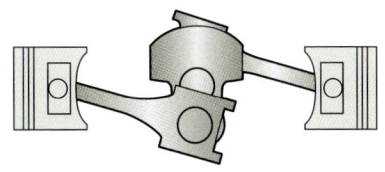

ピストンは水平に動く。この動きがボクサーがパンチを打ち合うのに似ていることから、ボクサーエンジンともいわれる。

豆知識　フォルクスワーゲンにはW型エンジンがある（P20）。

燃焼室

> **Key word** ペントルーフ型　三角屋根の形をした燃焼室。DOHC4バルブではおのずとこの形になり、現在の主流となっている。

エンジンのエネルギー源は気体の熱膨張

　自動車のエンジンは簡単にいうと、燃料を爆発させたエネルギーを、回転エネルギーに変換して使う機関である。

　シリンダーの中で燃えた燃料は、燃焼ガスを発生させ、ピストンを押し下げる。この気体の膨張がエンジンのエネルギー源となる。空気をピストンで押し込んで圧縮しても、燃料の量が同じなら発生する燃焼ガスの量は同じ。よって、空気をできるだけ圧縮し、運動エネルギーを最大限発生させる工夫がなされている。

より少ない燃料できちんと燃やすには？

　ガソリンを燃焼させる燃焼室は、シリンダーヘッドにある。ピストンが上死点に達してもシリンダー上部に残る空間を燃焼室とよぶ。ここでガソリンをふきつけた空気を圧縮し、点火プラグにより爆発させる。

　燃焼室は点火プラグ、バルブの数や大きさなどによって、さまざまな形がある。エンジンの性能を左右する大切な場所であることから、今も盛んに研究が続けられている。

　また、省エネルギー・環境へのダメージ軽減という観点からも、この燃焼室の形は大いに研究されている。

　ガソリンと空気をきれいに燃焼させる指標には、**理論空燃比（ストイキメトリー）**というものがある。理論上必要な最小空気量と燃料量の質量比のことで、一般的に燃料1に対して空気14.7がレギュラーガソリンの値で、これよりも燃料量が少ない状態で燃焼させることを**リーンバーン（希薄燃焼）**という。燃料が少ない状態で燃やすことは技術的にむずかしく、そのために空気の渦を発生させ、点火プラグ周辺に濃い混合気を集めるなど、燃焼室に工夫が施される。燃焼室には技術的に進化の余地が、まだまだ残されている。

直噴とは直接噴射のこと

　従来のエンジンでは　ホールド内に燃料を噴射して、燃料と空気の混合気を燃焼室に送り込んでいた。しかし現在では、燃焼室内に高圧の燃料を噴射して点火プラグ付近に燃料を吹き付ける、直接噴射方式が増えつつある。あらかじめ空気と燃料を混ぜて燃焼室に送り込むよりも、爆発の効率が良いことから、今後は主流となるだろう。

> **豆知識**　直噴式エンジンは第二次世界大戦のころ、ドイツ戦闘機のエンジンに採用されていたほど歴史は古い。

ペントルーフ型燃焼室

効率よく吸排気できるDOHC4バルブにもっとも適した燃焼室。また、バルブ径を大きくしても、点火プラグの位置を、シリンダーの中央にもってこれるなどの利点もある。最近のエンジンはほとんどこのペントルーフ型燃焼室を持つ。ペントルーフとは、三角屋根という意味である。

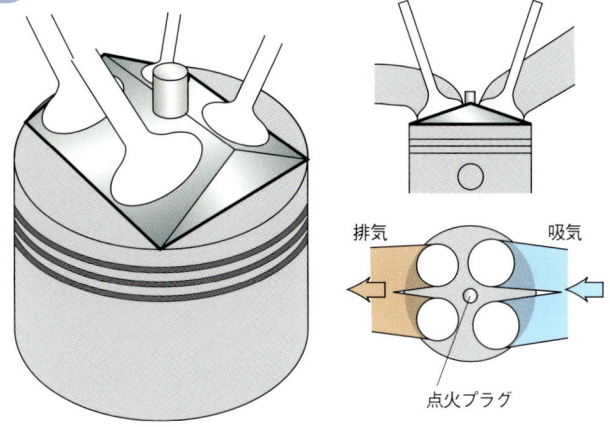

その他の燃焼室

- バスタブ型

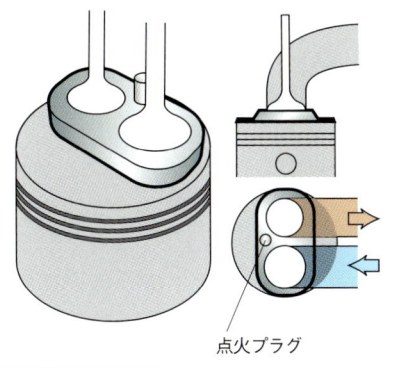

- 半球型

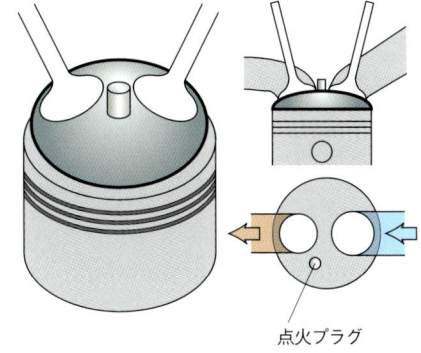

燃料噴射装置

- 直噴式燃料噴射

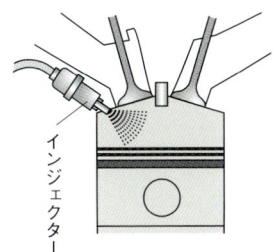

ガソリンを直接シリンダー内に吹き付ける形式。燃料そのものを吹き付けるので、少ない燃料で、効率よく爆発させることができる。

- インジェクション式燃料噴射

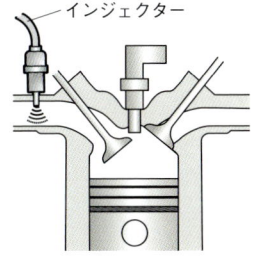

あらかじめ空気とガソリンを混ぜたガスを燃焼室に送り込む形式。燃料を薄くして、燃費を向上させるのには限度がある。

豆知識 リーンバーンエンジン搭載車などの低燃費車には、自動車取得税が減税されるという優遇措置がもうけられている。

4サイクル

> **Key word** **4サイクルエンジン** クランクシャフトが2回転する間に、1つのシリンダーの中で吸気、圧縮、爆発膨張、排気の4行程を行う。

4つの行程で1つの周期

4サイクルエンジンの4行程とは、①吸気②圧縮③爆発膨張④排気である。

①吸気行程 ピストンが上死点から下死点まで達する間で、ピストンが下降を開始すると、シリンダー内に負圧が生じて空気（混合気）が吸い込まれていく。

②圧縮行程 シリンダー内に入った空気（混合気）は、ピストンが上がっていくことで圧縮される。圧縮された混合気は圧力が高まって燃焼しやすい温度となる。このとき吸排気バルブはすべて閉じられている。

③爆発膨張行程 圧縮が終了すると、点火プラグによって着火が行われる。燃焼で高温高圧になった燃焼ガスは、ピストンを押し下げ、クランクシャフトを回す。これにより駆動力が発生する。

④排気行程 爆発が終わったガスはピストンが再び上がることで、排気バルブから外に押し出される。この排出されるガスが、マフラーから排出される排気ガスである。この排気行程が終わると、再びピストンが下がって吸気行程に戻る。

この4つの行程によりクランクシャフトが1分間に回転する回数が、いわゆるエンジン回転数である。

なお、1ストロークとはピストンが上死点から下死点へ（その逆もある）運動する行程をいい、実際に吸排気バルブが開いているタイミングとは異なる。また、実際にエネルギーを発生しているのは、爆発膨張行程だけである。

吸気圧縮・燃焼排気が同時に行われ、2ストロークで1回爆発する2サイクルエンジンもある（クラークサイクルともいう）。4サイクルと同じ排気量なら出力が高いが、燃費や排気性能に劣るため、現在は減少傾向にある。

ディーゼルエンジンも基本は同じ

ディーゼルエンジンは、燃料を爆発させる仕組みが圧縮のみというところがガソリンと違うだけで、エンジン内部で行われる行程は変わらない。燃料の軽油とは、石油から精製される製品のうち炭素数16～20程度の炭化水素を主体とするもの（ガソリンは4～11）で、ガソリンよりも燃えやすい。そのため、混合気を圧縮するだけで爆発が得られる。

ディーゼルエンジンは、トラック専用というイメージが強いが、燃料規制が厳しい欧州では軽油の質も高く、金額の安さなどから乗用車でも人気が高い。

豆知識　タクシーなどのLPG（液化石油ガス）エンジンも4サイクルである。

4サイクルエンジンの行程

● 吸気行程

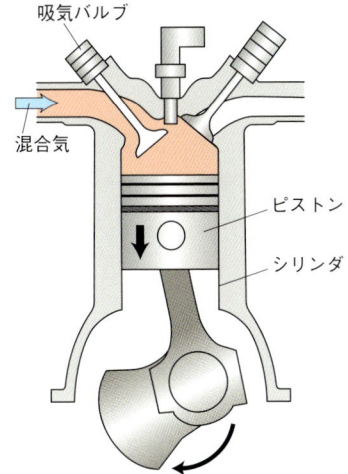

ピストンが上死点から下降を開始すると、吸気バルブが開いて、空気（または混合気）が吸い込まれる。

● 圧縮行程

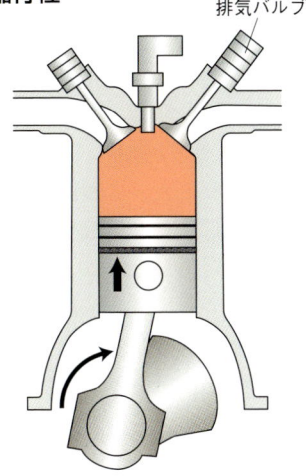

ピストンが下死点から上昇に転じると、給排気バルブとも閉じられ空気（混合気）が圧縮される。直噴の場合、ここで燃料が噴射される。

● 爆発膨張行程

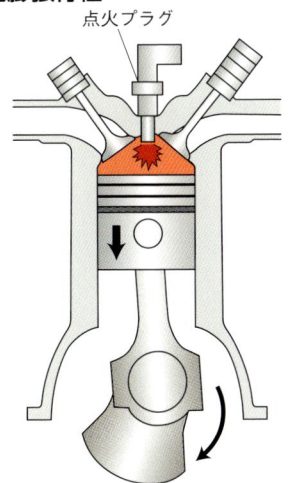

ピストンが上死点に達すると点火プラグで着火され、燃焼によって生まれたガスで内部の圧力が高まり、ピストンを押し下げ、クランクシャフトを回す。

● 排気行程

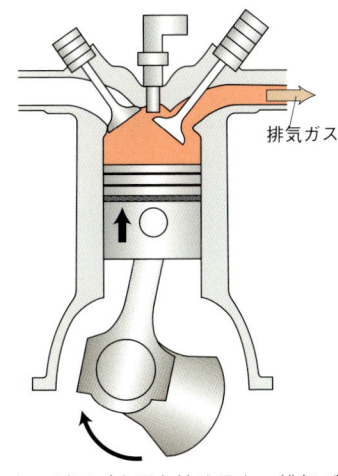

ピストンが再び上昇を始めると、排気バルブから燃焼ガスが排出される。燃焼ガスは触媒で濾過され、車外に放出される。

豆知識　ロータリーエンジンも4サイクルエンジンである。

搭載方式

Key word 縦置き、横置き　中型、大型車には縦置きエンジン、コンパクトカーには横置きエンジンが主に用いられる。

縦置きと横置きの違い

　現在のコンパクトカーは通常、4気筒エンジンを横に搭載した**前輪駆動車**である。この方式を採用した車は、エンジンルームをコンパクトにでき、乗員スペースやトランクスペースを大きくすることができる。ただ、エンジンという車にとって一番の重量物が前にあるため、またその重量物をおもに支えるのは操舵輪であるため、独特の癖が生じてしまう。そのため、以前は前輪駆動車は敬遠されていたが、現在はサスペンションなどの進化から、後輪駆動車と遜色ない走りを楽しむことができる。通常FF（フロントエンジン・フロントドライブ）とよばれるこの方式はコンパクトクラスに適した方式である。

　なお、アウディのように縦置きエンジンの前輪駆動車も存在する。これは重量物が前部に集中することと、サスペンションアームが短くなることを嫌ったため、構造が複雑になるデメリットがあるにも関わらず、ハンドリングを優先した結果といえるだろう。

　縦置きエンジンは**後輪駆動車**に用いられる。前輪に操舵をまかせ、後輪が駆動するという昔からあるこの方式は、中型から大型の車が採用するケースが目立つ。後輪駆動のほうが、トラクションがかかりやすく、大出力に耐えられる。

　エンジンを前輪軸の後ろ側、つまりより乗員スペースに近づけたフロントミッドシップ方式は、重量配分を前後50：50に近づけやすいため、高速走行主眼のドイツのメーカーやアメリカの高級車などが採用している。

ミッドシップとリアエンジン

　F-1などのフォーミュラーカーは全てミッドシップレイアウトを採用している。

　一番の重量物であるエンジンを車体の中心に搭載するので、重量バランスとハンドリングに優れるが、乗員スペースや荷物を積む空間が狭くなってしまう。また、ラジエーターなどの補機類の配置も複雑になる。

　ポルシェ911はリアエンジンで、エンジンを一番後ろに搭載して後輪を駆動する方式（リアエンジン・リアドライブ、RR）。トラクションがかかりやすく、高出力なエンジンの力を逃がすことなくタイヤに伝えることができる。かつて一世を風靡したドイツ・フォルクスワーゲンの初代ビートルもこの方式を採用していた。

豆知識　オートバイのエンジンは、全長を抑えるために普通横置きにされる。

搭載方式

エンジンの搭載方式には、進行方向に向かって横に積む方式と縦に積む方式がある。一般的に、横方向に積むと乗員スペースを広くとることができ、縦に積むとエンジンの振動がボディに伝わりにくくなる。

● 横置き

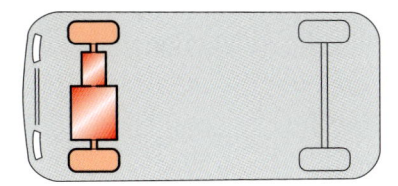

前輪駆動車などに良く用いられる方式。横幅（車幅）とのかねあいから、V型もしくは直列4気筒エンジンが大多数を占める。ボルボには、5～6気筒の直列エンジンを横に搭載するモデルもある。

● 縦置き

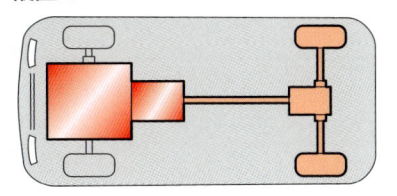

後輪駆動ではおしなべてこの方式が主流である。自動車黎明期からあるポピュラーなタイプで、直列やV型、水平対向等様々なタイプを搭載できる。重量バランスが取りやすいため、前輪駆動車の例もある。

● フロントミッドシップ

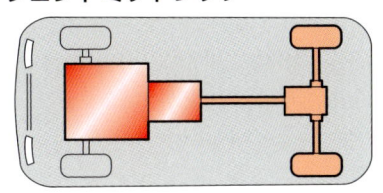

エンジンを可能な限り、乗員側に近づけた搭載方法。重量バランスと後輪駆動のトラクションを両立させる方式で、BMWなどが代表格。変速機が室内に入り込むことから、乗員スペースの足下が少々狭くなる場合がある。

● トランスアクスル

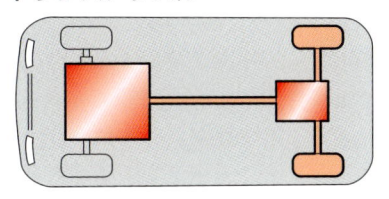

エンジンは前にありながら、変速機を後輪近くに置くことで重量配分を適正化させようとした方式。一部のスポーツカーなどが採用しているが、コストが高くつくことから、一時期ほど多くはない。

● ミッドシップ

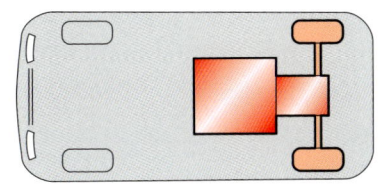

重量物であるエンジンを車体の中心に搭載するタイプ。中心に置くことからミッドとよぶ。重量配分に優れるため、レース専用に作られるフォーミュラーカーやスポーツカーに見られる。スポーツカーの場合、小排気量エンジンは横に、大排気量エンジンは縦に積む場合が多い。

● RR

スポーツカーの代表格、ポルシェ911が採用する方式。重量物が一番後ろにあるため、独特の癖を持つ。後部にあるとエンジンの冷却が難しいので、現在はほとんど見ることができない方式となってしまった。

豆知識　初代ミニのように、エンジンと変速機を縦に積み重ねた方式も存在する。

ボア&ストローク

> **Key word** **トルク** エンジンの回転力。エンジンの出力はトルクの大きさで決まる。トルクの大きさを決め、エンジンを性格づける要素の一つがボア×ストローク。

ボア×ストロークがエンジンの性格を決める

　ボア×ストロークは、エンジンの基本的な性格を理解するのに役立つ。ボアとはシリンダーの内径であり、ストロークとはピストンが上死点から下死点まで移動する距離のことである。これがなぜエンジンの性格を決めるのかというと、エンジンとは、上下運動を回転運動に変えるシステムだからだ。押し下げる距離（上死点から下死点まで）が短い方が、爆発力は小さくても、高回転まで回すことができる。逆に**距離（ストローク）**を長くすると、多くの空気を圧縮できるので押す力が強くなる。よって、低回転域でもトルクが大きなエンジンにできる。

　このようなことから、基本的にショートストロークエンジンは高回転（高出力）に向いていて、スポーツカー向き。ロングストロークは低回転域からの豊かなトルクが利点となり、実用車向きとなる。

　例えば2ℓ・4気筒エンジンの場合、一つのシリンダーの排気量は約500cc。ボア×ストロークが86.0×86.0mmならスクエアなエンジン、ボアのほうが大きくストロークが短ければショートストローク、逆ならロングストロークとなる。

　ちなみにボアを半分にして2乗し、それに円周率をかけたものがシリンダーの断面積。それにストロークをかければ1気筒あたりの排気量が出る。

　燃焼効率と回転バランスから、おおむね1気筒あたり500cc前後が一般的。いろいろなピストンを生産すると即コストに反映するため、各メーカーは**モジュラー化（使い回し）**を進めており、排気量にあわせてシリンダー数を増やすケースが目立つ。例としては2ℓなら4気筒、3ℓなら6気筒、4ℓなら8気筒とすれば、同じピストンを使うことができる。

基本はトルク

　トルクとは回転力のことで、物質を回そうとする力をいう。単位はNm（ニュートン・メートル）。エンジンのトルクが10kgm／2000rpmの場合、1分間に2000回転した際、クランクシャフトの中心から半径1mの棒の先に10kgのものを動かそうとする力があることを表す。

　実際の車では、トランスミッションのギアで変速して（回転を落として力を増幅する）駆動輪に伝えられる。極端に言えば、トルクが大きいほうが、加速する力が強いことになる。出力（馬力）とは、トルクと回転数の積に比例する。つまり馬力とはトルクが決めるのだ。

豆知識 排気量はリットルで表すことが多いが、円筒容積なので実際には1998cc等半端な数字になる。

エンジン性能曲線

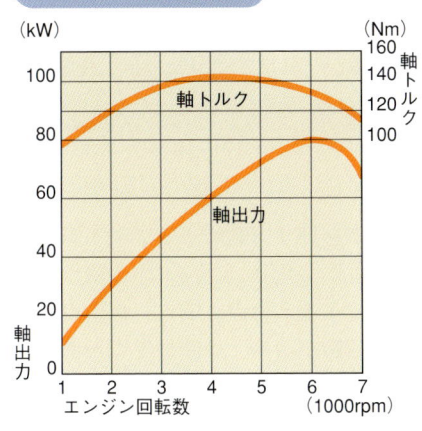

エンジンの性能は通常、最高出力や最大トルクのほかに、こういったグラフで見ることもできる。エンジン回転数が低い時から大きなトルクが出ていたほうが、街中では運転しやすいなどの目安とすることができる。

燃焼室とシリンダーの容積

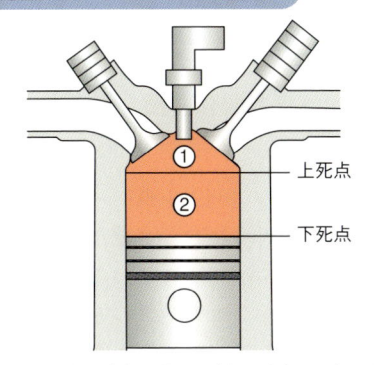

ピストンが一番高い位置（上死点）に達した状態が、一番容積が小さい。逆に一番下（下死点）に達した時が一番容積が大きい。排気量とはこの一番大きい状態×シリンダー数である。
①＝燃焼室の容積
シリンダー容積が最小の状態
②＝排気量
ピストンが下死点に達した状態
①＋②＝最大状態のシリンダー容積
（①＋②）÷①＝圧縮比
圧縮行程でピストンが混合気を圧縮する比率。この数字が大きいほうが、効率が高いことになる。

マルチシリンダーのメリット

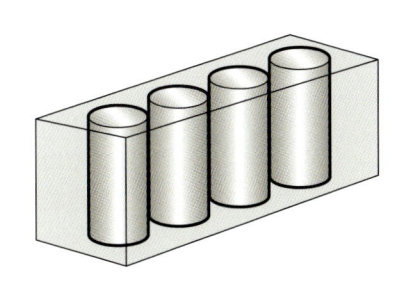

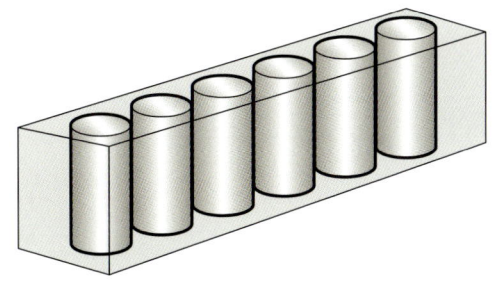

マルチシリンダー（通常6気筒以上を指す）のメリットは、各シリンダーが同時に別の行程を行うことである。例えば4気筒エンジンでは、1つのシリンダーが吸気行程にあるとき、残り3つがそれぞれ圧縮、爆発、排気を行うようになっている。これを点火順序とよぶのだが、この点火順序によって各シリンダーの力がクランクシャフトに無理なく伝わり、回転がスムーズになる。不快な振動等を抑えることができるのだ。ちなみに回転バランスに優れるのは直6、V8、V12で、理論上振動はゼロになる。

豆知識 マルチシリンダー化による馬力向上に着目したホンダは、オートバイレース用車両に、6気筒の250ccや5気筒の125ccエンジンを開発した経験がある。

カムシャフト

> **Key word** **カム** 卵形をしていて、これをシャフトに配列することで、回転運動を直線運動に変換し、バルブを開閉する。

吸排気をコントロール

　吸気バルブと排気バルブは、傘のような形をしたものが使われている。このバルブが開閉することで空気の通路を作りだす。バルブを押し出し、空気の通路を作る部品がカムシャフトである（戻すのはバルブスプリング）。

　カムシャフトは、断面が卵型のカムが複数連なったもので、回転の中心と外周までの距離が一定ではない。このカムのとがった部分がバルブに接すると、バルブスプリングを縮めながらバルブを開き、さらに回転でとがった部分が離れていくとき、スプリングの力でバルブが閉じられる。つまり、バルブの開閉をコントロールするのがカムシャフトである。

　このようにカムが直接バルブに接する方式を直動式といい、高回転高出力のエンジンに向いている。他にアームを介してバルブを押す方式もある。アームの力点にカムがあたり、アームの作用点にバルブが接する。力点、支点、作用点の配置には種類があり、中間に支点があるタイプと端に支点があるタイプがある。中間に支点があるタイプをロッカーアーム、端に支点があるタイプをスイングアームとよぶ。それぞれ、構造が複雑で部品点数が増えるが、てこの原理でバルブが開く距離を大きくすることが可能になる。

　OHCとは**オーバーヘッド・カムシャフト**のことで、ピストン上にカムシャフトを置く方式である。SOHCはカムシャフトがシリンダー配列に対して1本、DOHCは2本である。コストや騒音、振動面での工夫から、様々な方式が採用されている。

可変式はいいとこどり

　バルブのリフト量をコントロールする可変式は、カムシャフトに工夫が施されていることが多い。カムシャフトに様々な機構が盛り込まれており、回転数や状況によって、バルブの開度、バルブが開くタイミングを変化させる。どれも目的は、低回転域のトルクと高回転域での出力の向上だが、燃焼効率の最適化や環境性能の向上も含まれている。部品点数が増えて重量が増加するなどのデメリットも少なくないが、以上のような点から、可変式は今後も増加することだろう（40ページ）。

豆知識　カムシャフトが2本あるDOHCタイプのエンジンは、ツインカムともよばれる。

カムとカムシャフト

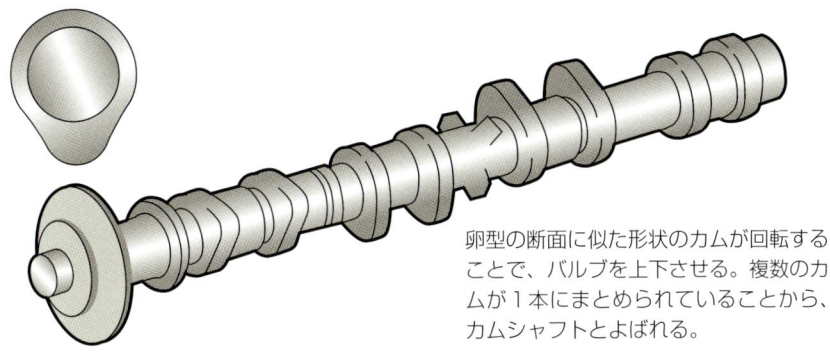

卵型の断面に似た形状のカムが回転することで、バルブを上下させる。複数のカムが1本にまとめられていることから、カムシャフトとよばれる。

● 直動式

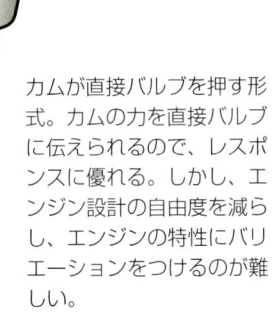

カムが直接バルブを押す形式。カムの力を直接バルブに伝えられるので、レスポンスに優れる。しかし、エンジン設計の自由度を減らし、エンジンの特性にバリエーションをつけるのが難しい。

● ロッカーアーム式

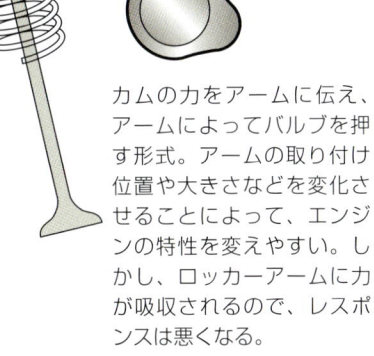

カムの力をアームに伝え、アームによってバルブを押す形式。アームの取り付け位置や大きさなどを変化させることによって、エンジンの特性を変えやすい。しかし、ロッカーアームに力が吸収されるので、レスポンスは悪くなる。

直動式のカムシャフトとバルブ。カムシャフトのすぐ横にある部品は、バルブリフターという部品。この部品はペットボトルのキャップのような形をしており、バルブとスプリング上部を内包する。この部品にカムが直接当たる。

豆知識　バルブのリフト量を変化させるエンジン（ホンダのVTECなど）は、ほとんどロッカーアーム式を採用している。

バルブ機構

> **Key word** **マルチバルブ** バルブの数が増えるほど、吸排気がスムーズに行える。1気筒に5つのバルブをもつエンジンも開発されている。

マルチバルブは高効率

吸気バルブの開閉で新鮮な空気を入れ、排気バルブの開閉で燃焼したガスを排出する。バルブの仕事はこれである。昔は2バルブが主流で、吸気用1つ、排気用1つあれば充分で、これが一般的であった。しかしより高性能なエンジンを作るには、短い時間によりたくさんの空気を取り込まなければならない。真円のシリンダーの中に真円の吸排気バルブのスペースをいかにつくるかが技術的な課題である。

シリンダーにたくさん空気を取り込むには、出入り口を増やすのが手っ取り早い。そこで考え出されたのがマルチバルブである。2バルブより4バルブのほうが開口面積を大きくとれる。

用途に合わせてリフト量を変化させる

吸排気をスムーズに行うには、マルチバルブ化のほかに、バルブの開く量（**バルブリフト**という）を大きくする方法がある。

しかし低回転ではそれでよいが、高回転化は辛くなる。バルブの開く量を大きくすると、たくさんの空気をシリンダー内に送り込めるが、バルブの移動距離が増えて、ピストンの往復運動のスピードについていけなくなるからだ。つまり、高回転化が難しくなる。そこで考え出されたのが、エンジンの使用状態（目的）に合わせてバルブリフトをコントロールする機構である。

低回転域ではリフト量を大きく、高回転域ではリフト量を少なくする。この機構によって、エンジンの出力特性を回転数に応じて変化させるのだ。

各社さまざまなものが出ているが、基本は回転数に合わせてカムシャフトをコントロールし、バルブの開くタイミングと開いている時間を変化させることである。これにより低回転からの豊かなトルクと、高回転での高出力を両立させているのである。

バルブの今後

現在はカムシャフトで押して開き、スプリングの力で戻る方式が一般的である。しかし、空気の力でバルブを開閉するエアマチックバルブや、電気の力で開閉させる方式など、より確実で細かなチューニングが行える様々な方式の研究が進められている。

豆知識 バルブは構造的には簡単だが、900度にもなる燃焼ガスにさらされても、変形や磨耗がおこらないよう、耐熱性・対磨耗性が要求される。

2 バルブとマルチバルブ

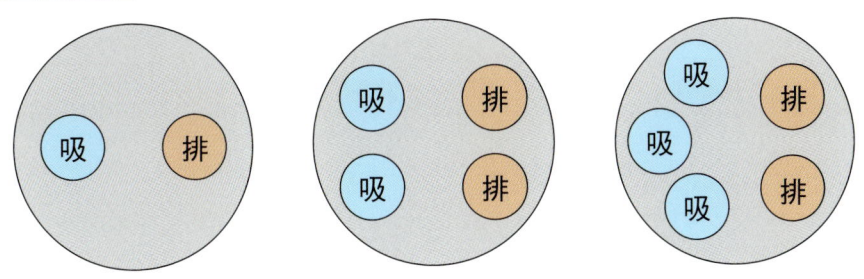

シリンダーに対するバルブの面積を広げる方法としては、バルブ数を増やすのが一般的。吸気バルブを3つにした5バルブも存在するが、バルブが増えることによる重量増やコスト、摺動抵抗などのデメリットも少なくないため、高回転専用のスポーツカーなどにしか採用されていない。用途とコストと性能など、様々なバランスが大事なのだ。

バルブ径の大径化、リフト量の増加によるメリットとデメリット

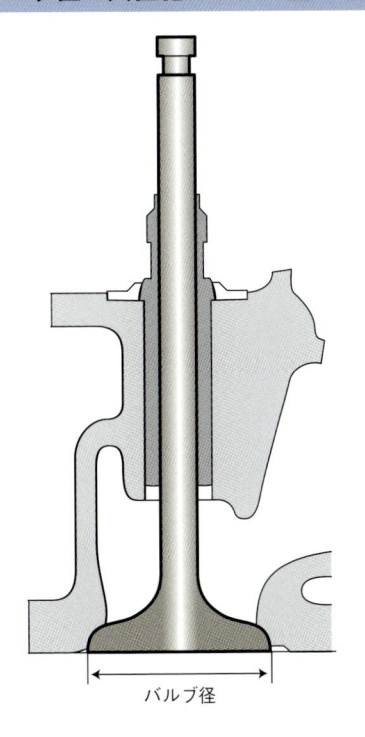

バルブの大径化。開口部は大きくなるが、重量が重くなるため、各部への負担が大きい。

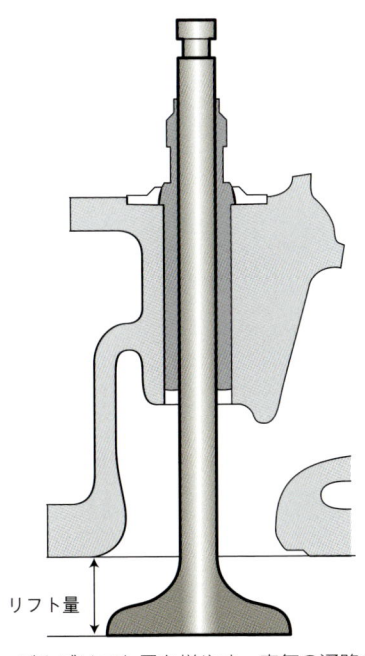

バルブリフト量を増やす。空気の通路が大きくなるが、往復距離（リフト量）が長くなり、高回転化は難しい。

豆知識　現在のエンジンのほとんどが、マルチバルブ化されている。カムが一本のSOHCエンジンですら、4つのバルブを持つエンジンが多数存在する。

バルブタイミング

> **Key word** 　**可変バルブタイミング**　バルブ開閉のタイミングやリフトをコンピューター制御でコントロールし、高効率と環境性能の向上を目指している。

慣性と粘りをコントロールする

　バルブタイミングとは、ピストンがどの位置にあるときにバルブを開閉するかである。吸排気バルブは、ピストンが上死点や下死点にあるときに開閉するのではなく、実際は、少し早めに開き、遅めに閉じているのだ。この開閉時期を総称してバルブタイミングという。例えば吸気バルブの場合、バルブが全部開ききるまでに時間がかかるし、止まっていた空気は動き出すまでに時間がかかる。そこで、実際にはピストンが上死点に達する前にバルブを開くのである。これによってピストンが下降し始めたときに、スムーズに空気が入るようになる。また、ピストンが下死点に達してもバルブはまだ開いている。これはそれまでの空気の流れによって、慣性がはたらいており、ピストンが上昇し始めて圧縮が始まっても、慣性力が強ければ空気が充填されるからだ。

　排気バルブも同様にピストンが下死点に達する前に開く。燃焼膨張のときに開いてしまうと、エネルギーをロスしてしまいそうだが、燃焼による圧力上昇が終了していればそれほど損失にはならない。

　バルブタイミングは、一般的な設定値よりも早く開閉することを「早める」といい、遅く開閉することを「遅める」という。吸排気バルブの両方が開いている状態を**オーバーラップ**という。このオーバーラップには、まだシリンダー内に残っている燃焼ガスを吸気によって押し出したり、勢い良く排出される燃焼ガスが吸気を引き込むなどの効果がある。

可変バルブタイミングと可変リフト

　バルブを開く時期を決めると、閉じる時期も決まってしまう。そこで、エンジン回転数などにあわせてより効率よくバルブを開閉できるようにしたものが、可変バルブタイミングだ。コンピューター制御によって、バルブタイミングやリフトをコントロールすることで、吸排気と燃焼効率を向上。高出力で燃料消費を抑えることができる。

　なおこの機構の名称はメーカーによって異なり、システムも違う。現在は複数の**プロフィール**（カムの先端部分の断面形状。リフトの量を決める）を持つカムを備えて、最適なものを選択する方式や、カム軸を駆動するスプロケットまたはプーリーのカム軸の間に、油圧や電磁機構を用いて位相を変化させる方式が主流だ。

豆知識　高回転型エンジンほど、高回転時の吸排気効率を高めるために、オーバーラップを大きくする必要がある。

バルブタイミング

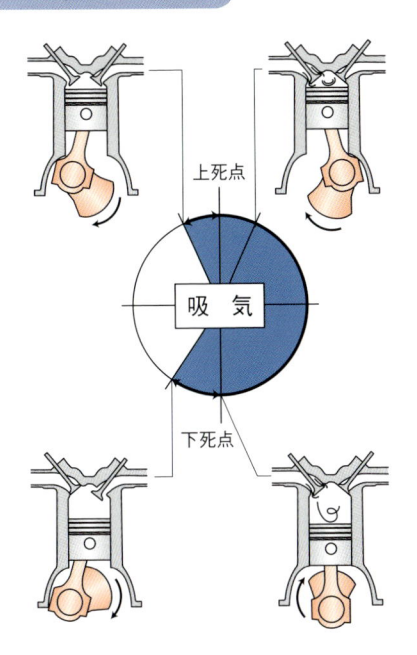

少しでも多くの空気をシリンダー内に送り込むために、ピストンが上死点に来る前、下死点を過ぎた後も吸気バルブは開いている。

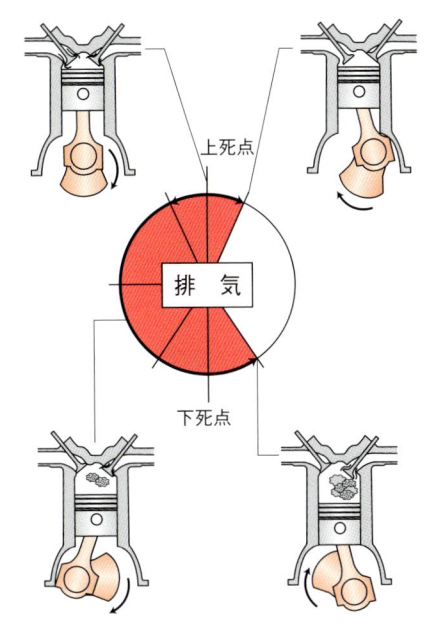

逆に排気バルブも下死点に来る前にバルブを開き、排気が終わる上死点においても少し開いている。爆発するのに無駄な排気ガスを少しでも排出するための工夫である。

バルブオーバーラップ

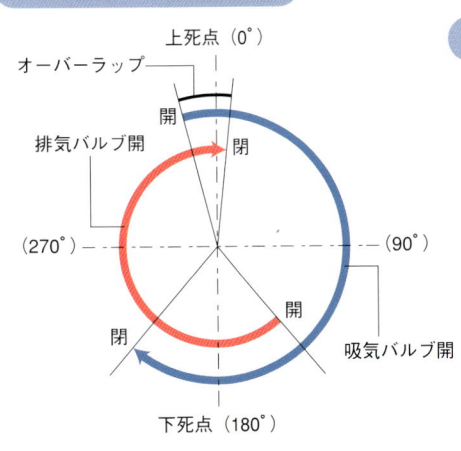

カムの形状

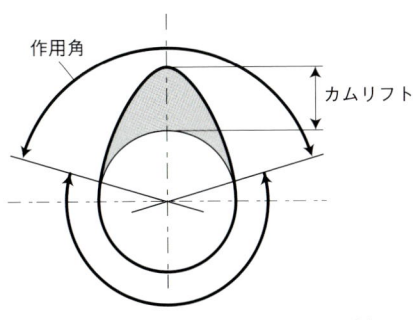

実用車のエンジンには、カムリフトが大きいカムが使われる。

豆知識 オーバーラップを大きくすると燃費は悪化する。よって近年ではオーバーラップの量を可変させ、必要のないときはできるだけオーバーラップを少なくするチューニングがほどこされている。

SV、OHV、OHC

> **Key word** **OHC** オーバーヘッド・カムシャフトのことで、カムシャフトをシリンダーヘッドの上に配したエンジン。現在の主流。

4サイクルエンジンのルーツSVエンジン

　吸排気のためのバルブが、エンジンの上部から下部にむかって配置されているのが現在のOHC（オーバーヘッドカムシャフト）だが、かつては、シリンダーブロック内に吸排気バルブと吸排気ポート、カムシャフトを備え、バルブがシリンダー径よりも外に置かれたタイプが主流だった。これがSV（サイドバルブ）エンジンである。構造は簡単だが、空気の流れが複雑で燃焼室のコンパクト化も難しく、圧縮比も高くできないなど、性能的には高くなかった。

OHVエンジンの登場

　現在の日本製乗用車で見ることはできないが、トラックや、豊かなトルクで走るアメリカンマッスルカーなどで、いまも使われているのがOHV（オーバーヘッドバルブ）エンジンである。カムシャフトをシリンダーブロック内に収めて、吸排気バルブをシリンダーヘッドに装着。プッシュロッド、ロッカーアームを介してバルブを開閉する方式である。サイドバルブに対して、バルブがシリンダーヘッドにあることからOHVとよぶ。
　サイドバルブ式に対して、燃焼室がコンパクトになり、空気の流れもスムーズ。より高出力で燃費も改善された。しかし、バルブ駆動システムが複雑なことや剛性面から、高回転化にはあまり向いていない。それでも低回転で使うには問題がなく、低回転域がメインのトラックなどでは現在も採用されている。

OHCエンジン

　カムシャフトをシリンダーヘッドの上部に配したエンジンをOHC（オーバーヘッドカムシャフト）エンジンという。OHVに比べてバルブ開閉機構がコンパクトにでき、高回転まで回せるので、現在の主流となっている。また、カムシャフトを吸気専用、排気専用に2本持つ**DOHC**（ダブルオーバーヘッドカムシャフト）はさらに高回転に適している。
　DOHCはOHCエンジンの発展型であることから、大きく分ければOHCエンジンである。かつてはDOHCエンジンはコストがかさむことから、高級車やスポーツカーにしか採用されなかった。しかし、近年では生産技術の向上や、量産効果などで、ほとんどの日本車がDOHCエンジンを載せるようになった。

豆知識　自動車産業に革命をもたらしたT型フォードは、SV方式を採用していた。

SVエンジン

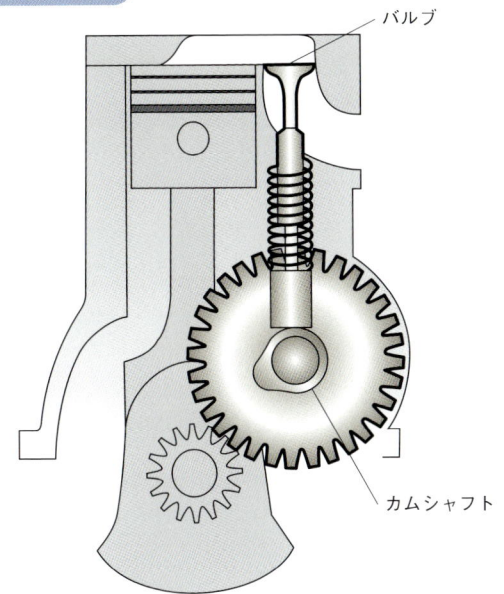

- バルブ
- カムシャフト

エンジンの回転をギアでカムシャフトに伝え、バルブを開閉させる。ピストンが上死点に達しても、エンジン上部に広い空間ができてしまうので、高い圧縮を得ることができない。よって、現在では採用されないタイプのエンジンである。エンジンの上部が平らなので、フラットヘッドともよばれる。

OHVエンジン

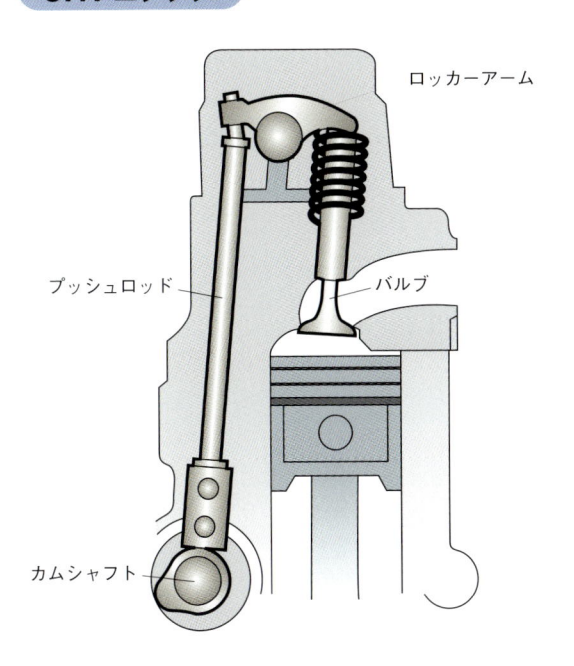

- ロッカーアーム
- プッシュロッド
- バルブ
- カムシャフト

エンジンの回転をギアによりカムシャフトに伝えて回転させるのは、SVエンジンと同じであるが、OHVエンジンはプッシュロッドとロッカーアームを介して、バルブを押す方式。これにより、バルブをエンジン上部に持ってくることができ、高い圧縮率を得ることに成功した。

豆知識 F1に使われるエンジンはすべてDOHCエンジンである。

ピストン

> **Key word**
> ピストン　シリンダー内で、燃焼爆発によって生ずる最初のエネルギーを直接受けるという大きな役割を果たしている。

たくさんの仕事をこなす

　シリンダーの中を往復するピストンには、さまざまな仕事が要求されている。燃焼爆発によって生まれたガスの圧力を逃さないように受けて、上死点から下死点に移動するのが一番大きな仕事であるが、仕事はそれだけではない。

　吸入行程では新しい空気（混合気）を吸入し、排気行程では燃焼したガスを排気ポートに押し出す。ピストンは常に高温の燃焼ガスや低温の空気にさらされており、耐熱性に優れていなければならない。しかも、往復運動による慣性力を低減するには軽量であることも重要で、素材にはおもに耐熱アルミニウム合金が使われる。

目的によって形は違う

　ピストンの形状には様々なものがある。一番上の部分を**ピストンクラウン**といい、大きな圧力を直接受けるため、ピストンにとっては一番厳しい部分である。クラウンのすぐ下には、**第1圧縮リング**が装着され（輪っかのようなもの）、主に、この部品から熱がシリンダーに伝えられる。ピストン上面は一見平らなように見えるが、空気と燃料をきちんと混ぜるためや、**ノッキング（異常燃焼）**防止のための工夫も施されている。なお表面には切りかきのようなものがあるが、これはバルブを避けるためのもの。

　直噴ディーゼルエンジンや一部のガソリンエンジンには、ピストン側にも燃焼室を持ったタイプが存在する。

スカートは真円を保つため

　ピストンとコンロッドをつなぐピストンピンから下の部分をピストンスカートという。エンジンの運転中は、ピストンの上部ほど熱が高く、熱膨張も大きい。一方下に行くほど温度が低いため、ピストンにゆがみが生じる。それを避けるために、運転中のピストンから熱をうまくシリンダーブロックに伝えるように、ピストンの下部はスカートのような形状をしている。

　ピストンのリング溝に装着されるのがピストンリングである。ピストンリングは、シリンダーの内壁とピストンの間の気密を保つのがおもな役割である。燃焼ガスをおもにシールするトップリング・セカンドリングと、潤滑しているオイルをおもにシールするオイルリングとがある。

豆知識　ピストンのトップ部は、バルブと干渉しないように切り欠きがあったり、燃焼をスムーズに行うためにへこみがあったり、その形状は複雑なものになりつつある。

ピストンリング

爆発を受け止めているのがピストンだ。エンジンにとって重要な構成部品の一つである。

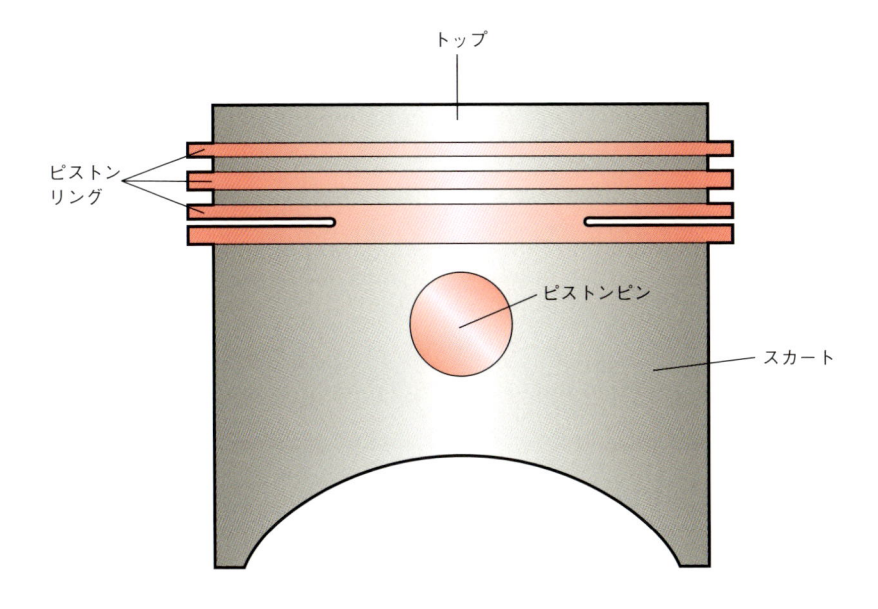

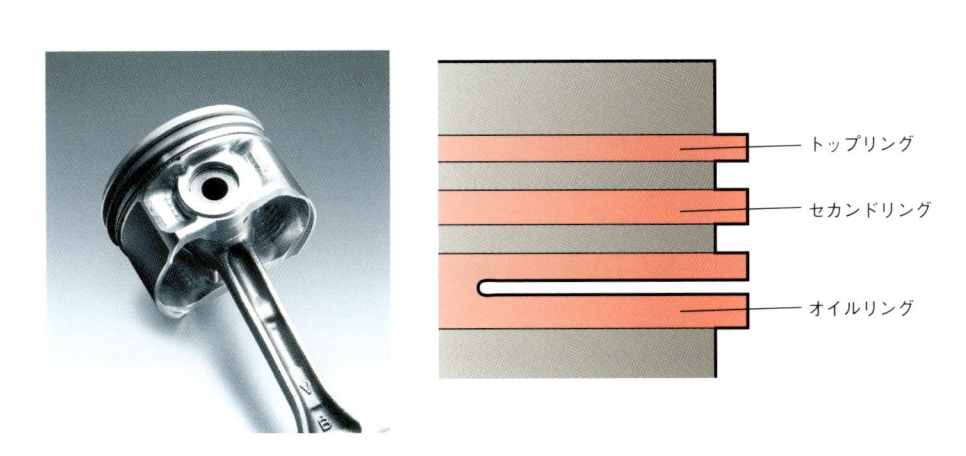

- トップ
- ピストンリング
- ピストンピン
- スカート
- トップリング
- セカンドリング
- オイルリング

ピストンとシリンダーの気密を保つために装着されるもので、オイルリングはエンジンオイルの保持の役割がある。

豆知識 過酷な環境で仕事をするピストンリングの作成には高度な技術が必要。日本のピストンリングがようやく欧米並みの性能を示したのは戦後になってから。

コンロッド

Key word コンロッド　コネクティングロッドの略称。直線運動を回転運動に変換する重要な部品。

素材には強い剛性が求められる

ピストンの往復運動を、クランクシャフトの回転運動に変換する部品がコンロッドである。コンロッドには強いねじれる力がかかるので、強い剛性が必要である。そのため、クロムモリブデン鋼やチタニウム合金など高価な素材を用いて鍛造で作られたものが多い。ロッドの断面もH型やI型にして軽量化と高強度を実現している。

コンロッドがピストンと結ばれる所を**スモールエンド**、クランクシャフトと結ばれるところを**ビッグエンド**とよぶ。ビッグエンド側は2分割されていて、ボルトで結合される。

ビックエンドはクランクシャフトとつながるため、通常内側に交換可能なベアリングメタルがはめ込まれている。

ベアリングメタルはホワイトメタルなどが使われており、特に高回転高出力なエンジンでは、定期的に交換が必要とされる場合もある。高い精度が必要とされる部分でもあり、近年は一体製造ののち、ビックエンドを分割する方式など、各社で様々な研究が進められている。

各社の考え方がみられるコンロッドの長さ

コンロッドのロッドの部分が長ければ長いほど、ピストンに伝わる横方向に動こうとする運動エネルギーを軽減できる。このピストンの横の動きを一般に「首振り」とよぶ。

しかし、ストロークを確保しようとすると、エンジン全高が高くなることや、重量が増えてしまうことから、適正なサイズを導き出すよう、各メーカーの考え方が現れる部分でもある。

最近ではエンジンを小さく軽くして、燃費を軽減することが重要視されているので、コンロッドは短めに作られることが多い。

コンロッドも潤滑される

コンロッドとピストンを結ぶ**ピストンピン**のあたりには、オイルを吹き出す穴が開けられていて、この穴が開放される度に、ピストンの内側にオイルを吹き付けるようになっている。

熱の溜まりやすいピストンの内側の冷却と、スモールエンド部分の潤滑がそのおもな役割である。

同じようにビッグエンド側にもオイルが吹き出す穴が用意されていて、コンロッド下部の潤滑は、このオイルによって行われる。

豆知識　レーシングカーなどの高回転で使われるエンジンのコンロッドは、0.01gの単位で計測されバランスが取られる。

コンロッドの位置

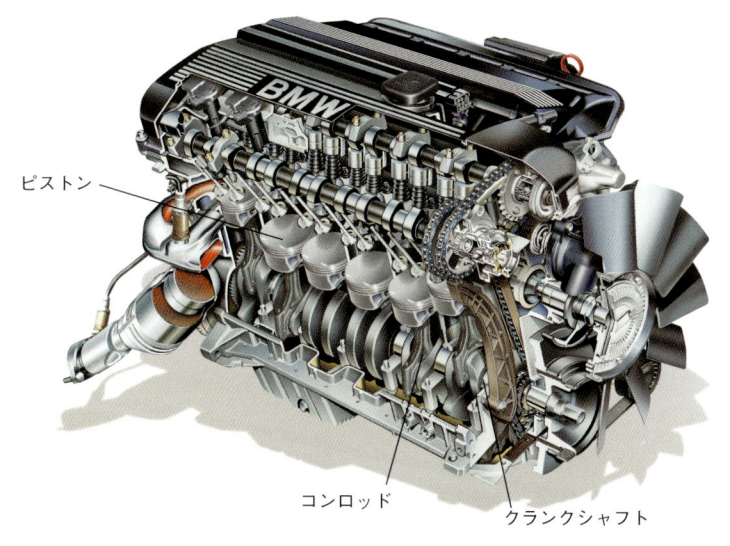

（図：BMWエンジン断面図。ラベル：ピストン、コンロッド、クランクシャフト）

コンロッドはピストンで得られた往復運動を、回転運動に変換する重要な部品。ピストン側にピストンピンが差し込まれる小さな穴、クランクシャフト側にはクランクシャフトがはめ込まれる大きな穴が開いていて、どちらの穴にも強い力がかかる。

ピストンとコンロッド

（図：ピストンとコンロッドの構造図。ラベル：ピストンピン、ピストン、コンロッド、クランクシャフトにジョイントされる穴）

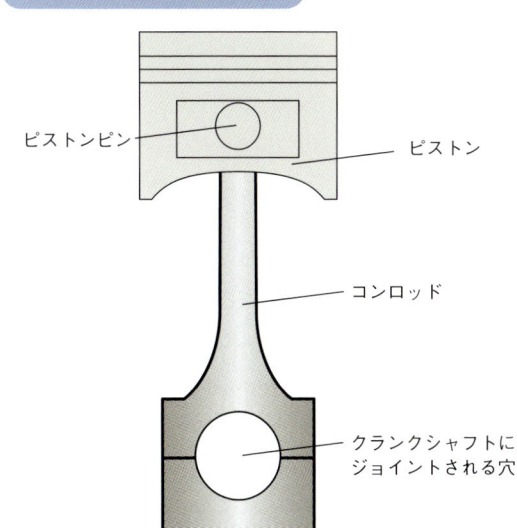

コンロッドをスモールエンド側から見た写真。

コンロッドはまるで振り子のような動きをする。その左右の振幅運動に引きずられて、ピストンも左右に動こうとする。結果、ピストンの摩耗を引き起こす。これを避けるために、できるだけコンロッドの長さをとるようにエンジンは設計される。

豆知識 チューニングの手段として、しばしばコンロッドは鏡のように磨きあげられる。これはコンロッドの表面を均一にすると、コンロッドにかかる力が拡散せず、結果として強度があがるから。

クランクシャフト

> **Key word** クランクシャフト　爆発のエネルギーを、ここで回転エネルギーに変換する。エンジンの運動部品の中でもっとも重い部品。

回転エネルギーを発生させる部品

　クランクシャフトとは、エンジンの下部にある回転する部品。燃焼室の爆発によってピストンが押し下げられ、その力がコンロッド（コネクティングロッド）を介して、クランクシャフトに伝えられる。

　このクランクシャフトの回転数が、エンジンの回転数である。形状は1本のまっすぐな棒ではなく、ピストンの上下運動を回転運動に上手に変換するため、複雑な形状をしてる。この形状により、回転ムラを抑え、振動を少なくすることができる。

　クランクシャフトは一体構造のものが多く、クランク主軸、クランクピン、バランスウェイトで構成される。前端にはクランクの回転を補器類に伝える部品があり、後端にはフライホイールが取り付けられる。ウォーターポンプやパワーステアリングなどのオイルポンプは、クランクシャフトから動力を取ることが多く、カムシャフトの回転もクランクシャフトの力を利用している。

　しかし、近年はこの動力の利用を少なくすることで、力のロスを減らすように（燃費向上につながる）、電動パワーステアリングや、必要時のみの発電による油圧方式のパワーステアリングなど、電力を利用するものが増えてきた。

クランクシャフトの振動をおさえるバランスシャフト

　クランクシャフトの振動は、エンジンの振動の中でももっとも大きなもので、特にバランスに優れた直6やV8でも無視できないほどである。クランクシャフトに付属したバランスウェイトで消しきれない振動を、**バランスシャフト**という棒でうち消すエンジンもある。

　バランスシャフトはクランクシャフトと平行に置かれた棒で、クランクシャフトの力を借りて駆動する。ピストンが上死点から下死点に反転するときの振動を1次振動とよび、これはバランスウェイトによって消すことができるが、シリンダーの途中でコンロッドが傾斜することで横方向の振動が生まれてしまう。これが**2次振動**で、ピストンの1往復で2度発生することになる。そこで、片側だけに重りをつけたバランスシャフトを2倍の速さで逆回転させ、2次振動をうち消すのである。直4エンジン等に用いることで、V8や直6のような静粛性と低振動を実現することができる。

豆知識　セルモーターが開発される前は、クランクシャフトを手で回してエンジンをかけていた。

クランクシャフト

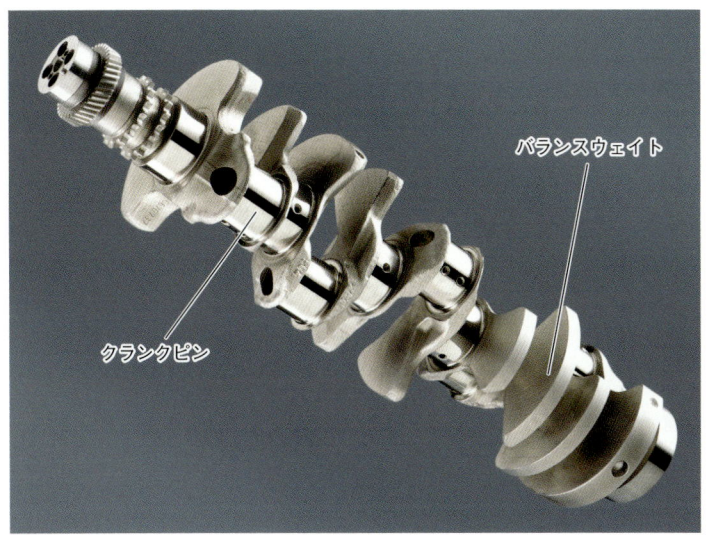

クランクピンは回転軸線上にないので、回転すると振動が生じる。その振動をうち消すのがバランスウェイトである。クランクシャフトには強い力がかかるので、炭素鋼などが素材として用いられている。

バランスウェイト
クランクピン

バランスシャフト

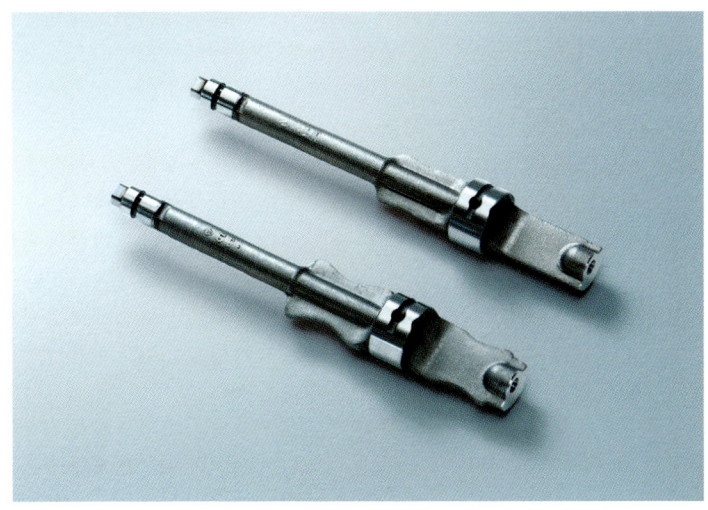

サイレントシャフトともいう。写真のように片側だけが重たくなるようないびつな形状をしている。この棒を回転させることによって、クランクシャフトが発生する振動をうち消す。

豆知識　バランスシャフトの特許は三菱自動車が持っている。

ロータリーエンジン

> **Key word**
> **レシプロエンジン** ピストンの往復直線運動を回転運動に変えるエンジン。これに対し、ロータリーエンジンでは爆発のエネルギーを直接回転運動に変換している。

軽量コンパクト

　レシプロエンジンが上下運動を回転運動に変換しているのに対して、ロータリーエンジンは膨張ガス圧力を最初から回転力に変換するエンジン方式である。まゆのような形をしたハウジング内に、おむすび型のローターが回転する仕組みで、ローターとハウジングの間には3つの空間がある。レシプロエンジンにたとえると、ハウジングがシリンダー、ローターがピストンの役割を果たすようになっている。クランクシャフトに相当するのは**エキセントリックシャフト**とよばれ、ローターの中心に差し込まれている。混合気を吸入排気するのは、吸気および排気ポートというローターハウジングに開けられた穴で、レシプロエンジンのようにバルブは持たない。このように構成する部品が少ないので、軽量でコンパクトなのが特徴だ。

少ない排気量で高効率

　レシプロエンジンよりも小排気量で出力が得られるのは、ローターの3辺とローターハウジングの間に作られる作動室が、それぞれ移動しながら、吸気・圧縮・爆発膨張・排気の4行程を行うから。膨張圧力によるローターの回転力を、エキセントリックシャフトから軸出力として取り出すのだ。ローターとエキセントリックシャフトの働きで、膨張圧力を直接回転力に変え、ローター自体が吸排気ポートの開閉を行うため、振動や騒音も少ない。エキセントリックシャフト1回転あたり1回爆発する。レシプロに比べて高回転型のエンジンとすることが可能で、小型でありながら高出力を得やすい。軽量小型で高回転に強いので、スポーツカーなどに適したエンジンともいえるだろう。

　しかし、デメリットがないわけでもない。燃焼する空間が平らな空間で始まることから、点火プラグを2本付けても燃え広がる距離が長く、素早く燃えにくい。また、ローターの頂点とハウジング壁の隙間との密閉は難しく、ガスが逃げてしまう問題もある。

　ちなみに、ドイツ人の**バンケル**が発明したことから、**バンケル・サイクルエンジン**ともよぶ。

豆知識 ロータリーエンジンは、水素エンジンにむいている形式とされていて、マツダでは水素ロータリーエンジンの研究がすすめられている。

ロータリーエンジンの行程

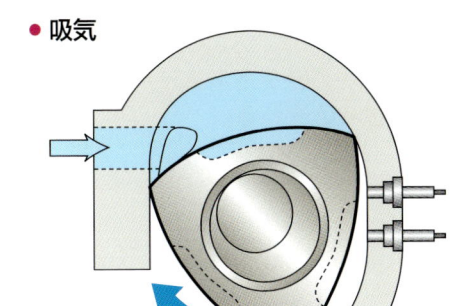

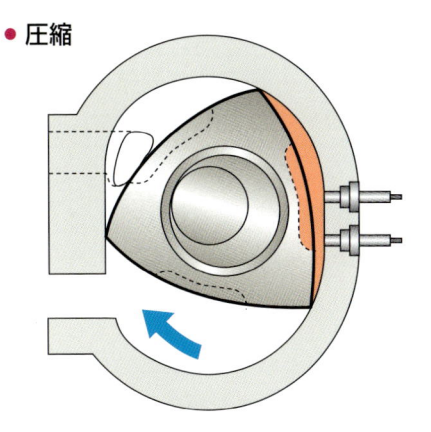

● 吸気

混合気を作るまでのシステムは、レシプロエンジンと同じ。中心のおにぎり型のものがローターで、まゆ型の中にあることから、常に3つの空間がエンジン内部にある。ローターハウジングに開けられた吸気ポートから、ローターの回転により発生する負圧で混合気を吸い込む。

● 圧縮

レシプロエンジンではピストンの動きで圧縮していたが、ロータリーはローターが回転して容積の狭くなった空間に混合気を移動させることで圧縮している。この容積の差を生むのがローターハウジングのまゆ型で、おむすび型のローターの3つの角は常に、壁面に接している。

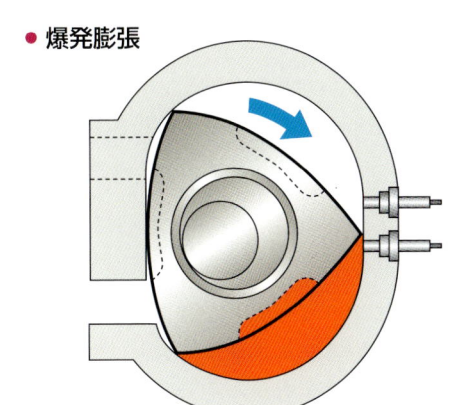

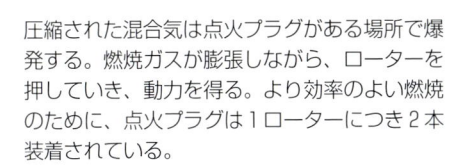

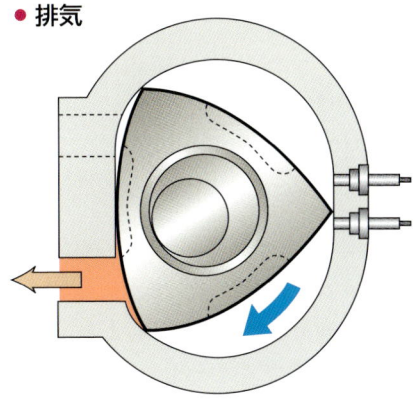

● 爆発膨張

圧縮された混合気は点火プラグがある場所で爆発する。燃焼ガスが膨張しながら、ローターを押していき、動力を得る。より効率のよい燃焼のために、点火プラグは1ローターにつき2本装着されている。

● 排気

爆発後の燃焼ガスは、ローターの回転によって押し出され、排気ポートを通って排出される。3つの空間でこの4行程が進行するので、ローター1回転で3回爆発することになる。ローターは1回転につきシャフトは3回転する。

豆知識　量産車にロータリーエンジンを搭載しているのはマツダただ一社。

スロットルバルブ

> **Key word** 吸気経路　燃焼に必要な空気は、まずエアクリーナーでほこりを除去、スロットルバルブで流入量が調整され、インテークマニホールドを経て噴射された燃料とともにシリンダーに送り込まれる。

スロットルバルブとインテークマニホールド

　スロットルボディには**スロットルバルブ**とよばれる弁があり、その開閉はアクセルペダルと連動している。吸入した空気はスロットルバルブでその流量が調整され、サージタンクを経て、インテークマニホールドに送られる。インテークマニホールドで各シリンダーに分配された空気は、噴射された燃料とともに混合気となり、シリンダー内へ送られるのである。インテークマニホールドは、各シリンダーに均一に空気を運ぶように形状が工夫されたもので、近年は樹脂などでできており、軽量化が図られている。

　インテークマニホールドの内部は、空気抵抗をできるだけ減らすように、滑らかな表面仕上げになっている。

　スロットルバルブの開閉は、従来はワイヤーを用いて機械的に動かしていたが、近年は電気信号で開閉するタイプ（**ドライブ・バイ・ワイヤ**）が主流となってきた。この方式ではペダルの踏み込み量だけではなく、エンジンの状態（エアフローメーターで計測した吸気温度等）を考慮してスロットルバルブの開度をコントロールしている。

　一部のモデルでは、少ししかアクセルを踏んでいないのに大量の混合気を燃焼させ、出足の加速性能がよいように見せかけた車もある。こういったセッティングにすると、アクセルのパーシャル域（中間開度）でのレスポンスが悪く、微妙な調整ができないため、市街地では運転しにくくなってしまっている車も存在する。

インテークマニホールドと燃料噴射

　直噴エンジン以外では、インテークマニホールド内で燃料の噴射が行われる。

　燃料をインテークマニホールド内の1箇所で噴射するシングルポイント式と、各気筒ごとに噴射するマルチポイント式がある。マルチポイント式のほうが微妙な調節ができるので、特に高性能エンジンに使われている。

　インテークマニホールドに入る空気は、**エアクリーナー**でほこりやゴミを除去している。エアクリーナーにゴミがたまると、適正な量の空気をエンジンに送り込めなくなるので、定期的に交換する必要がある。

　純正のエアクリーナーはコストなどの要因から抵抗の大きいものが使われていることが多く、より高性能な抵抗の少ないタイプも各種市販されている。

豆知識　従来のスロットルバルブはアクセルとワイヤーでつながっていて、直接人間の力で制御していたが、現在ではアクセルの開度を電気的に検知して、その電気信号をもとに開閉している。

空気の流れ

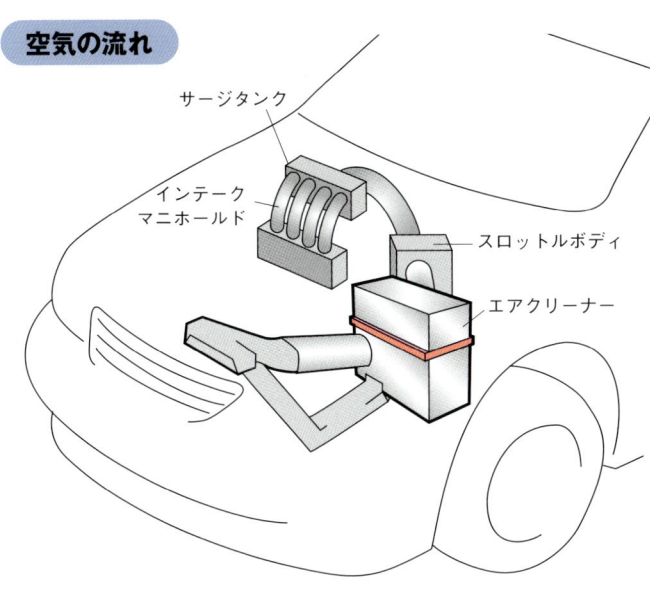

サージタンク
インテークマニホールド
スロットルボディ
エアクリーナー

大気から吸引した空気はまずエアクリーナーでゴミやほこりを除去する。そして、スロットルボディによって、空気の流入量を調整し、サージタンクにより空気を分配され、インテークマニホールドを経てエンジンに送り込まれる。

● スロットルボディ

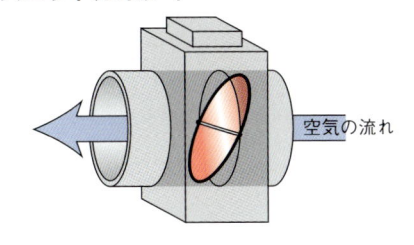

空気の流れ

空気の量を調整する部品。ドライバーが踏むアクセルペダルと連動して動く。最近のエンジンでは、ドライバーとスロットルボディの間にコンピューターが関与するようになった。ドライバーの指示をコンピューターが解析し、状況に応じた空気の流入量を調節しているのだ。

● スロットルバルブの働き

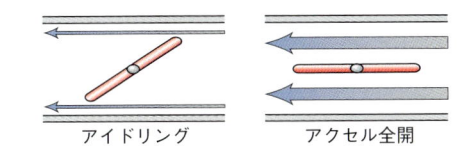

アイドリング　　アクセル全開

スロットルボディの中にあるスロットルバルブの動き。アイドリング時のために、ドライバーがアクセルを踏まなくても、わずかにスロットルバルブは開いている。

● インテークマニホールド〔4気筒用〕

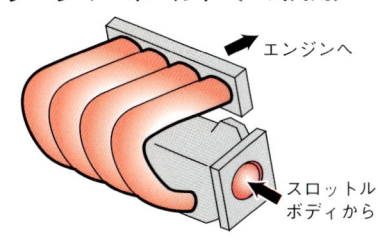

エンジンへ
スロットルボディから

シリンダー内に、空気を分配して送る部品。空気がスムーズに流れていくために、その形状は工夫されている。高温になりにくい部分なので、金属から樹脂へと、素材は変わりつつある。インテークマニホールドを長くすると、低速で吸入効率は向上し、反対に短くすると高速での吸入効率が向上する。

豆知識　スポーツカーや高級車のなかには、インテークマニホールドの中を職人が手で磨いたものまである。

バルブトロニック

> **Key word** バルブトロニックシステム　BMWが開発した新しい吸気システム。吸気バルブのタイミングとリフト量を変化させることで、吸気量をコントロールする。

バルブのリフト量をコントロール

　エンジンパワーのコントロールはアクセルペダルを通じて行うと前ページで紹介したが、スロットルバルブではなく、吸気バルブの開閉を制御することで吸入空気量をコントロールする技術もすでに完成している。それがBMWのバルブトロニックだ。

　一般的なスロットルバタフライではインテークマニホールドなどに発生する必要以上の負圧損失が避けられず、スロットルバルブ自体の流入抵抗もある。スロットル半開状態では狭い隙間から空気を吸い込むようなものなので当然抵抗が発生する。バルブトロニックは、スロットルバルブの役目を吸気バルブに持たせるもので、バルブのリフトとタイミングを全域で自由にコントロールするというもの（緊急時のため、現時点ではスロットルバルブは残してある）。

　動作は吸気バルブを開き、必要量の空気がシリンダーに入ったらバルブを閉じるという簡単なもの。通常のエンジン同様にバルブを開くのはカムシャフトだが、インターミディエイトアームを介し、リフト量をリニアにコントロールする。

バルブトロニックの利点

　吸気バルブは通常の油圧を用いたロッカーアームで作動させる。リフト量のコントロールは上部につけられたモーターによって行われ、ギアを介して**インターミディエイトアーム**を動かす。すると、鍛造製精密加工された中間レバーの接触位地が変わる。その結果、ロッカーアームがバルブを押す深度が変化する。モーターの動作は非常に素早く、0.3秒以内にリフト量をコントロールできるので、通常のスロットルバルブよりもレスポンスに優れ、省燃費で高出力を実現している。追加される部品点数が少ないため、効果のわりに重量増がわずかな点もポイントだろう。

　このシステムは、ドライバーの意図を、ワイヤーや油圧などで機械に伝えるのではなく、電気的信号で機械に伝える「**ドライブ・バイ・ワイヤ**」によって実現できたといえよう。

　現在では直噴仕様も登場している。

　この技術の優れた点は世界中の様々な品質のガソリンでも効果が得られる点であり、特種な触媒を用いることなく高出力・高レスポンス・省燃費を実現したことである。

豆知識　バルブトロニックはBMWが産み出した特許技術。安価な車種のエンジンにまで搭載されつつある。

吸気バルブをコントロールするバルブトロニックシステム

バルブトロニックシステムが取り付けられたBMW製エンジンのカット写真。吸気側（右側）に取り付けられたバルブトロニックシステムがよく見て取れる。

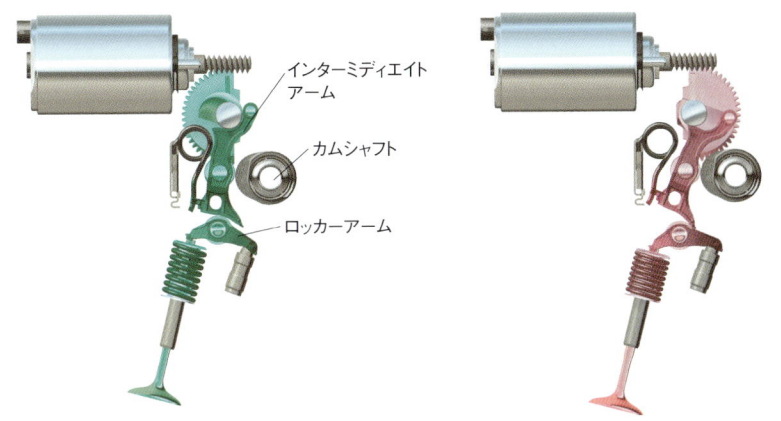

インターミディエイトアーム
カムシャフト
ロッカーアーム

エンジンに多くの空気を送り込まなくてもいい状態では、インターミディエイトアームはロッカーアームを押さない。

多くの空気が必要になった場合、インターミディエイトアームは押され、バルブのリフト量が大きくなる。

豆知識 バルブトロニックはきめ細かな吸気コントロールが行えるので、燃費を格段に向上させることにも成功した。

燃料ポンプ

> **Key word** 　**燃料経路**　燃料タンクの燃料は、燃料ポンプによってインジェクターまで送られ、高い圧力をかけられる。

燃料をエンジンに送り込む燃料ポンプ

　燃料タンクに貯められたガソリンは、燃料ポンプによって吸い出されエンジンに送られる。燃焼室へはインジェクターとよばれる霧吹きのような装置で送り込まれる。そのため、ガソリンは高い圧力でインジェクターまで送ってやる必要がある。

　燃料ポンプには、**機械式**と**電気式**があり、現在では電気式である電磁式燃料ポンプがよく使われている。

　機械式はエンジンの動力を使って燃料を加圧するシステム。よって、取り付け位置は、エンジンのそばに限られる。しかし、電気式であれば、車体のどの位置にも取り付けられるので、電気式が好まれるようになった。燃料タンクあたりから聞こえてくる、ブーンという音は、電磁式燃料ポンプの音である。

　電磁式燃料ポンプは、電磁石の力を使って燃料を加圧する。仕組みは簡単で、マグネットコイルに伝わる電気を流したり、切ったりすることによって、コイルに包まれている**プランジャー**が上下する。それによってガソリンはくみ出される。

　タンク側にある**インレットチェックバルブ**は一方通行になっており、タンクへ燃料が逆流しない仕組みになっている。同様に**アウトレットチェックバルブ**は一度送り込んだ燃料が、燃料ポンプ側に逆流しないようにできている。

燃料を貯めておく燃料タンク

　燃料タンクは衝突時になどに爆発炎上しないように、もっとも安全な場所に取り付けられる。多くは後部座席の下あたりに取り付けられている。前だけではなく、後ろからも追突される可能性があるので、車体の真後ろに取り付けられることはない。

　燃料タンクの中には、しきりがもうけられてあり、ガソリンが揺れにくいようなつくりになっている。また、燃料の残量を計測するためのフューエル・ゲージ、タンク内の空気圧が高まった場合、それを逃がすための**ブリザーパイプ**などが取り付けられている。

　古い車では、フューエル・ゲージには「**浮き**」が使われていたが、現在では電気抵抗で燃料の残量を調べるバーチカル方式が使われるようになった。

　これまでは燃料タンクの素材として金属が使われていたが、最近では樹脂製の燃料タンクを使う車も増えている。

豆知識　昔の車は燃料ポンプの性能が低かったため、インジェクターまでガソリンを送り込むのに時間がかかった。そのため、エンジンをすぐに始動することを禁じていた。

燃料の流れ

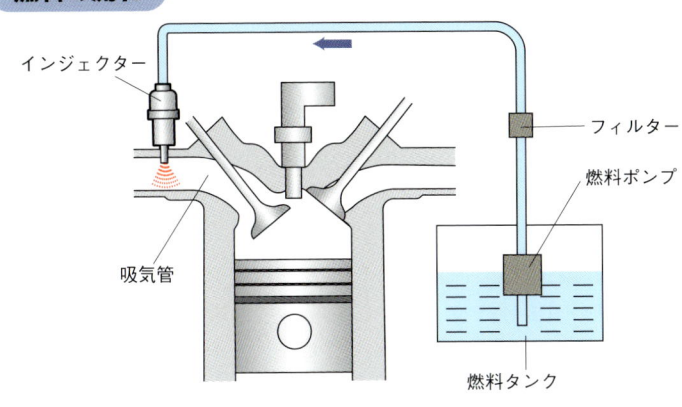

燃料は燃料タンクから燃料ポンプによって加圧され、インジェクターに送られる。途中に組み込まれたフィルターでは、ゴミや水分などが除去される。

- インジェクター
- フィルター
- 燃料ポンプ
- 吸気管
- 燃料タンク

● **燃料ポンプ（電磁式燃料ポンプ）**

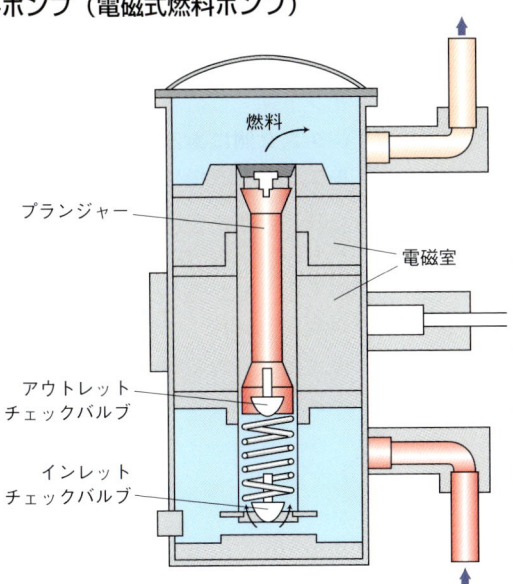

- プランジャー
- 燃料
- 電磁室
- アウトレットチェックバルブ
- インレットチェックバルブ

イグニッションキーをひねる、またはエンジン始動ボタンを押すと、燃料ポンプは活動を始める。インジェクターまで、十分な量のガソリンを送り込んだ後は、燃料ポンプは自動的に停止する。エンジンに火が入り燃料が燃焼し、燃料パイプ内の圧力が下がると、再び自動的に燃料をインジェクターに送り込む。

● **燃料タンク**

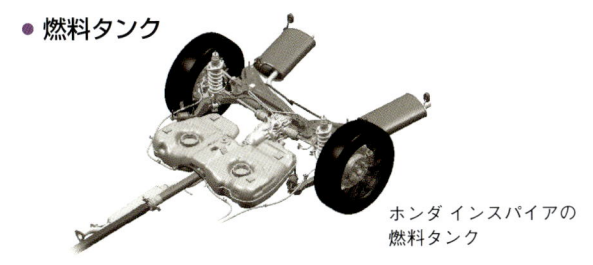

ホンダ インスパイアの燃料タンク

ホンダのインスパイアの燃料タンクは樹脂製。樹脂は金属よりも軽いばかりではなく、成型が容易。その利点を利用して、複雑な形状の、背の低い燃料タンクを開発するのに成功した。

> **豆知識** 「浮き」を使ったフューエル・ゲージは、正確な残量を測れないので現在では用いられなくなっている。

燃料噴射装置

> **Key word** **インジェクター** 電子制御燃料噴射装置。燃料ポンプで送られてきた燃料は、コンピューター制御されたインジェクターにより、インテークマニホールドまたはシリンダー内に噴射される。

マルチポイント式が主流に

かつてはキャブレターとよばれる自然の力を利用した、機械式の燃料噴射装置が用いられてきた。しかし、現在の厳しい排ガス基準をクリアするには、高度な燃料噴射制御が必要になり、電子制御燃料噴射装置が装着されるにいたった。

電子制御燃料噴射装置（インジェクター） は、混合気を作る際に空気に燃料を霧状にして噴射させるもので、燃料の吹き出る部分は非常に小さい穴が開いている。燃料の噴射量はこのノズルの開いている時間で制御される。

作動は電気のオン・オフによって行われ、通電が終わると磁力が失われて噴射も止まるしくみになっている。短い時間で正確な制御が必要な、エンジンの重要な部分である。インジェクターはインテークマニホールド内にあるのが一般的であったが、現在はシリンダー内に直接噴射する直噴も増加傾向にある。直噴はインテークマニホールドに燃料を噴くよりも、より細かな制御ができるからだ。それにより、燃料消費を抑えることができる。インジェクターを取り付ける位置によって、**シングルポイント式**と**マルチポイント式**とに分けることができる。より細かな燃料噴射制御ができるのは、マルチポイント式である。

シングルポイント式は、インジェクターの数が気筒分いらないので、コストを抑えることができる。しかし、細かく燃料噴射を制御できないので、燃費や排気ガスに含まれる有毒な物質を抑えるのに不利だ。そのような理由から、現在の車ではほとんどマルチポイント式が用いられている。

消えつつあるキャブレター

キャブレター（気化器）は、フロートチャンバーとよばれる燃料を一定にためておく部分と、空気が流れるベンチュリー部分で構成されている。ベンチュリー部分は空気の流れる部分が狭くなっていて、ここを空気が通過するとき、流速が最大となり、ガソリン吐出口（ニードルジェット）からガソリンが吸い出され、混合気となる。キャブレターには独特の味があり、根強いファンがいる。しかし、気温の変化に弱いことや、細かなセッティングをしなければならない、そしてなにより重要な有毒なガスを発生させやすい点などを考慮すると、キャブレターを使う車は少なくなっていくことだろう。

豆知識 最近ではスクーターにまで電子制御燃料噴射装置が取り付けられるようになった。

インジェクター

コンピューターからの指令を受け、燃料を噴射する装置。ノズル先端のニードルバルブを押したり引いたりすることによって、燃料を噴いたり、噴射を止めたりする。ニードルバルブは電磁によってコントロールされる。

図中ラベル：インジェクター／フィルター／スプリング／ノズル／ニードルバルブ

● シングルポイント式

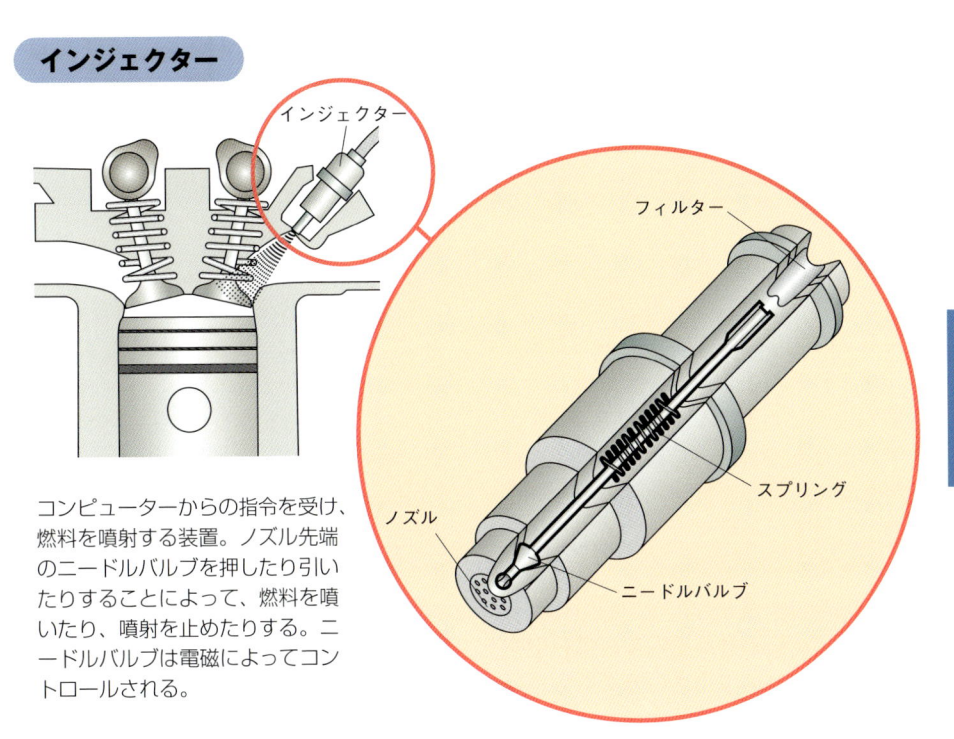

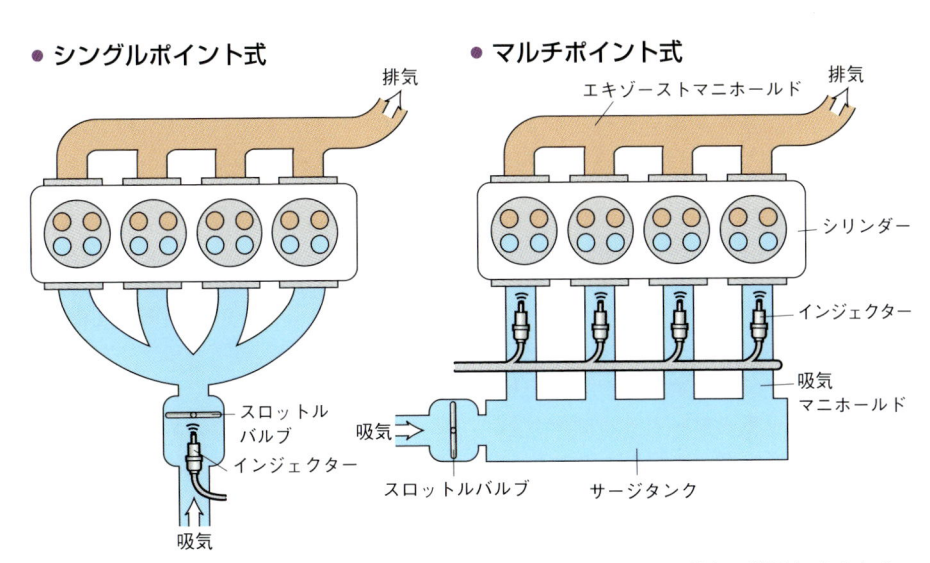

図中ラベル：排気／スロットルバルブ／インジェクター／吸気

インテークマニホールドの手前で燃料を噴く方式。細かな燃料噴射制御はできない。

● マルチポイント式

図中ラベル：排気／エキゾーストマニホールド／シリンダー／インジェクター／吸気マニホールド／吸気／スロットルバルブ／サージタンク

インテークマニホールド内で燃料を噴く方式。燃料を無駄なく噴射でき、レスポンスも向上。

豆知識 キャブレターはたいへんデリケートな部品なので、定期的に取り外してオーバーホールする必要があった。

バッテリーとスターターモーター

> **Key word** バッテリー　エンジンの動力で発電した電気をためておく。電気を使用する装置が増えていることから、ますますその重要さが増している。

苛酷な条件の中で使われるバッテリー

　バッテリーは外部から得た電気的なエネルギーを化学的なエネルギーに替えて蓄積する装置のことで、一般的に車では鉛蓄電池が使われている。鉛蓄電池は、イオン化した**電解液**（希硫酸）の中でプラスとマイナスの金属に化学反応を起こさせて、電気を発生させている。

　ここで作られた電気は直流で、プラスとマイナスで一組となっている。それらをセルとよばれる薄い箱に収める。1つのセルで約2Vの電圧を蓄えるようになっている。乗用車では、これを6つ直列につないだ12V電池が一般的に使われる（トラックなどのディーゼル車は24Vのものが多い）。

　なお、充電は**オルタネーター**とよばれる発電機によって行われる（68ページ）。

　バッテリーは充電と放電を繰り返すなかで、しだいにその能力を劣化させる。定期的に交換が必要なのはそのためだ。

　バッテリーは化学反応をにぶらせる低温に弱く、冬にバッテリートラブルが多いのはそのせいである。またバッテリーは低温だけではなく高温にも弱く、夏にも性能が劣化する。さらに、夏には大量に電力を消費するエアコンを使うので、夏はもっともバッテリーにとって苛酷な季節だ。

　加えて、近頃多くの車が採用する前輪駆動ではエンジンルームにすき間が少なく、熱の影響を受けやすい。また、カーナビなどの電装品も増加しているので、バッテリーにかかる負担は、以前より大きなものになっている。

エンジンを始動するスターターモーター

　かつては人力でクランクシャフトを回してエンジンを始動させていた。現在はキーやボタンスイッチで始動を行うが、この自動でエンジンを始動させるのが**セルフスターターモーター**（セルモーターは俗称）である。キーを回したりスイッチをオンにすると、モーターに通電し、モーター側のピニオンギアとフライホイールのリングが噛み合い、モーターの回転によって、フライホイールとつながっているクランクシャフトが回される。その間に、シリンダー内で吸気・圧縮・爆発膨張を強制的に起こすことによって、エンジンが始動するのである。

　ちなみに、助手席前にあるボックスを**グローブボックス**とよぶのは、かつて、クランクシャフトを手動で回す際に使うグローブ（手袋）をしまうための箱だったからだ。その名残で現在もグローブボックスとよばれている。

豆知識　電解液は衣服を溶かすほどの酸性をおびている。取り扱いには注意が必要だ。

バッテリーの中

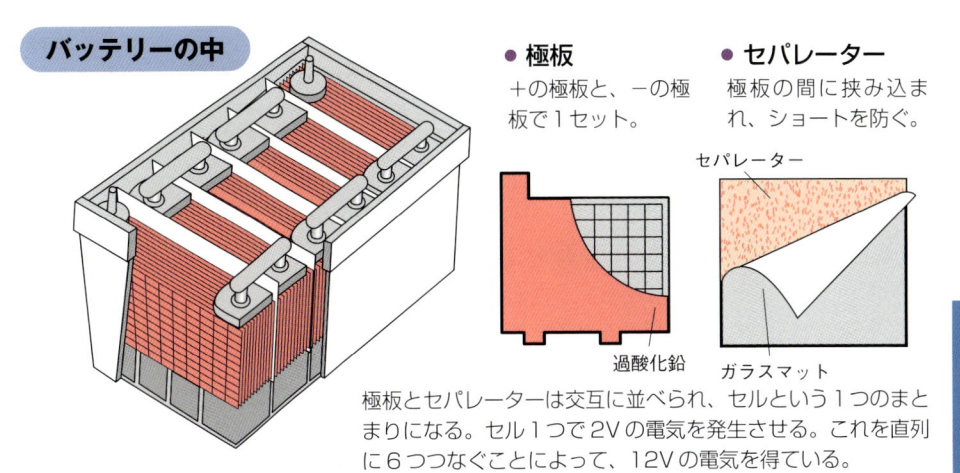

● **極板**
＋の極板と、－の極板で1セット。

● **セパレーター**
極板の間に挟み込まれ、ショートを防ぐ。

過酸化鉛
セパレーター
ガラスマット

極板とセパレーターは交互に並べられ、セルという1つのまとまりになる。セル1つで2Vの電気を発生させる。これを直列に6つつなぐことによって、12Vの電気を得ている。

● **バッテリーの化学反応**

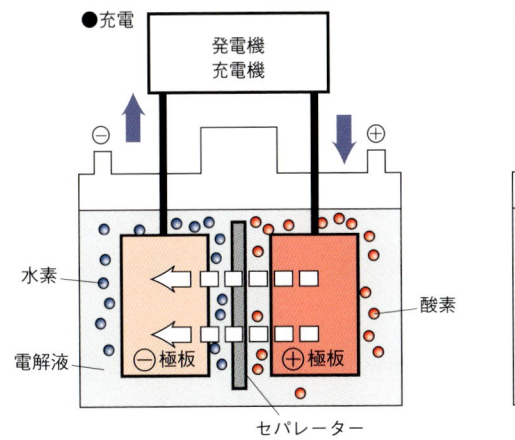

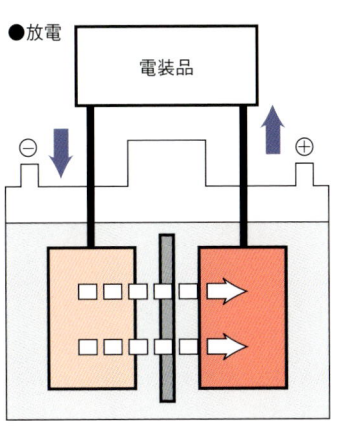

●充電
発電機
充電機
水素
電解液
－極板
＋極板
セパレーター

●放電
電装品
酸素

● **スターターモーター**

マグネットスイッチ

電流が流れるとモーターが回転を始める。同時に、マグネットスイッチにも磁力が発生し、スターターモーターのギアをエンジン側に押しつける。エンジンの始動が完了すると、マグネットスイッチに送られていた電流はカットされ、スターターのギアは元の位置にもどる。スターターモーターがエンジンの力で回転し続けるのを防ぐためだ。

豆知識 一度放電してしまったバッテリーは、すぐに取り替えてしまったほうが無難。放電をしてしまったバッテリーが本来の性能を取り戻すことはまれ。

点火コイルとディストリビューター

> **Key word** **点火コイル** 点火プラグが火花を飛ばすのに必要な高電圧を発生する装置。最近はダイレクトイグニションが増えている。

点火コイルは高電圧を発生させる装置

　ガソリンエンジンにはプラグとよばれる発火装置がついており、この発火を起こすために電気が使われる。発火を起こすためには、非常に電圧の高い電流が必要になる。バッテリーから送られた電流は、そのままではプラグにより火花を飛ばすことができない。そのため、電流は点火コイル（イグニションコイル）により電圧を高められる。

　点火コイルの中心には鉄芯があり、周囲には2次コイルと1次コイルを巻いてある。この細いコイルの巻き数の差が、電流の相互誘導作用を生み、電圧を高めるのである。

　点火コイルで発生した電流は、ディストリビューターとよばれる配電器によって、電流を点火プラグに配分している。このディストリビューターから送られる電気は、ハイテンションコード（高圧コード）を通じてプラグキャップへ伝わり、点火プラグが火花を飛ばすのである。

電流が流れるタイミングも制御するディストリビューター

　ディストリビューターは、各プラグに適切なタイミングで火花を飛ばす装置だ。エンジンの回転数に応じて、電気を送るタイミングを変化させる。エンジンの回転数は、カムシャフトに取り付けられたギアから取られ、その回転をギアを介してシャフトでディストリビューターまで伝える。このカムシャフトの回転数を得て、ディストリビューターは適切なタイミングで火花を飛ばすのである。伝えられる回転はエンジン回転数の1／2の速さである。

　最近ではディストリビューターを持たない、ダイレクトイグニションとよばれる方式が主流になりつつある。これは、ディストリビューターを廃し、各プラグに個別の小型のイグニションコイルを持たせたものである。この方式ではクランクシャフトなどの回転数を検知するセンサーが、エンジン制御の**コンピューター（ECU）** に信号を送り、このECUが点火タイミングをコントロールしている。コンピューターからきた命令により、小型のコイルで発電し、プラグが火花を飛ばすのである。メリットは高電圧の**ハイテンションコード**を持たないため、電圧のロスがないこと、よりきめ細やかな制御ができることである。また、エンジンの動力も使わないので無駄がない。

　現代の省燃費＆高出力のエンジンは、各部の進化によって支えられていることがわかってもらえるだろう。

豆知識 点火コイルは消耗品。年月がたつと性能は劣化していく。

点火系統の電気の流れ

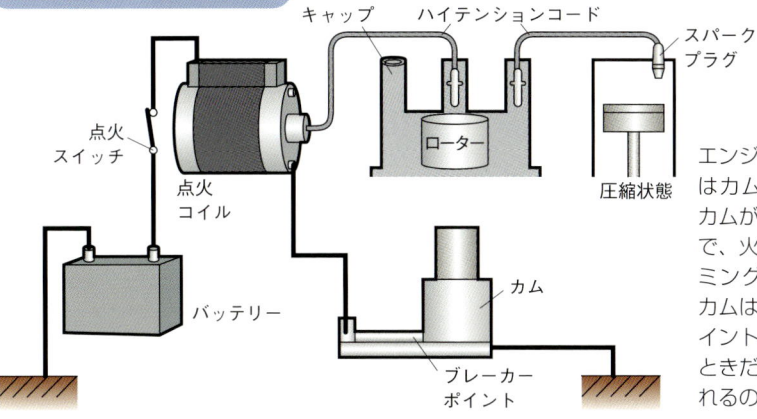

エンジンからの動力はカムに伝えられ、カムが回転することで、火花が飛ぶタイミングを制御する。カムはブレーカーポイントに接触しないときだけ、電気が流れるのだ。

● 点火コイル

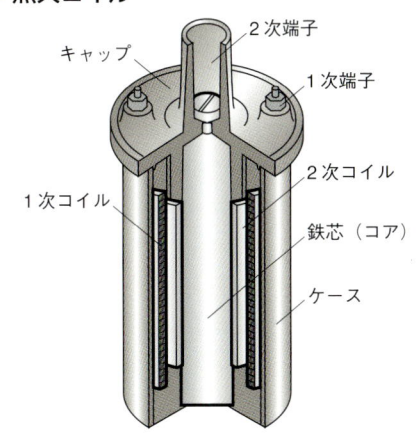

絶縁された円筒形のケースの真ん中に鉄の芯、それを囲むように二重のコイルが巻かれている。外側に巻かれたコイルを1次コイル、内側に巻かれたコイルを2次コイルという。1次コイルは太い銅線でおよそ400回、2次コイルは細い銅線でおよそ20000回ほど巻かれている。この2つのコイルの巻き差で電流の相互作用が生まれ、電圧が高められるのである。

● ディストリビューター

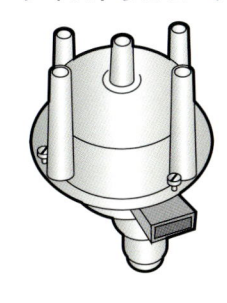

エンジンの回転数を機械的な動きで検知し、火花を飛ばすタイミングをはかる装置。コンピューター制御技術などの電子技術の発達で、最近の車にはあまり用いられていない。

● ダイレクトイグニション

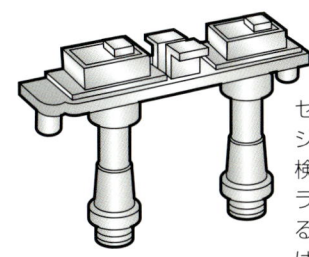

センサーでエンジンの回転数を検知し、点火プラグに電力を送る装置。最近ではこちらが使われる。

豆知識　ディスリビューターの回転部分にはオイルが充填されている。ディストリビューターがオイルで汚れているようであれば、オイルをシールするパッキングを交換する必要がある。

点火プラグ

Key word **スパークプラグ** シリンダー内で圧縮された混合気を発火させる部品。ホットタイプとコールドタイプとがある。

高価な素材が使われる電極

ガソリンエンジンでは、圧縮された混合気に着火することで、爆発エネルギーを得ている。この着火を行うのが点火プラグ（スパークプラグ）である。この点火プラグは各シリンダーに最低1本配置されており、先端の電極部分が燃焼室内に入り込んでいる。この電極に高電圧を加え、接地電極との**隙間（ギャップ）**に空中放電を起こさせ、ガソリンを含んだ混合気に点火している。

電極同士の隙間は非常に狭く、0.5〜0.8mm程度。隙間が小さすぎると火花が弱く、大きすぎると火花が飛びにくい。プラグの中心電極がプラス、はみ出したように見える接地電極がマイナスで、素材には高価な白金やイリジウム合金が用いられる。混合気にさらされることや、非常に高温な場所に設置されるので、電極は損なわれやすい。そのため以前は定期交換部品に数えられたプラグだが、現在では腐食や熱に強い、高価な素材を使用することによって、その寿命をのばすことに成功している。

異常燃焼により汚れるプラグ

プラグは常に適正燃焼が行われていればそう汚れるものではない。しかし、電極が高温になりすぎると、火花が飛ぶ前にその熱によって発火してしまい、異常燃焼が起こる。逆に電極の温度が低すぎると、正常な発火が行われず、カーボンなどが電極に付着して汚れてしまう。どちらも、きちんとガソリンを燃やせないことによって起こる。不完全燃焼を起こしている石油ストーブが、黒煙をあげるようなものだ。

ホットタイプとコールドタイプ

プラグ自体はエンジンブロック同様に冷却水の循環により冷やされる。トップ部分の形状を変えて放熱面積を増やしたコールドタイプと、放熱面積を小さくして冷えにくくしたものをホットタイプとがある。一般的に低出力で発熱の少ないエンジンにホットタイプを、高出力エンジンにコールドタイプを使う。エンジンの排気量や車のキャラクターに合わせて、各メーカー様々なプラグを組み合わせて使用している。ディーゼルエンジンには、点火プラグは存在しない。

豆知識　点火プラグは手軽に行えるチューニングパーツとして人気。

点火プラグ

エンジン本体には−の電気が流れていて、エンジンと接している接地電極には−の電流が流れている。そこに点火コイルからやってくる＋の電流を流すと、点火プラグの先に火花が飛ぶ。

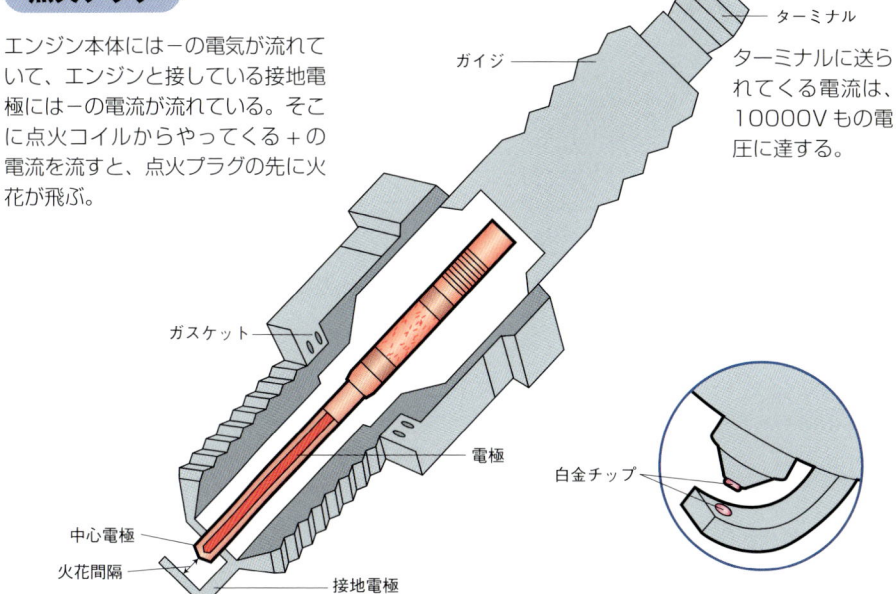

- ガイジ
- ターミナル
- ターミナルに送られてくる電流は、10000Vもの電圧に達する。
- ガスケット
- 電極
- 白金チップ
- 中心電極
- 火花間隔
- 接地電極

● ホットタイプ

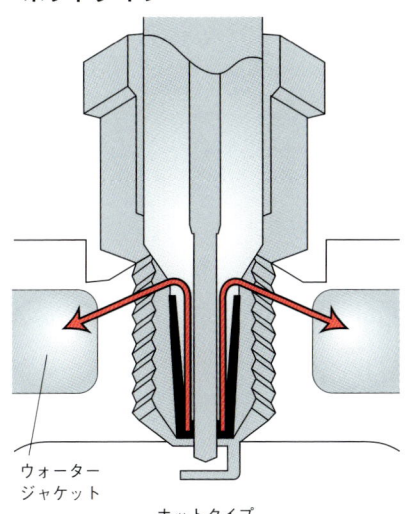

● コールドタイプ

ウォータージャケット

ホットタイプ

放熱面積を減らし、プラグ先端が冷えにくくしたタイプ。エンジンの温度があまり高まらず、プラグが冷えすぎてしまう低出力車に用いられる。

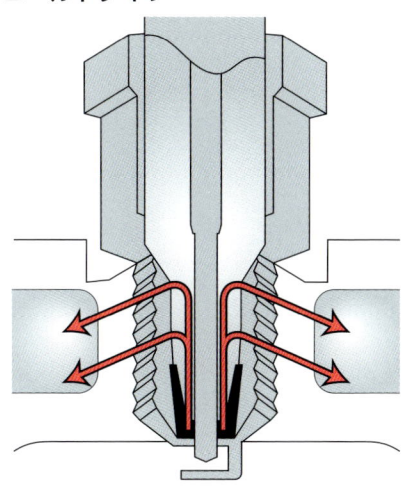

コールドタイプ

放熱面積を増やし、プラグ先端が冷えやすくしたタイプ。エンジンが常に高温になるような、高出力車に用いられる。ターボ車は特にエンジン温度があがるのでこちらが使われる。

豆知識 点火性能を上げるため、一気筒あたりに点火プラグを2本用いるエンジンがある。アルファロメオの4気筒エンジンはその代表的存在。

オルタネーター

> **Key word** **交流発電機** エンジンの動力を利用してローターを回転させ、電磁誘導によって交流電流を発生する。交流電流は直流に整流されてバッテリーに蓄えられる。

クランクシャフトの回転で電気を発生

車には点火に使う電気をはじめ、そのほかにもたくさんの電装品で電気が使われている。エンジンを冷却するファンや、ワイパーやエアコンのみならずオーディオやカーナビ、電動シートなど、数え上げたらきりがないほどである。それらの装備品に必要な電気を作り出しているのがオルタネーター（交流発電機）である。

オルタネーターはクランクシャフトの回転力を利用して電力を発生させている。オルタネーターで発電された電気はバッテリーにためられる。

電気部品の進化

かつては、**直流発電器（DCジェネレーター、ダイナモ）** が使われていた。これは、車で使われる電気が直流であったからである。しかし直流発電器は電力を発生するときに磁界をつくり、自分で発電した電力を使ってしまう。このためエンジンの回転数が高いときだけしか、バッテリーに蓄電することができなかった。

そこで、現在では低回転でも発電能力が高く、小型で耐久性にも優れるオルタネーター、つまり交流発電機が用いられている。発電された交流電流は直流に変換されて、各種電動部品に送られる。

効率的に発電を行えるがゆえに、エンジンの回転数が高くなると、発電電圧が高くなってしまう。そこで、電圧を一定に保つ調整器などが装備されている。

電気の重要度は高まる

トヨタが発売した「プリウス」は、従来はエンジンのみに頼っていた動力を、電気モーターで補おうと考えたハイブリッド車である。**ハイブリッド車**は、走行状態に応じてエンジンで発電した電気をモーターで使用したり、モーターとエンジン両方の力で加速したりと様々な使いわけができるようになっている。ブレーキをかけるとモーターが発電器の役割を果たし（**回生モーター**）、電気を蓄える仕組みもある。また、エンジンで前輪を駆動し、緊急時のみモーターで後輪を駆動する電気式4WDも発売されており、車における電気の重要度は増すばかりである。

豆知識 オルタネーターは走行距離や使用年数により性能が劣化する。バッテリー上がりを頻繁に繰り返すようなら、オルタネーターの性能劣化が疑われる。

オルタネーターのしくみ

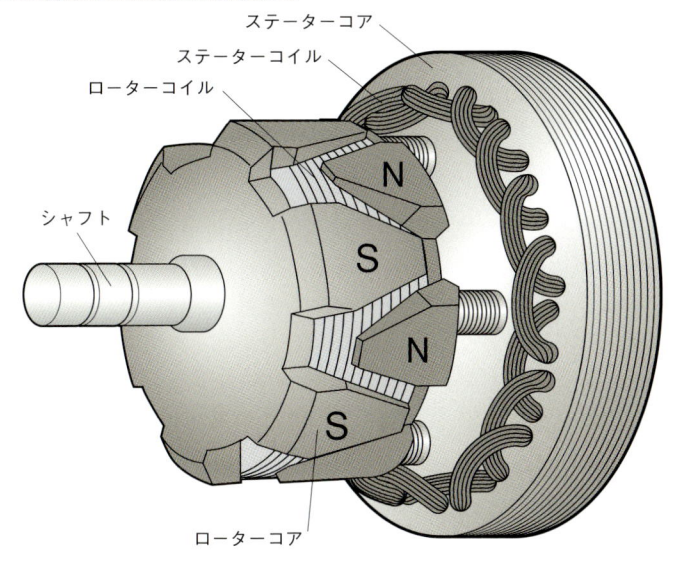

- ステーターコア
- ステーターコイル
- ローターコイル
- シャフト
- ローターコア

エンジンからの動力をシャフトに伝え、シャフトにつながるローターコイルを回転させる。ローターにはバッテリーから電力が伝えられ、S極とN極の磁力を帯びる。これをステーターコアの中で回すことにより、電力が発生する。

発電原理

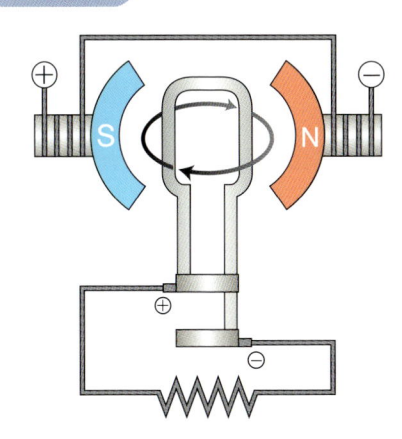

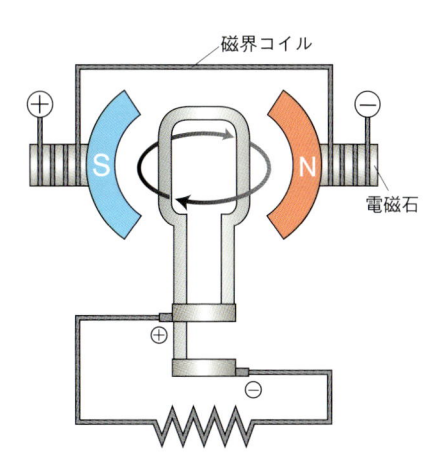

- 磁界コイル
- 電磁石

この装置の原理は、フレミングの左手の法則だ。磁束が変化すると、金属片に電気が発生する原理を利用している。ローターを回転させることによって、次々に磁束は変化し、発電は断続的に行われる。得られた交流電流は、オルタネーター内にあるダイオードにより、直流に整流される。

豆知識 信号待ちでライトを消す習慣は、オルタネーターの性能が低かった時代にできたもの。現在では対向車に対するマナーとして受け継がれている習慣。

排気経路

> **Key word　排気ガス**　燃焼した混合気はエンジンから排出されるが、有害な物質が含まれているので、そのまま放出するわけにはいかない。

排気経路が重要なわけ

　エンジンは燃料を爆発させることで動力を得ているが、燃焼の終わったガスは速やかに排出しなければならない。もし燃え終わったガスがシリンダー内にとどまっていると、新しく入ってくる空気（混合気）の量が減り、必要とする力が得られなくなってしまう。そこで、排気ガスの抜けを助けるのが排気装置である。また、それ以外にも排ガスをクリーンにしたり燃焼を助けたり、排気経路には様々な工夫が施されている。

　排気ガスの大部分は、**一酸化炭素（CO）、炭化水素（HC）、窒素酸化物（NOx）**で構成されている。

燃焼温度を下げるEGR

　ガソリンエンジンは、ある一定の回転数で非常に効率のよい燃焼を行うことができる。しかし、燃焼状態がよくなると燃焼温度も高くなる。燃焼温度が高くなれば、窒素酸化物の量が増えるという特性がある。そこで排気ガスの一部を吸気系に戻し、再燃焼させるのが**排ガス再循環装置（EGR）**だ。排気ガスを混合気に混ぜると、混合気中に含まれる酸素の量を減らせるので燃焼効率は下がり、燃焼温度も下がる。排気ガスによって窒素酸化物の発生量を抑制するのだ。かつては、大量のEGRを行うとエンジン出力の低下などを招いていたが、現在は電子制御の進化でそれは改善されている。

少しの漏れも許さないPCV

　エンジンはピストンが上下運動をすることにより動力を得ているわけだが、ピストンリングなどで気密を保っていても、圧縮や燃焼膨張で、エンジン下部のクランク室へ混合気や燃焼ガスが侵入する場合がある。

　このガス（**ブローバイガス**）は大量の炭化水素を含んでおり、そのまま大気に放出するわけにはいかない。そこでエンジンには**ブローバイガス還元装置（PCV）**が装着されている。こちらもEGRと同じく、インテークマニホールドへガスを導き、混合気とともに再燃焼させている。

　炭化水素は人体にとって有害であるばかりではなく、エンジンオイルを酸化させる原因にもなる。

> **豆知識**　排気ガスを再燃焼させるという技術の確立が、排気ガスをクリーンなものにした。

排気経路

燃焼室から排出されたガスは、A/Fセンサーによって成分を調べられる。排気ガスをきれいにするキャタライザーは、温度が高くないとうまく働かない。エンジン始動時は、大きな床下キャタライザーまで熱が届かないので、小さな直下型キャタライザーを、排気管のすぐ近くに1つ置いている。

A/Fセンサー
直下型キャタライザー
床下キャタライザー

● EGR

吸気
EGRバルブ
排気ガス
インテークマニホールド
エキゾーストパイプ

各種のセンサーにより、燃焼温度が必要以上に高まったと検知された場合、EGRバルブが開き、エキゾーストパイプから排気ガスがインテークマニホールドに流される。現在では、混合気の中に大量の排気ガス（20％以上）を混入できるエンジンがある。

● PCV

ブローバイガス
吸気
PCVバルブ

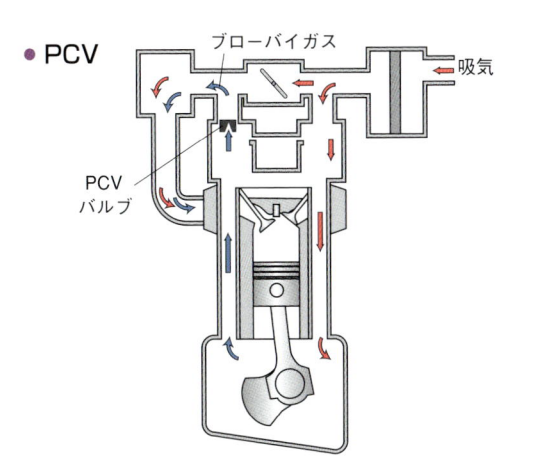

クランクケースの中には、ピストンリングのすき間をかいくぐった混合気や、オイルが熱せられて発生したガスなどが溜まる。いずれのガスも炭化水素ガスを含んでおり、そのまま大気中に放出すると、光化学スモッグの原因になる。それを防ぐために、炭化水素ガスを燃焼室に送り込み、燃やしてしまうというのがPCVの役割りである。

> **豆知識** EGRは大量の排気ガスを産み出すトラックなどの、ディーゼルエンジンにも積極的に採用されつつある。

エキゾーストマニホールド

> **Key word** エキゾーストマニホールド 排気ガスの流れを整え、速やかに大気中に放出するための部品。騒音や振動を抑える役割もある。

エキゾーストマニホールド

　エンジンブロックに取り付けられたエキゾーストマニホールド（タコの足のようにも見えることから**タコ足**ともいう）は、排気ガスがすみやかに大気中に放出されるためにある。

　エキゾーストマニホールドは、なぜこのような曲がりくねった形状をしているのだろうか？

　ピストンの項でも触れたように、そもそもエンジンでは、一度に全てのシリンダーで爆発が行われるわけではない。4気筒なら4つのシリンダーが順番に、6気筒なら6つのシリンダーが順番に爆発することで、振動や騒音を抑えている。6気筒以上のエンジンでは、あるシリンダーで排気が終わったときに、別のシリンダーでは排気が始まっている。

　エキゾーストマニホールドが極端に短かったり、1本のパイプでムリにまとめようとすると、**排圧**（排気装置の中の圧力）が高まった状態で別のシリンダーの排気が始まるので、排気の流れが悪くなり排気干渉が起こる。それを解消するためには、できるだけエキゾーストマニホールドを長くする必要がある。

エキゾーストマニホールドのまとめ方

　6気筒エンジンでは3本を1本にまとめ、エキゾーストマニホールドを2本にまとめるなどの工夫がされている。点火する（排出する）順番で干渉が起こらないように1本にまとめるので、エキゾーストマニホールドは入り組んだ形になっている。

　エキゾーストマニホールドには、速やかに排気ガスを大気に放出するという役割もある。先に排出された排気ガスが持つ慣性運動を利用して、続けて排出されるガスに勢いをつけることができる。

　しかし、エキゾーストマニホールドを、1つにまとめれば一番効率が上がるというわけではない。V型エンジンなどでは、**排気口**がエンジンの両側に分かれるので、1本にまとめるのには無理がある。そのため、高度な妥協点として挙げられるのが、エキゾーストマニホールドを2つ持つ方式である。

　エキゾーストマニホールドのまとめ方には各種あり、4本の管を1本にまとめてしまうものもあれば、4−2−1とまとめていくエンジンもある。

　直列6気筒の場合でも、6−1とまとめるのではなく、6−2−1とまとめる場合がある。

豆知識 エキゾーストマニホールドには、排気ガスの成分や温度などを調べる各種のセンサーが取り付けられることが多い。

直列6気筒エンジンのエキゾーストマニホールド

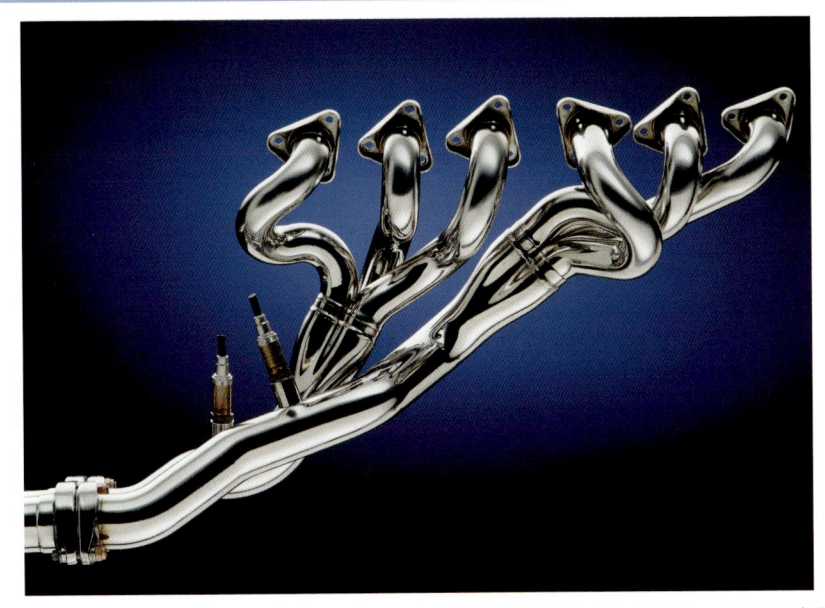

BMW直列6気筒エンジンのエキゾーストマニホールド。エキゾーストマニホールドは3気筒ずつまとめられている。エキゾーストマニホールドを通った排気ガスは、排気管を経由して最終的に1本にまとめられ、大気に放出される。

● エキゾーストマニホールドのまとめ方（4気筒）

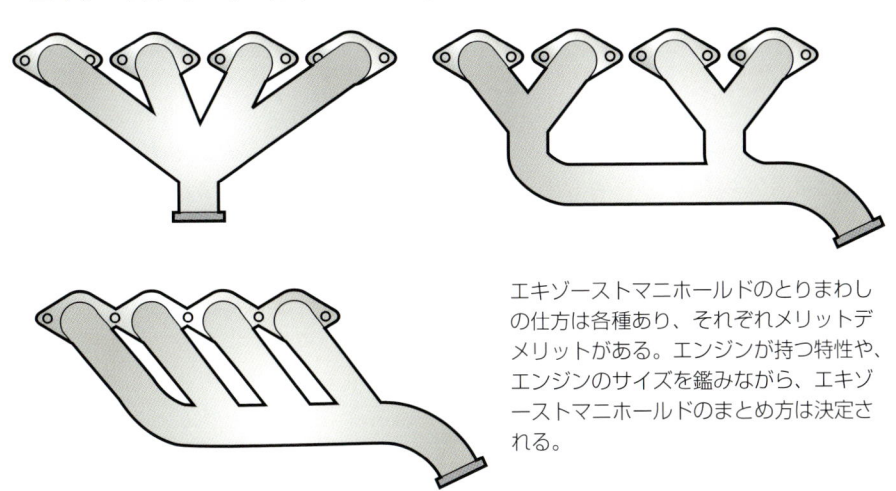

エキゾーストマニホールドのとりまわしの仕方は各種あり、それぞれメリットデメリットがある。エンジンが持つ特性や、エンジンのサイズを鑑みながら、エキゾーストマニホールドのまとめ方は決定される。

豆知識　排気マニホールドともよばれる。

マフラー

> **Key word** 可変マフラー　マフラーの中に可変バルブを設け、低回転時はバルブを閉じて騒音を抑え、高回転時はバルブを開いて騒音を抑えると同時に排気圧を下げる。

マフラー

　排ガスはスムーズに大気中に放出したい。しかしそのまま大気に放出すると、排気ガスは一気に膨張してものすごい音が発生する。これは、高温高圧のガスが大気に解放されると、ほぼ1気圧の大気の中で一気に膨張し、周囲の空気を振動させるためだ。そこで、排気騒音を低減させるためにマフラー（消音器）が装着されるのである。排気ガスの膨張をゆるやかに行うマフラーの容積は、排気量の10倍から20倍は必要といわれている。

構造は複雑

　マフラーは単なる大きな楕円型の筒に見えるが、内部構造は複雑である。一般的に**膨張**、**共鳴**、**吸音**などの働きを持つ。

　膨張によって、狭い空間から広い空間に送り出すことで音量を下げること。容積が大きくなると気体の圧力が低減することを利用している。しかし、レーシングカーの音を聞いたことがある人はわかると思うが、排気騒音の力は強い。マフラーの大きさではとても全てを消し去ることはできない。

　共鳴とは音波の性質を利用したもので、共鳴室内に入った音波が壁に当たって跳ね返ってくる。この逆位相の音波で音をうち消し合うのである。しかし、音波とは音の波であるから、波の大きさは音の高低（周波数）で違う。やはり全ての音を消し去ることはできない。

　吸音とは、グラスウールなどの表面積が大きい繊維状のものに音をぶつけることで、熱エネルギーに変換して吸収すること。これらの働きを上手に組み合わせて、マフラーは排気ガスの出す音を軽減している。しかし、消音のために経路を複雑にしすぎたりすると抵抗となり、エンジン出力の低下を招いてしまう。

　そこで用いられるのが、**可変バルブ**という装置。内部の可変バルブを動かすことで、低圧時と高圧時で流れる経路を長くしたり広げたりして変化させる機構だ。消音効果を保ちながら排圧を下げ、出力損失を抑える効果がある。

　車のオプション品や社外メーカーから発売されている高効率マフラーは、アルミニウムやチタンなど高価で軽量な素材を用いて、コストよりも効率を優先した構造となっており、エンジン高回転域での「ヌケ」もよい。チューニングの第一歩としてマフラー交換が高い人気を誇るのはそのためである。

豆知識　マフラーは腐食し、穴があくことがある。排気音が増大したらマフラーを点検する必要がある。

可変マフラー

可変バルブ

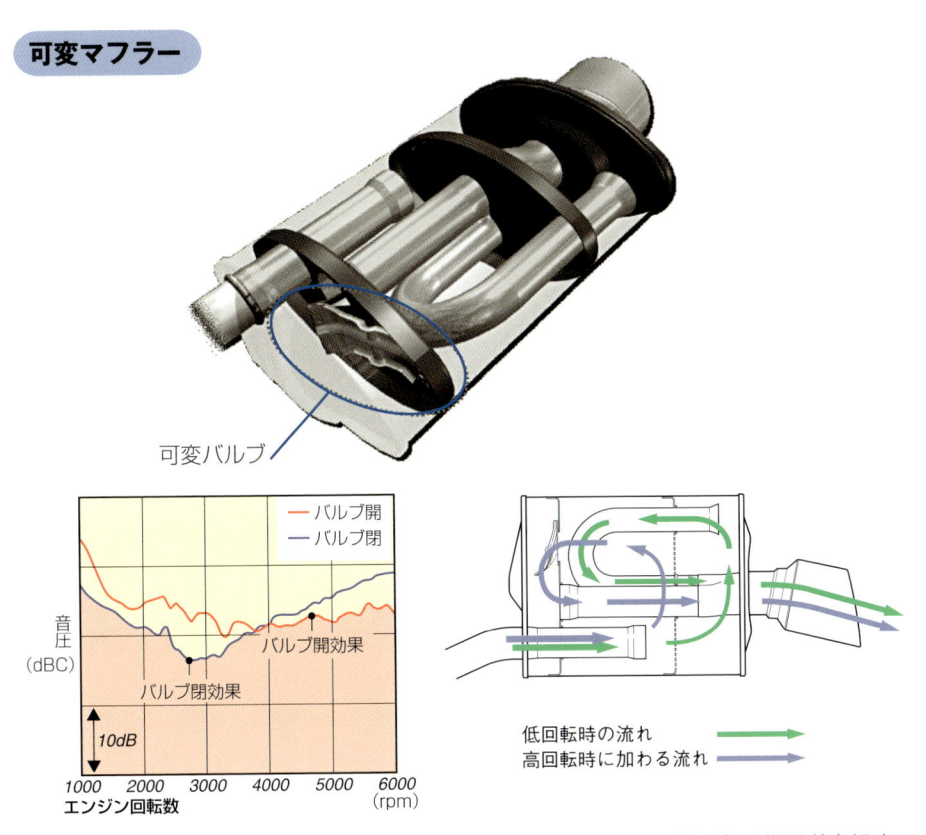

バルブ開 / バルブ閉

音圧 (dBC)

バルブ開効果
バルブ閉効果

10dB

1000 2000 3000 4000 5000 6000 (rpm)
エンジン回転数

低回転時の流れ →
高回転時に加わる流れ →

エンジン回転数が低いときは、それほど排気圧力が大きくないので、排気ガスが通る管を細くする。このときバルブを開いて管を大きくしても、騒音は増してしまうだけで意味がない（グラフ参照）。エンジン回転数が高くなり、排気圧が高まってくると、バルブを動かし、排気ガスが通る管を太くして、排気抵抗を減らすばかりではなく、騒音を減らすこともできる。

● マフラーの素材

マフラーに使われる素材として最近では、ステンレスとスチールが使われている。ステンレスはサビに強く、ハイパワー車には熱に強い素材、あるいはステンレスなどが選ばれる。

豆知識　とても軽いチタン製のマフラーを売り出すパーツメーカーもある。

排出ガス浄化装置

> **Key word** **三元触媒** 排気ガスに含まれる有害成分であるCO、HC、NOxの3つの物質を同時に酸化、還元させ、無害な物質とする触媒。

浄化装置

排ガスには、窒素と水蒸気だけではなく、環境にダメージを与えるCO（一酸化炭素）、HC（炭化水素）、NOx（窒素酸化物）が含まれているのである。それぞれそのまま大気中に放出されると有害なので、もちろん除去しなければならない。この3つの汚染物質をまとめて退治してくれるのが**三元触媒（キャタライザー）**である。

COやHCを酸化させて無害なCO_2やH_2Oに変えたり、NOxをN_2（窒素）やO_2（酸素）に同時に還元できることから、三元触媒とよばれており、現在のガソリン自動車のほぼ全てに搭載されている。

触媒にはパラジウムやロジウムなどの高価な素材が用いられており、形状はペレット（粒）やモノリス（板）、ハニカム（蜂の巣のような形状）などがある。排ガスと接触する面積を増やしながら、排気抵抗を減らさなければならないので、各社の工夫が現れる点でもある。

触媒はある程度温度が上がらないと効果を発揮しないため、なるべくエンジンの近くに配置する。エンジン始動時の排ガスが一番汚いといわれるのは、触媒の温度が上がっておらず、除去（酸化や還元）がうまくできないからである。

触媒には**A/Fメーター**や**O_2メーター**などの各種センサーが取り付けられ、情報はコンピューターに送られる。コンピューターはその情報をもとに、エンジンの混合気を細かく制御している。

デノックスキャタライザー

三元触媒は理論空燃比である14.7よりも薄く（**リーン**）なると、うまく浄化できなくなってしまう。そのため**リーンバーンエンジン車**には希少金属をもちいたデノックスキャタライザーが必要になる。しかし非常に高価な金属であることと、燃料に含まれる硫黄分でダメージを受けてしまうため、今後の重要な研究テーマとなっている。

自動車メーカーは世界中で販売競争にさらされている。ガソリンの質はまだ各国さまざまなので、一気に普及することは難しいと考えられている。

つまり、劣悪なガソリンを使用する発展途上の国や地域で、希薄燃焼で燃費をよくしようとすると、高価な素材を交換しながら使う必要に迫られる。当然、車を所有するコストは跳ね上がり、もともと高価である自動車の値段を、さらに上げてしまうことになる。このように相反する事由があるので、地球規模で商売する自動車メーカーの開発は難しい。

豆知識 触媒技術は日本が得意とする分野。

車から排出されるガスのいろいろ

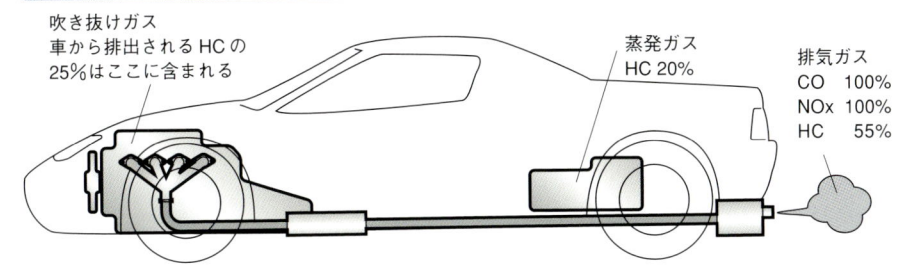

吹き抜けガス
車から排出されるHCの25%はここに含まれる

蒸発ガス
HC 20%

排気ガス
CO 100%
NOx 100%
HC   55%

車から排出されるガスは、排気ガスだけではない。気化器や燃料タンクからもれる蒸発ガス、エンジンのすき間からもれる吹き抜けガスなどがある。どれも有害なガスばかりで、自動車メーカーは、これらのガスの排出を抑えるために、様々な技術開発を行っている。

排ガスをきれいにする触媒コンバーター

- モノリス型触媒コンバーター

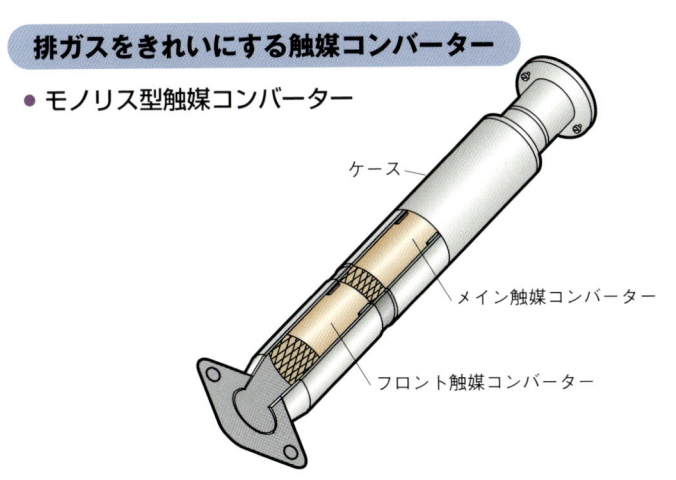

ケース
メイン触媒コンバーター
フロント触媒コンバーター

触媒コンバーターの内部には、格子状に組まれたアルミナに、白金、パラジウムなどを加えて作った触媒物質が吹き付けてある。この格子の中に排気ガスを通し、有毒物質を取り除く。

- NOx 吸蔵触媒

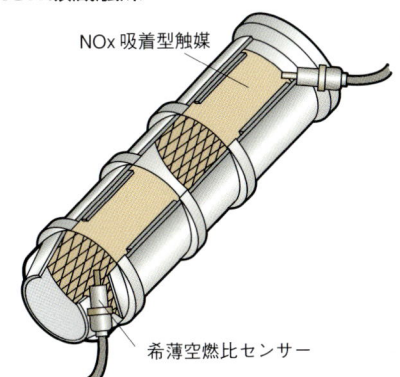

NOx 吸着型触媒
希薄空燃比センサー

燃費をよくするために、大量の空気と少しの燃料で爆発を起こさせるリーンバーンエンジン。確かに、使用する燃料は軽減できるが、そのかわり、環境に有害であるNOxが発生してしまう。このNOxを浄化する装置が必要となる。その問題を解決するのがこのNOx吸蔵触媒である。装置の中にある触媒にNOxを吸着しためておく。センサーによって吸着できる限界がきたとき、混合気を使ってNOxを焼き払って排気ガスを浄化する。

第3章

豆知識 排気ガスのクリーン度には運輸省より認定されるランクがある。ランクとして「良ー低排出ガス」、「優ー低排出ガス」、「超ー低排出ガス」がある。

冷却水と循環経路

> **Key word** 　**水冷エンジン**　エンジンブロック内に冷却水を循環させて、温度を一定に保つエンジン。以前は空冷エンジンの車もあったが、現在はほとんどが水冷式。

冷却水はラジエターで冷やされる

　エンジン内部で発生する熱は、エンジンを高温にする。高温になったエンジンには、気体の熱膨張により、多くの空気を取り入れられなくなる。よって、酸素が希薄になりパワーダウンをおこす。また、シリンダー内でガソリンが自然発火し、ノッキングなどの異常燃焼が起きる場合がある。

　そして、そのまま冷却がうまくいかなくて高温が続けば、やがて完全にオーバーヒートしてしまい、ピストンやバルブが焼き付いたり、膨張や変形でエンジンを壊してしまう。これを防ぐために、エンジンには冷却装置が備えられており、不必要な熱エネルギーを大気に放出している。現代のエンジンは水冷式でエンジンブロック内に水を通して、エンジン本体を冷却している。

　エンジンブロック内の水路は**ウォーター・ギャラリー**や**ジャケット**とよばれ、ウォーターポンプによってエンジン内部を循環する。エンジンの熱をうばって温まった冷却水は、ラジエターに送られ、空気に熱を放出し、冷やされてエンジンに戻る。エンジン内部を循環するこの冷却水は加圧されており、沸点が高い状態。外気温との差を大きくして、冷却効果を高めている。冷却水の適正温度は一般的に80度前後とされており、**サーモスタット**などで管理されている。

エンジンは適正な温度に保つ必要がある

　冷却水には、純度の高い水が用いられ、不凍液をまぜて使われる。不凍液とは、文字通り水を凍らせないようにする液体。水は凍ると体積が変わるので、エンジンやラジエターを壊してしまう。

　不凍液の成分は主に**エチレングリコール**で、この成分の性質により気温が0度以下になっても冷却水の凍結を防ぐ。

　昔は冷却水のいらない空冷式の車も走っていたが、現在は水冷式のエンジンがほとんどだ。しかしバイクには空冷式のエンジンが今も残っている。エンジン自体を風にさらすことができるので、バイクには空冷式を用いることができる。

　あまり知られていないが、エンジンを冷やしすぎてもいけない。エンジンが冷えすぎても、燃焼効率が悪くなるからだ。

　これは、一般に**オーバークール**とよばれている。エンジンを効率よく運動させるには、内部の温度を適正に保つ必要がある。

豆知識　冷却水には、赤色と緑色のものがあるがどちらも働きは同じ。

水冷エンジンの仕組み

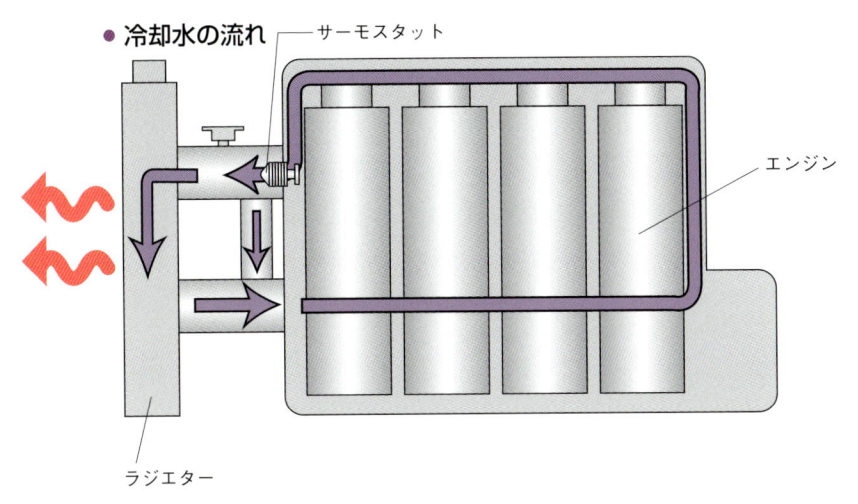

● 冷却水の流れ

サーモスタット

エンジン

ラジエター

冷却水の適温は80度くらい。エンジンをかけたばかりだと、水温はそれよりも低い。そのような場合、冷却水はラジエターを通らず、再びエンジンの中に戻されもう一度循環させられる。

● エンジン内に張り巡らされた水路

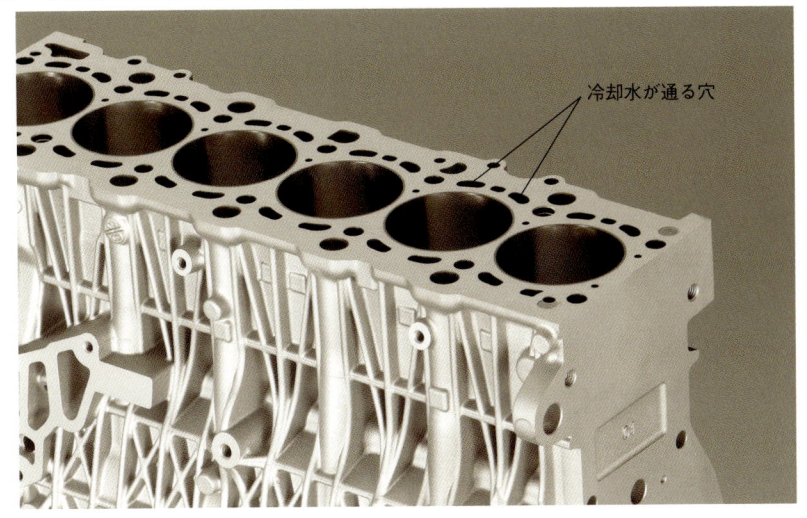

冷却水が通る穴

エンジン内部でもっとも温度があがるシリンダーヘッドのあたりには、いたるところに冷却水が通る穴があけられている。

豆知識　走行中に水温が異常に高くなったら、すぐに車を路肩などの安全な場所にとめ、冷却水をチェックする。多くの場合、冷却水のもれが原因だからだ。

冷却水

> **Key word** **サーモスタット** エンジンの冷却水を適温（約80度）に保つための装置。冷却水が80度以上になってはじめて、ラジエターへ循環させる。

沸騰しにくい水

　通常の1気圧下では水は100度で沸騰し水蒸気になる。しかし、水に圧力を加えると沸点は100度を超えることができる。外気温との差があればあるほど、冷却効果を高められるので、ラジエター内は加圧されている。冷却水の経路を密閉してしまうのだ。そうすることで、沸点も高くできるし、外気との温度差を大きくでき、より高い効果を得ることができる。

　しかし、圧力に耐えられるようにラジエターの強度を高くすると、大きくて重たいものになってしまう。ラジエターは空気が一番よくあたる車体の前に取り付けられることが多い。そのような場所に重たい装置を搭載すると、車の操縦性に大きな影響を与えてしまう。

　そこで、おおよそ沸点を110度から120度程度にして、余計な圧力がかかると、**ラジエターキャップ**から圧力を逃がすようにしている。

水温をコントロールするサーモスタット

　冷却水の温度は、サーモスタットによってコントロールされている。冷却水の適温は、およそ80度。80度以上ある水はラジエターの中を通され、適温に戻されるが、80度以下の場合はラジエターに通さない。それ以上、水温を下げる必要がないからだ。エンジンから戻ってきた冷却水は、**サーモスタット**の中を通過する。エンジンをかけたばかりの時などは、水温が低いので、バルブは閉じられ、冷却水は再びエンジンに戻っていく。この行程を繰り返し、やがて冷却水は適温である80度に近づいていくのである。

冷却水を循環させるウォーターポンプ

　冷却水をエンジン内に強制的に循環させる装置。動力はクランクシャフトからとられ、ウォーターポンプ内の羽根車を回す。ウォーターポンプがなくても、エンジン内では自然に冷却水は循環する。熱くなった冷却水はラジエター上部にたまり、冷えていくにしたがって下に落ちてくる。このような液体の対流を利用することによって、かつてはウォーターポンプは用いられていなかった。

　しかし近年、エンジンの高性能化により、エンジンの温度もあがりがちになった。そのような理由から、ウォーターポンプは当たり前の装置になった。

豆知識 冷却水にはエチルグリコールと数種類の添加物が加えられていて、沸騰・凍結しにくい性質に改善されている。

サーモスタット

● 低温時

低温時（バルブ閉）
スピンドル
バルブ
ワックス
ペレット
水の流れ

● 高温時

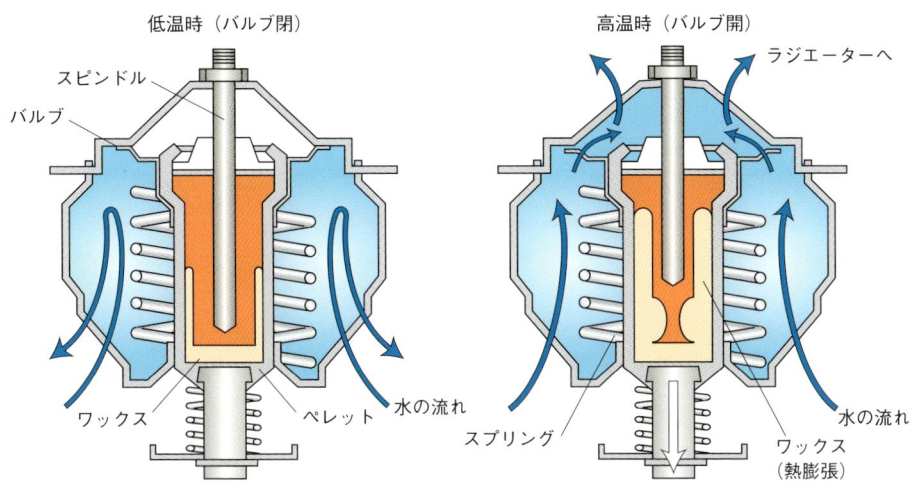

高温時（バルブ開）
ラジエーターへ
スプリング
ワックス（熱膨張）
水の流れ

サーモスタットにはベローズ型とワックス型がある。ここでは現在おもに使われているワックス型について説明する。ペレットという容器の中に、熱によりその体積を増減しやすいワックスを封入する。温度が低いときは、ワックスの体積は変わらないが、温度が上昇するとワックスは熱膨張を始め、ペレットに差し込まれたスピンドルという棒を押し上げる。それによって、発生したすき間を冷却水は通り抜け、ラジエターへと導かれる。

ウォーターポンプ

水を循環させる羽根車は一見とてもいい加減な作りにみえる。故障しても自然循環はできるように、すき間だらけの羽根車が使われているのだ。

ウォーターポンプはエンジンの側面に取り付けられる。左に見えるピストンのような部品に、ベルトがかけられ、クランクシャフトと結ばれている。エンジンの回転数に比例して、ウォーターポンプが送り出す水量は変化する。

豆知識 ウォーターポンプは消耗部品。10万kmを超えるあたりで交換が必要。

ラジエター

> **Key word** 　**冷却ファン**　一般にラジエターの直後にあり、渋滞などで車が動かず、ラジエターに風が当たらないときに作動して強制的に風を送る。

細い水管により構成されるラジエター

　エンジン内部で温められた水は、ラジエターという熱交換器で冷却される。ラジエターは通常車の前部、グリルの後ろに多少傾けて配置され、新鮮な空気にたくさん触れられるようになっている。ラジエターは車の一番前のほうに設置されるため、重量が重いと運動性に影響が大きい。そのため、アルミニウム合金などの軽い材質で作られる。

　ラジエターは、空気に接する面積を確保するために、細い水管（**ウォーターチューブ**）をいくつも並べている。さらに、水管と水管の間には薄いフィンをつけて（**ラジエターコア**）、放熱面積を稼ぎ出している。

　エンジンの放熱量に合わせて水管の量が決められるので、車によってラジエターの大きさは違う。排気量が大きい、またはターボ車などの熱を持ちやすい車のラジエターは大きい。

　ラジエターにより冷やされるエンジンではあるが、一部の熱は有効に利用されている。エアコンのヒーターは、この放熱を再利用したもので、暖められた空気を室内に取り込む。かつてエアコンが高価で装着されなかった時代にも、ヒーターだけはついていたのは、通風口を作るだけで室内を暖めることができたからである。

温度センサーとファン

　ラジエターだけで冷却が追いつかない場合には、ファンを回して強制的にラジエターに風を当てて冷やしている。ラジエターに取り付けられた温度センサーが、水温の上昇を感じ取ると、ファンを回すモーターに通電する。逆に水温が下がり、適温になるとモーターの電源は切られる。エンジンの動力を使ってファンをまわす車もある。車種によってはファンが2ついているタイプもあり、回転数や枚数をコントロールすることで適温を保つ。

エンジンにも適正温度がある

　エンジンに設けられたサーモスタットによって調整され、通常80度程度まで水温が上がるようになっている。エンジンはほとんど金属でできているので、一定の温度で膨張した際に適正なクリアランスがとれるようになっている。熱すぎても寒すぎてもいけないのだ。

> **豆知識**　ラジエターから冷却水がもれる故障は比較的よく起こる。ラジエターそのものを修理することはまれで、多くの場合部品すべてを取り替える。

ラジエター

● ラジエターの位置

ラジエターは外気にもっとも触れやすい、車体前方に取り付けられる。エンジンルームの中はエンジンの熱によって高温になる。その熱にさらされにくいように、最近はラジエターをぐるりと樹脂などで覆う車がある。できるだけ、ラジエターに熱が伝わらないようにしているのだ。

● 冷却ファン

車を走らせるとラジエターには風が当たり、冷却水は冷やされる。しかし、渋滞などに巻き込まれると、ラジエターには風が当たらず、冷却水の水温は上昇する。それをさけるために、エンジンルームのなかには、ラジエターに強制的に風をあてる冷却ファンが備わっている。

● ラジエターの仕組み

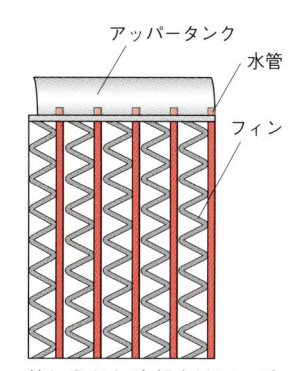

熱しられた冷却水はアッパータンクから水管を通り、下に落ちてゆく。その際、水管に取り付けられた金属のフィンに熱は逃がされ、水温は低下してゆく。ラジエターの材質には、アルミや銅、真鍮などが用いられている。

豆知識 渋滞が多い日本の環境ではラジエターファンは必需品。ファンが壊れてしまった場合、渋滞のない早朝や深夜に車を走らせ、ディーラーなどに持ち込む。

エンジンオイル

Key word　**オイルポンプ**　オイルパンにたまったエンジンオイルを吸い上げ、エンジン内を循環させる。トロコイド式とギア式とがある。

エンジンオイルの役割は多岐にわたる

　エンジンは金属でできている。金属の表面は見た目には滑らかでも実は細かい凹凸があり、この金属同士がふれあうと摩擦力が発生する。しかし液体同士ならば摩擦力が小さいので、エンジンオイルが必要となるのである。つまり金属のまわりを油膜で覆い、金属を保持するのだ。

　エンジンオイルは、エンジン内部の潤滑を行い摩擦を低減するほかに、エンジンの洗浄や冷却、防錆のほか気密保持をするなどたくさんの役目がある。

　エンジンオイルは、エンジン停止時はエンジンの下にある**オイルパン**にたまっている。オイルパンの中には大きなゴミを取り除く**オイルストレーナー**があり、そこを通ったオイルがオイルポンプ、**オイルフィルター**を通ってエンジン各部へ行きわたる。エンジンブロックのオイル通路は**オイルギャラリー**とよばれ、各部を通ってオイルパンに戻るという循環を繰り返している。

　オイルパンはエンジン下部にあるので、常に外気と接している。オイルをためておく他に、冷却の役割も果たすのがオイルパンなのである。

　普通の車ではオイルパンによる冷却で十分なのだが、スポーツタイプの車やターボ車など、エンジンの温度が高くなる車には、オイルを冷やす**オイルクーラー**がとりつけられる場合がある。

オイルは一番の消耗品

　オイルフィルターは、エアコンや空気清浄機のフィルターと同じように濾紙でできたもので、オイルが流し落とした細かい金属粉などを取り除く役目を持つ。

　メーカーは通常、オイル交換2回に対して1回の割合で交換すると定めている。このオイルフィルターは、万が一目がつまってしまっても、オイルをバイパスさせるようになっている。が、その間はフィルターの効果を果たさない状態になるので、やはり定期交換を心がけたい。

　フィルターで濾過されるとはいえ、エンジンオイルはその役割が多岐にわたるうえ、非常に温度差が激しいなかで役割を果たしている。ガソリンスタンドやカーショップが、常にオイル交換をよびかけているのは、やはりオイルが車にとって重要な要素である証明ともいえるだろう。

　オイルの交換時期の目安は一般に、3000kmから5000kmといわれる。

　性能の向上も著しく耐久性も上がっている。自分の車にあったエンジンオイルを、適正なスパンで交換したいものだ。

豆知識　エンジンオイルを交換した走行距離を、車内にメモしておくと交換時期の目安になり便利。

オイルポンプ

● トロコイド式ポンプ

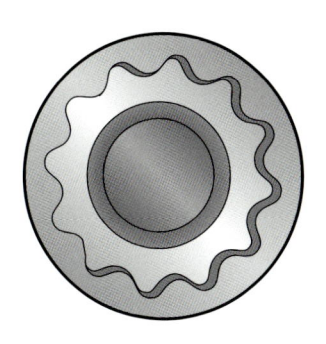

5つの窪みがある外側のローターと、4つの窪みがあるローターの間にできるすき間の容積の変化を利用して、オイルを吸引、圧縮を行っている。

● ギア式ポンプ

ギアの数が違う外側のギアと内側のギアを、回転させることによって負圧が生じ、オイルを吸引する。さらに回転によって圧力を加え、オイルを外に送り出す。

● オイルが流れる経路

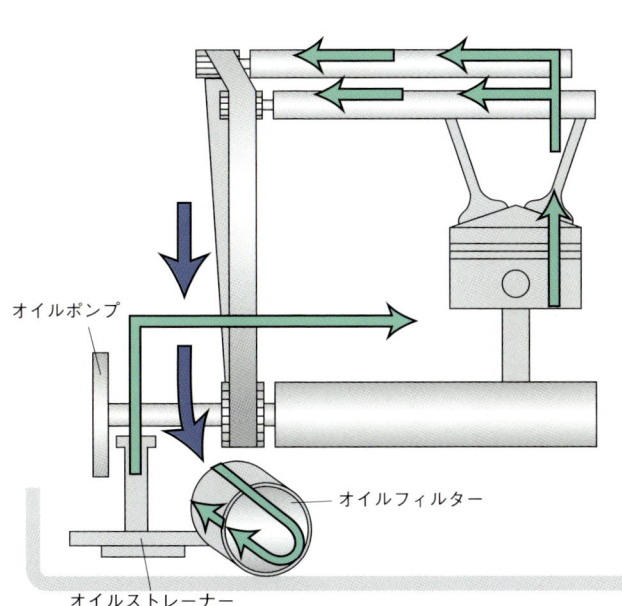

オイルポンプが回転することによって、オイルパンにためられたオイルは吸い上げられる。まず最初にオイルストレーナーで大きなゴミは除かれた後、オイルはエンジン各所をめぐる。オイルは途中にオイルフィルターを通過する。ここでエンジンオイルに含まれる細かなゴミが取り除かれる。仕事を終えたオイルは重力の力で下に流れ落ち、再びオイルパンのなかに戻る。

オイルポンプ
オイルフィルター
オイルストレーナー
オイルパン

豆知識 油温を適正温度にまで上げる暖機運転は、現在では必要ないとされている。ただし、適正温度に上昇するまで、エンジンの回転数はおさえた運転を心がける。

ターボ①

Key word **過給器** 混合気を圧縮してエンジンに送り込む装置。これにより、圧縮比、爆発圧力が高まり、出力が向上する。

排気ガスの力でブレードを回す

エンジンの出力向上の一番簡単な方法は、排気量を増やすことである。エンジン全体の爆発力が上がることでパワーも増す。しかし排気量を増やさなくても、一度に燃焼する混合気量を増やせば、パワーを上げることができる。それを行うのが過給器だ。

代表的な過給器には**ターボチャージャー**と**スーパーチャージャー**があり、通常ターボとよばれるものは、排気の力を利用して、シリンダー内に強制的に混合気を送り込むようになっている。

ターボは1本の軸の両端に羽がつけられており、片方（**タービンブレード**）が排ガスの力を受けて回転、もう片方（**コンプレッサーブレード**）が混合気を圧縮してシリンダー内に送り込む。この送り込む力はkPa（以前はバール）という単位で表され、数値が大きいほどたくさんの空気を圧縮することができるのである。

排気ガスはものすごいスピードでエンジンから排出されている。このエネルギーをターボは利用しているのだ。

タービンハウジングの中に入った排ガスは、その流速をだんだん早め、タービンを回転させる。この時のタービンブレードには、非常に高い温度のガスがあたるので、排気側のブレード（羽）はニッケルやセラミックなどの、高温に耐えることができる素材が使われる。

圧縮されすぎた空気を逃がすウェイストゲートバルブ

捨てていた排ガスの力を利用するのでターボは非常に合理的だ。しかし、タービンの回転速度が上がると充填できる空気量も増えるが、増えすぎると**ノッキング**（**異常燃焼**）の原因となる。そのため排気経路の途中にはタービンを通らない迂回路も作られており、その入り口には**ウェイストゲートバルブ**とよばれる弁がある。

バルブは通常閉じられているが、空気の圧力が高まってバルブを閉じているスプリングの力に勝つと、圧力が逃げるようになっている。ターボのMT車がシフトアップなどでアクセルを閉じると、この弁も動くため、「プシュー」というような独特の空気音を発する車もある。

また空気は圧縮されると温度が上がり、温度が上がると密度が低下するため（同時に酸素濃度が薄くなる）、過給能力を上げようとすると、インタークーラーとよばれる吸気温度を下げる放熱器を装着する必要がでてくる。

ターボエンジンはいかに熱を逃がすかが、開発の重要なポイントになっている。

豆知識 ターボ付きエンジンは高温になるので、エンジンオイルは高品質のものを入れる。

ターボチャージの原理

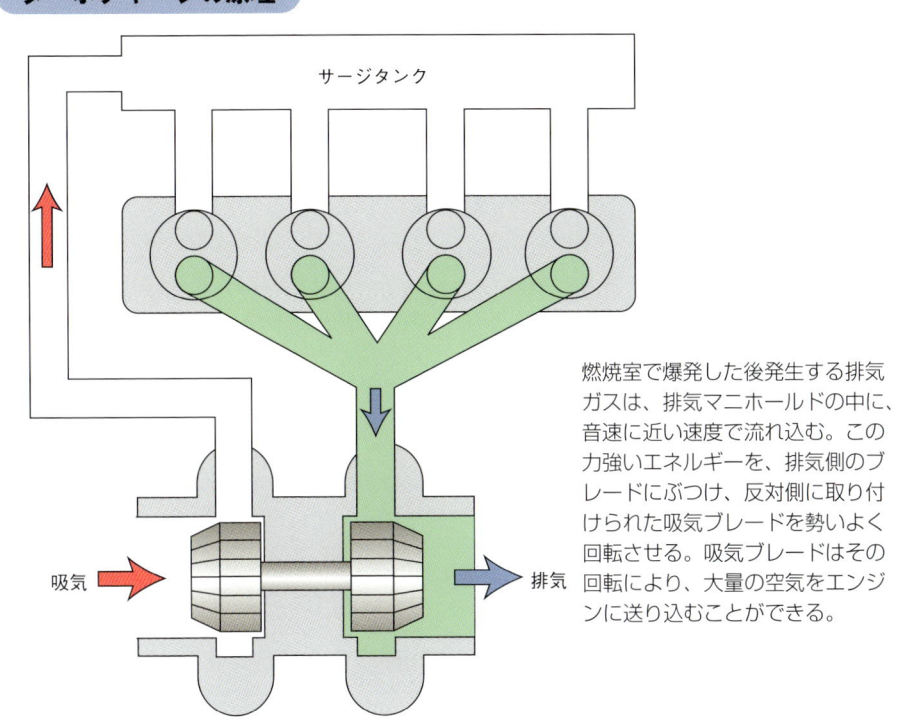

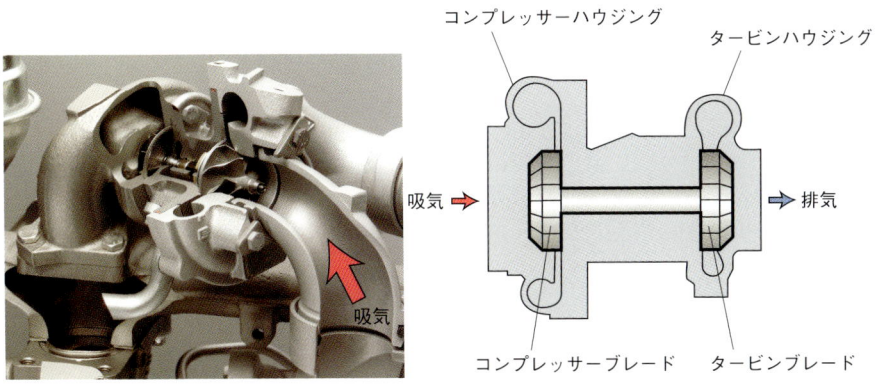

燃焼室で爆発した後発生する排気ガスは、排気マニホールドの中に、音速に近い速度で流れ込む。この力強いエネルギーを、排気側のブレードにぶつけ、反対側に取り付けられた吸気ブレードを勢いよく回転させる。吸気ブレードはその回転により、大量の空気をエンジンに送り込むことができる。

手前側が吸気ブレード。手前の管から勢いよく空気が吸われてエンジンへ送り込まれる。奥に見えるのが排気側。通過する気体の温度が激しく違うので、明らかに吸気側と違う素材が使われているのが見て取れる。

吸気・排気ブレードをつなぐタービンシャフトには、ボールベアリングが取り付けられている。高温に耐えうるボールベアリングを作るには、大変な技術力が必要である。

豆知識 セラミック製ターボブレードは軽く作ることができるので、レスポンスを向上させるメリットがある。

ターボ②

> **Key word**　**ロープレッシャーターボ**　小さなターボを使い、低回転域から過給をするようにして、低中速でのトルク向上を狙ったもの。

ターボエンジンの弱点、ターボラグ

ターボチャージャーは、一見いいことずくめのように見えるが、弊害がないわけではない。それは、排ガスを利用して空気を送り込むため、排ガスの量が足りないとその効果が発揮できないのだ。一昔前のターボは、ある回転以上（排ガス量の増加）から急に出力が立ち上がるため、アクセル開度に対するレスポンスが悪く、ドライバビリティに問題があった。

さらに、ターボで過給された状態をもとにエンジンが設計されているので、ターボが効かない回転域では、普通のエンジンを用いた車よりも加速が悪かった。しばらくはのんびりとした加速で、ある一点を超えると爆発的な加速をするという、なんとも使いづらい車だったのだ。このターボが効いていない状態を、**ターボラグ**という。

技術は年々進歩する

近年では、少ない排気ガスの圧力でも過給を始める小さなターボを使って、高出力よりも低回転でのトルク向上を主眼としたエンジンが多い。これを「**ロープレッシャーターボ**」とよぶ。

エンジン回転数によって使用するタービンの数をふやして使い分け、レスポンスを向上させた、「**シーケンシャルツインターボ**」などもある。

シーケンシャルターボは、低回転域と高回転域とで、排ガスの流路を瞬時に切り替え、エンジン回転の全域でターボの効果を生み出すものだ。同じような仕組みだが、大小二つのターボを持ち、大きな過給が必要な場合だけ、大きいほうのターボにも排気ガスを送る「**2ステージターボ**」とよばれる装置もある。

ターボの弊害として、エンジン自体の圧縮比を上げられないというものがある。圧縮比はターボで過給されている時を基準にしないと、ピストンが圧縮できないほどの空気が燃焼室に入り込んでしまうからだ。

しかし、現在ではロープレッシャーターボに限るのだが、自然吸気エンジンと変わらないレベルまで圧縮比を上げたモデルも存在する。これにより燃焼効率を落とすことなく、出力を向上させることができる。エンジンコントロール技術の進歩によりもたらされた技術である。

様々な工夫でターボは進歩しているが、たくさんの混合気を燃焼させているので、同じ排気量の自然吸気のエンジンと比較した場合、出力は向上するが燃料消費は増えてしまう。省エネという観点から、ターボを使う車は減少している。

豆知識　ターボ車はジェットエンジンのような高周波の音を出す。この音は空気をブレードで圧縮するときに出るもの。

ロープレッシャーツインターボ

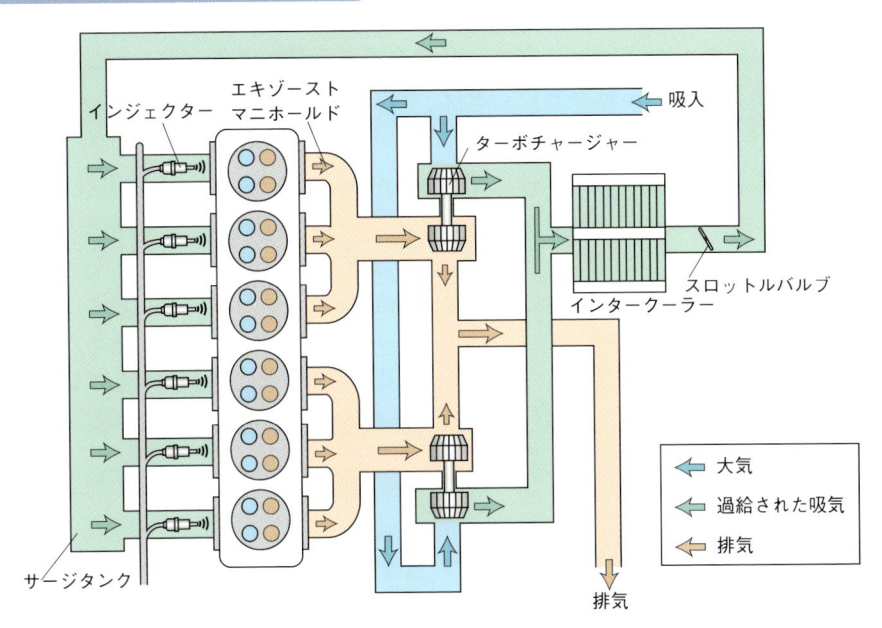

少ない排気ガスの圧力でもきちんと過給を始める、小さなターボを二つ組み合わせた装置。低回転から、自然吸気エンジンではありえないパワーを絞り出すことができる。しかし、問題は高回転域になると、ターボの過給が頭打ちになることだ。

2ステージターボ

● 低回転時　　　　　　　　　● 高回転時

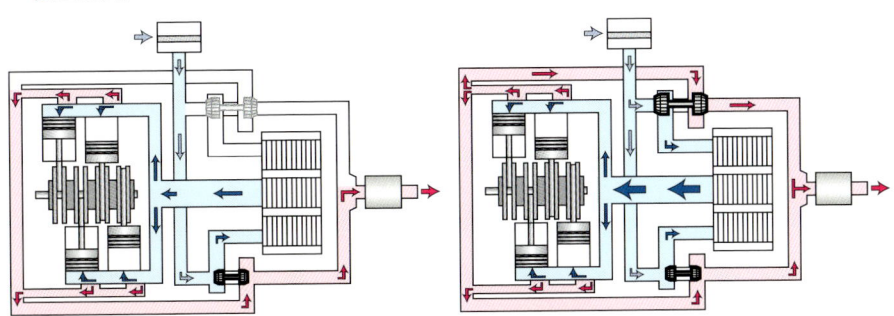

ロープレッシャーツインターボの弱点を解消したのが2ステージターボ。低回転域では小さなターボだけで加給をし、エンジンが高回転域に達すると、大きなターボ側にも排気ガスを送り込み、リニアな加速を実現する。これと似たシステムがシーケンシャルツインターボで、こちらは高回転域では小さなターボへの排気ガスの供給をとめてしまう。どちらもターボラグの抑制と、高回転域までの過給の両立を目指したシステムである。

豆知識　最新のターボエンジンは、違和感無く自然に過給を始めるものが多い。

スーパーチャージャー

> **Key word** スーパーチャージャー　クランクシャフトの回転力を利用して圧縮混合気をエンジンに送り込む。過去、飛行機には普通に用いられていた。

各種あるスーパーチャージャーの種類

　ターボが排ガスを利用して混合気を圧送するのに対して、クランクシャフトの回転を利用して混合気を送り込むのがスーパーチャージャーである。

　スーパーチャージャーにはいくつかの方式があり、まゆ型のポンプが互いに逆の回転をして混合気を送る**ルーツ式**、螺旋状のローターを2つ回転させる**リショルム式**、偏芯円運動することで外壁との隙間をコントロールして圧縮する**Gラーダー式**、排気の力を利用するが、圧力波と排ガスの速度差を利用する**プレッシャー・ウェーブ式**などが存在する。

方式は分かれるが、求めるものと欠点は同じ

　一口にスーパーチャージャーといっても方式はさまざまで、共通するのはクランクシャフトの回転を利用するため、低回転からすぐに過給を始めるので、トルクが素早く立ち上がることである。ターボより優れている点であるといえる。

　しかし、欠点がないわけではない。クランクシャフトの回転を利用するので、パワーをロスする分、負荷が増え、振動や騒音が発生しやすい。

　特にパワーロスは深刻で、低回転域ではそのメリットを享受できるが、高回転域になってくると、スーパーチャージャーに動力を送るのが抵抗となってくる。

　その点エンジンの動力を使わないターボのほうが高回転域で優れた性能を発揮しやすい。

ターボも実はスーパーチャージャー

　ちなみにスーパーチャージャーとは過給器の意味で、ターボもスーパーチャージャーの1種である（**タービン・スーパーチャージャー：排気タービン過給器**）。それに対して機械式のスーパーチャージャーはその名のとおり、**メカニカル・スーパーチャージャー（機械式過給器）**とよばれる。しかし一般的には排ガスを利用したものが「ターボ」、機械式のものが「スーパーチャージャー」と別のモノとして扱っている。

　ターボが実用化されたのは、第二次世界大戦中、飛行機に使われたのが始めてである。しかし、その頃すでにスーパーチャージャーは実用化されていて、普通に飛行機に用いられていた。スーパーチャージャーはそれほど技術力を必要とせずに、開発できた装置なのである。

豆知識 低回転から過給を始めるスーパーチャージャーは、日本の交通環境に適している装置といえる。

ルーツ式スーパーチャージャー

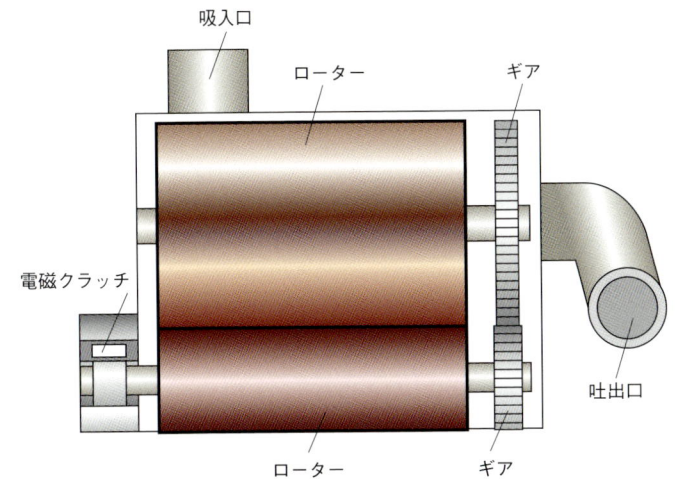

(図中ラベル: 吸入口、ローター、ギア、電磁クラッチ、吐出口、ローター、ギア)

もっとも代表的なスーパーチャージャーの形式。二つのマユ形をしたローターが回転し、空気を圧縮する。エンジンの回転をベルトでスーパーチャージャーに伝える。必要以上に過給が行われないように、電磁クラッチが装備されている。この装置でローターの回転数を制御する。

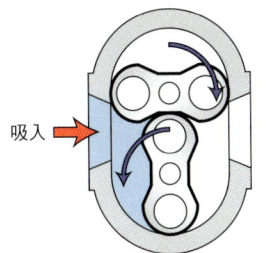

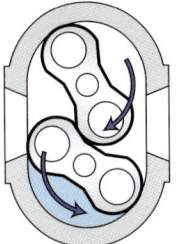

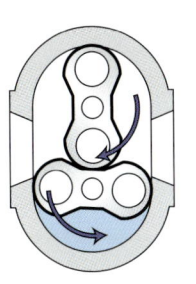

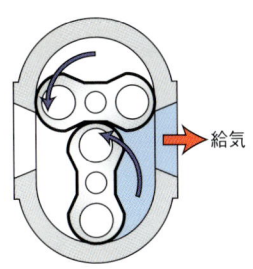

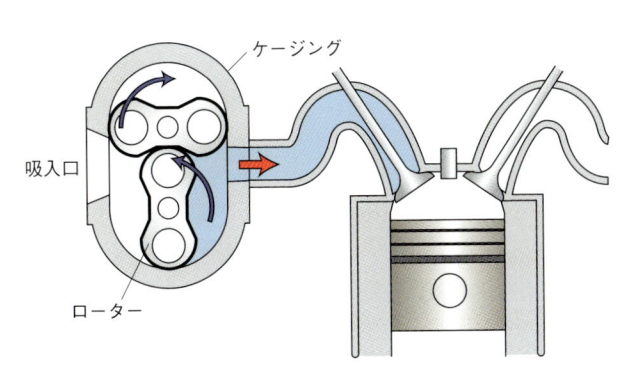

(図中ラベル: 吸入 → 給気)

(図中ラベル: ケージング、吸入口、ローター)

圧縮された空気はインテークマニホールドの中を通り、シリンダー内に送り込まれる。図のようなマユ形のローターを用いる場合、どうしてもエンジンに空気を送り込めないタイミングがわずかに発生してしまう。現在ではそれを解消するために、ローターを三角形にして常にエンジンに空気を送り込めるように改良されたものも実用化されている。

豆知識 スーパーチャージャーは時に「コンプレッサー」と呼称されることがある。

エンジンルームのメンテナンス

Key word **エンジンルーム** エンジン本体など、車の中枢機能が集まっている。日常点検を心がけたい。エンジンオイルや冷却水の補充などは、自分でもできるメンテナンスだ。

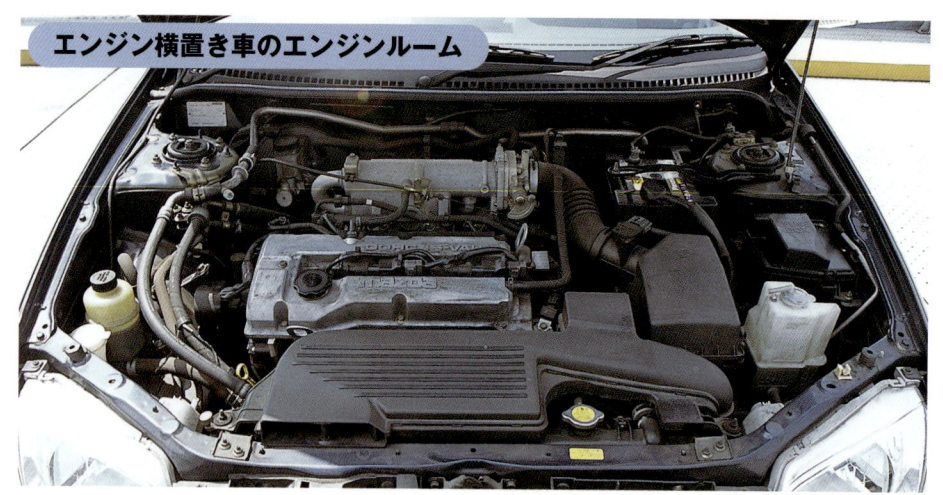

エンジン横置き車のエンジンルーム

FF車のほとんどはエンジンを横に積んでいる。冷却水やウォッシャー液などは、補充しやすいように、エンジンルームの外側に設置してあるので位置を確認しやすい。

エンジン縦置き車のエンジンルーム

FR車のほとんどはエンジンを縦に置く。FR車は大型車が採用することから、エンジンルームは比較的余裕がある。しかし、写真のレガシィのような高性能車には補器類がたくさんつくので若干窮屈。

豆知識 最近の車はめったに故障しなくなったが、まったく故障しなくなったわけではないので、エンジンルームを開けて、何がどこにあるのかくらいは確認しておいたほうがいい。

エンジンオイルとバッテリー液

エンジンオイルには多くの種類があるので、車のマニュアルに書いてあるグレードのオイルを購入する。特に高性能車は、高い品質のオイルを要求するので注意が必要だ。バッテリー液は水なので、特にグレードなどはない。バッテリーの性能を向上させるとうたう液もあるが、無難なのは特別な成分を混入させていないタイプだ。

エンジンオイルの量を確認する

エンジンオイルは、わずかにだが量が減ることがある。エンジンにはオイルの量をはかるレベルゲージがついている。

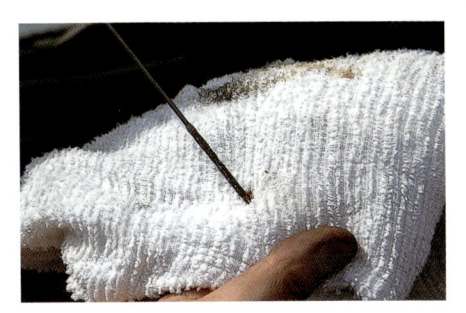

ゲージを一度引き抜いてウェスで拭く。そしてもう一度エンジンに差し、再び引き抜いて量を確認する。

エンジンオイルの補充

オイル孔はシリンダーヘッドにある。シリンダーヘッドはエンジンを止めた直後は熱くなっているので、やけどをしないように注意。

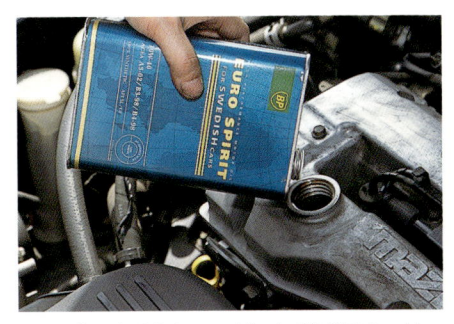

エンジンオイルをエンジンに継ぎ足す。じょうごのようなものがあると便利。少しずつ入れていき、レベルゲージで量を確認する。

豆知識 エンジンオイルの交換はガソリンスタンドやショップにまかせてしまったほうが無難。車の下に潜り込む必要があるからだ。

エンジンルームのメンテナンス

バッテリー液の補充

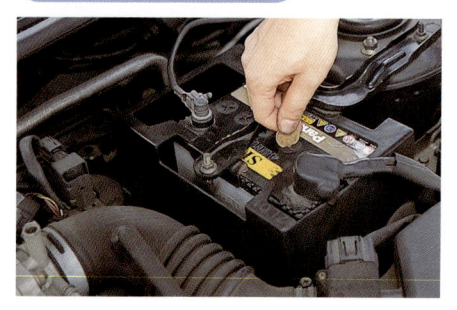

バッテリーセルのふたはコインであける。力がかかりやすい、大型のコインがやりやすい。

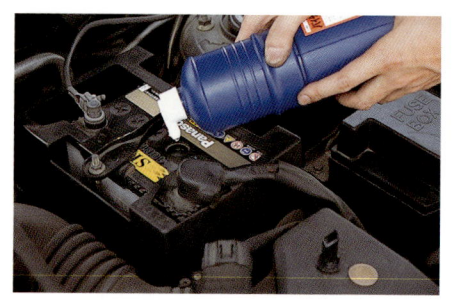

バッテリー液が減っているようなら液を補充する。規定量以上いれないように注意する。

冷却水の補充

必ずエンジンがさめている状態で補充する。冷却水は高温高圧になるからだ。

タンクのレベルゲージを見ながら冷却水をゆっくりと補充していく。

ウォッシャー液の補充

ウォッシャー液には圧力がかかっていないので、エンジンを止めたばかりでも補充できる。

補充液をこぼさないように、タンクの穴のまわりにウェスなどをしいておく。

豆知識 バッテリー液の補充がいらない、メンテナンスフリーのバッテリーもある。

第4章

駆動系統

FFとFR

Key word
- **FF** 車体前部にエンジンを置き、前輪を駆動する。
- **FR** 車体前部にエンジンを置き、後輪を駆動する。

FFとFR

　FFとは**フロントエンジン・フロントドライブ**の略であり、車両の前部にエンジンがあって、前輪を駆動するタイプをさす。FRとは**フロントエンジン・リアドライブ**の略であり、前部にエンジンがあるが、後輪（リア）を駆動する形式のことである。

　単純に車の運動性の面だけ考えれば、車両の中央にエンジンがあったほうが都合がよい。エンジンはもっとも重い車の部品だからだ。しかし、人間や荷物の空間を確保することが難しくなるため、レーシングカーや一部のスポーツカーのみが、エンジンを車の真ん中に置く。

　FFは前輪で駆動と操舵を行うので前輪まわりの構造が複雑になりやすいが、室内空間を確保しやすいのでコンパクトカーを中心に採用されている。またプロペラシャフトがいらないので、全体的に軽量に仕上げることもできる。

　FRは自動車黎明期からあるポピュラーな方式。前部にエンジンがあり、後輪を駆動する。エンジンは縦置きが多く、変速機やプロペラシャフトが室内中央下を通るので、FFよりは室内空間が狭くなりがちで重量は重くなる。

コンパクトカーのFF、大パワーのFR

　FFは前輪のみで駆動や操舵を行うため、大きな出力を支えることは難しい。後輪駆動であれば前輪で操舵、後輪で駆動するので後輪に**荷重**がかかりやすく、大きなパワーに耐えられる。また、前輪と後輪の役割がはっきり分かれているので、運転フィーリングに優れる面があり、後輪駆動にこだわるマニアがいるのはそのためだ。また、FR方式は前後の重量配分を理想的な**50：50**に近づけやすいこともあって、スポーティな車にも向いている。

効果はあるがコストの問題？

　FR車の中には、通常はエンジンと接続されている**変速機**を、後輪側に配置した車がある。これをトランスアクスルという。エンジンに次ぐ重量物といえる変速機を、後輪のデファレンシャルギア付近に配置し、重量配分をより理想に近づけようとする方式だ。重量配分の適正化は運動性の向上を図れる。

　しかし構造が複雑になることや、後席スペースが変速機で圧迫されるので、一部の高級スポーツカー等でのみ採用されるにとどまる。

豆知識 FF車は運転しにくいというのは過去の話。市街地を走る程度ではFR車と遜色の無い走りが楽しめる。

フロントエンジン・フロントドライブ（FF）

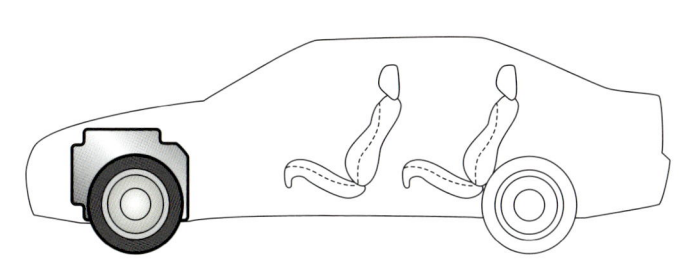

エンジンや変速機を車体前部に押し込め、キャビンスペースを広くする方式。前輪を駆動する。前輪は駆動と操舵の両方の役割を果たす。そのため、アクセルを踏んだ状態でハンドルをきった時と、アクセルをオフでハンドルをきった時とのハンドリングに差異がでやすい。しかし、最近ではその癖は上手に消せるように技術は進歩している。

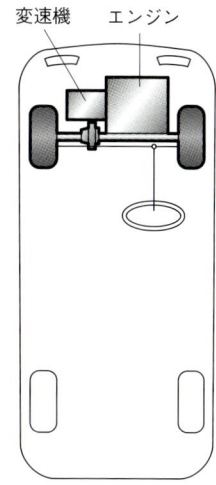

フロントエンジン・リアドライブ（FR）

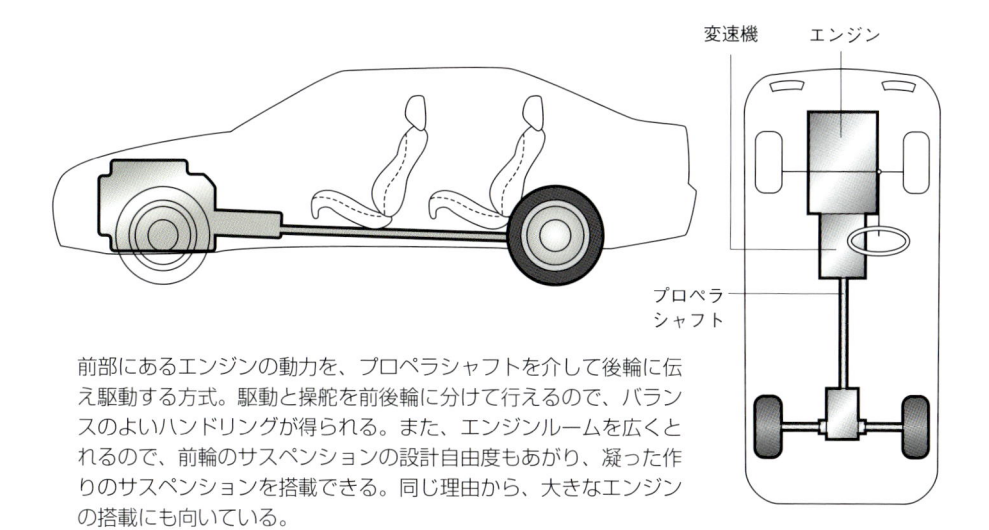

前部にあるエンジンの動力を、プロペラシャフトを介して後輪に伝え駆動する方式。駆動と操舵を前後輪に分けて行えるので、バランスのよいハンドリングが得られる。また、エンジンルームを広くとれるので、前輪のサスペンションの設計自由度もあがり、凝った作りのサスペンションを搭載できる。同じ理由から、大きなエンジンの搭載にも向いている。

豆知識 砂利道の急な上り坂では、FF車はホイールスピンをして車が止まってしまうことがある。そのような場合にはバックで坂を上ればいい。

RRとMR

Key word	
RR	後輪の後ろにエンジンを置き、後輪を駆動する。
MR	前後輪の間にエンジンを置き、後輪を駆動する。

かつては一世を風靡したRR

　RRとは**リアエンジン・リアドライブ**の略。FFが一般的になる前によく見られた方式で、ポルシェ博士が開発したことで知られるフォルクスワーゲンの初代ビートルが、その代表例といえるだろう。重量物が後軸より後ろにあるため、駆動力がかかりやすく室内空間も確保できる。FFと正反対のような形といえる。しかし、冷却面を考えると、ラジエターは前にあったほうが都合がよく、また一番の重量物が一番後ろにあると、後輪が滑るような状況では車両のコントロールが難しい車は、コーナー途中でグリップを失うと、テールスライドを起こし、車の前部がコーナー中心部に向かい、車は大きく内側に回ろうとする。

　普通のドライバーはハンドルの切り増しには対応できるが、ハンドルを逆にきる、通称「**逆ハン**」をとっさにできる人は少ない。しかし、この性質をうまく使えばコーナーを素早く回ることがきるので、ポルシェ911などのスポーツモデルでは採用される。

　また、重量物を駆動輪に伝えやすく、車のスペースを有効に使えるメリットを利用して、大型バスはRR方式を用いている。バスは曲がりくねったコーナーを高速で走り抜ける必要がないからだ。同じ理由で、一部の商用軽自動車にも用いられる。

運動性を最優先したMR

　MRとは**ミッドエンジン・リアドライブ**の略。一般に**ミッドシップ**とよばれる。ミッドシップはF-1などのフォーミューラーカーに代表されるように、速く走ることを最優先したクルマに多く見られる方式。エンジンという重量物を車体の中央に配置することで、運動性の向上をねらったものだ。駆動するのは後輪で、駆動力もかかりやすいが、室内空間を広くとるのが難しい。ちょうど、5人乗りセダンの後席にエンジンを座らせているようなものだ。2人乗りが多いのはそのため。

　代表例は、フェラーリF360モデナやホンダNSXなどのスポーツカーだ。乗員の数や荷物よりも運動性能、速く走ることを重視した方式といえるだろう。

　重量物が車体中央に収まっているので、4つのタイヤがグリップを失ったとしても、その後の姿勢が安定している。その素直な性質は普段の操縦にも反映されていて、車はハンドルの操作に素早く反応する。

　エンジンは横置きにされたものと、縦置きにされたものの両方がある。

豆知識 RR車のラジエターは、FF車やFR車のように車体前部に取り付けることが多い。そのためエンジンから車体前部にまで、延々冷却水を送る必要がある。

リアエンジン・リアドライブ（RR）

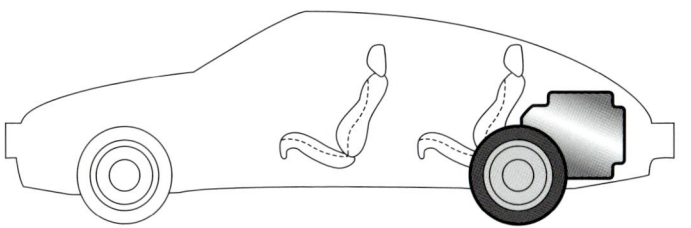

エンジンを後輪の後ろに搭載する方式。FF車とちょうど逆のエンジン搭載方式。また、ハンドルをきった以上に曲がってしまう、オーバーステアリングという特性を示しやすく、ハンドリングを難しくしてしまう。逆にFF車はアンダーステアリングという特性を示しやすいが、こちらはハンドルをきった方向に切り増ししてやればいいだけなので、安全な性質だといえる。

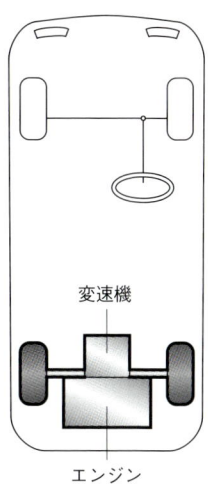

変速機
エンジン

ミッドシップエンジン・リアドライブ（MR）

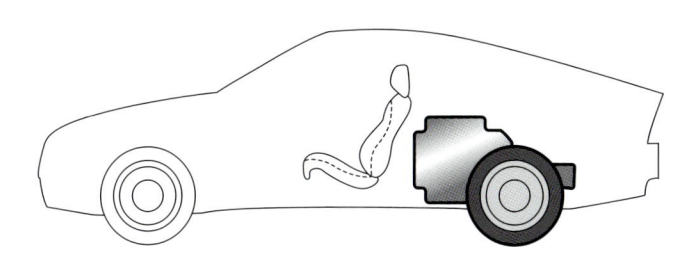

エンジンを前後輪の間に搭載した方式。重量バランスに優れるのでF1をはじめとするレーシングカーに採用される。エンジンは縦置きのものと横置きのものがあるが、縦置きのほうがより重量配分に優れる。また、空間もとれることから排気管などを大きくとりまわせる。専用設計のMR車はほとんどこの縦置きを採用する。横置きのMR車のほとんどは、FF車のエンジン部分を流用したもの。

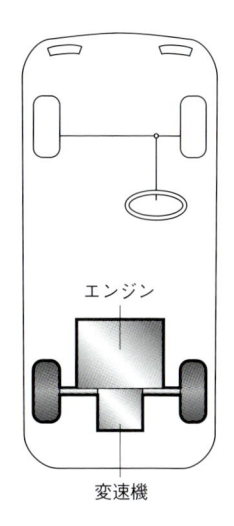

エンジン
変速機

第4章

豆知識 初代「エスティマ」はミッドシップレイアウトを採用し話題となったが、モデルチェンジによってエンジンはフロントに移動した。整備のしやすさと静粛性を求めた結果であるといわれる。

4WD

> **Key word** — **4WD** 4輪駆動。4輪すべてを駆動する方式。大きく分けてパートタイム4WDと、フルタイム4WDがある。

4WD

FFは前輪、FR、RR、MRは後輪を駆動する2輪駆動なのに対して、4WDは4輪全部を駆動する。4つのタイヤを駆動するので、駆動力は分散し、1輪が滑るような状態でも他の3つに力が行き渡る。そのため悪路や砂地でも駆動力を確保して容易に走ることができる。また、大きな駆動力を余すことなく地面に伝えることができるので、大パワーエンジン搭載車にも用いられる形式だ。

大きく、**パートタイム4WD**と**フルタイム4WD**に分けることができる。

パートタイム4WD

必要に応じて2輪駆動と4輪駆動を使い分けるタイプで、トランスファーで切り替えて走る。4WD車は、前後タイヤから駆動力を得ることができる。しかし、コーナーでの前輪と後輪の軌道の違いから（回転する距離の違い）、後輪におされることによって、前輪にブレーキがかかったような状態になる。これは**タイトコーナーブレーキ現象**とよばれ、これがあるため強いグリップが得られる舗装路では、2WDで走ったほうが滑らかに走ることができる。このため、前後輪どちらかの動力を状況に応じてオフにできる機構が開発された。これがパートタイム4WDである。ぬかるみに落ちた際などは、パートタイム4WD方式のほうが、後述のフルタイム4WDよりも走破性が高いといえる。どちらかというと、悪路走破性を重視したタイプである。

フルタイム4WD

フルタイム式は常に四輪が駆動するため、より大きなエンジンパワーが使える。しかし、舗装路を中心と考えると前述のようなブレーキ現象は避けられない。そのため、**センターデフ**などで回転差を吸収することで滑らかに走れるようになっている。しかし、悪路などで一輪が空転するような状況だと、このデフで力を吸収されてしまい、空転するタイヤの反対側にはうまく駆動力を伝えることができない。そのため、本格的な4WD車では、デフの回転をロックする機能がある。

最近では、センターデフを使わず、**ビスカスカップリング**などで、回転差を吸収する車も増えた。さらに、電気の力を使った4WDも開発されつつあり、4WD車は今後も普及していくだろう。

豆知識 4WDは雪道や悪路だけではなく、雨天の走行でも威力を発揮する。

4WD

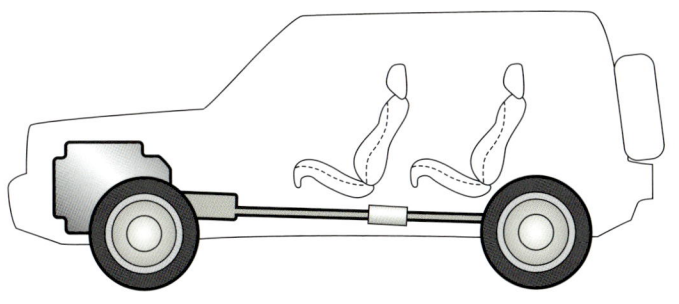

FFとFRとがひとつになったような形式。すべてのタイヤでエンジンの動力を伝える。これまでは、路面のグリップを期待できないような悪路専用の機構であるとの認識であったが、近年では、より有効にエンジンの力を伝えるためのシステムとして、乗用車にまでその利用範囲は拡大されている。

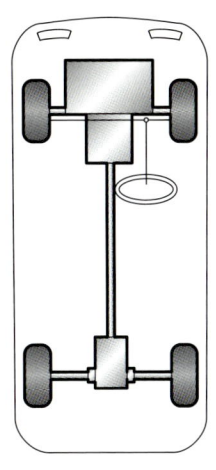

● パートタイム4WD

エンジン
トランスファー
デフギヤ

トランスファーにより、エンジンの動力をつなげたり切ったりする。切り替えを、手動で行う車と自動で行う車がある。

● フルタイム4WD

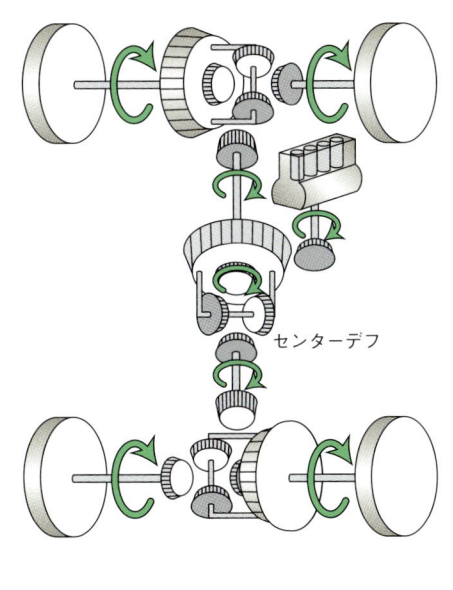

センターデフ

センターデフにより、前後輪の駆動力の差を吸収する方式。これにより、常時4輪駆動を実現する。

豆知識 フルタイム4WDは操舵感を自然なものとすべく、駆動力を逃がす工夫がされている。極端な悪路ではそれが仇となる場合がある。

変速機とクラッチ

Keyword 駆動系 エンジンが発生した回転力は、クラッチやトルクコンバーターを介して変速機につなぎ、ディファレンシャルによって左右の駆動輪に伝えられる。

変速機とクラッチ

　エンジンは意外なほど簡単にエンストを起こす。エンジンはモーターに比べて回り続けようとする力に乏しい。そこで必要になるのが、**変速機（トランスミッション）**である。ガソリンエンジンは変速機なくしては成り立たないのだ。

　クラッチはエンジンの回転力を変速機につないだり切ったりするもので、スムーズな変速（ギアチェンジ）をするための仕組みになっている。

エンジンとミッションをつなぐもの

　クラッチは、通常フライホイールに取り付けられたクラッチカバーの中にあり、変速機と直結している。フライホイールに**クラッチディスク**をスプリングの力で押しつけて、その摩擦力で変速機に回転を伝えている。

　クラッチディスクはドライブシャフトに噛み合うことで力を伝えているが、クラッチペダルを踏むことで、クラッチディスクを押す力をなくすようにでき、動力を断つ。ペダルの踏みしろで押しつける力を変えることができ、クラッチディスクをこすらせながら、回転させることを半クラッチとよぶ。これにより発進などをスムーズにできるようにしてある。ちなみにオートマチックトランスミッションは、このクラッチ機構を持たず、流体トルクコンバーターがその役割を担っている。この流体トルクコンバーターには伝達ロスがあり、それを嫌って燃費向上のために、**自動クラッチ**や**CVT**（116ページ）も増えてきている。

なぜ変速機が必要なのか

　車は停止状態に始まり、時速100km以上の速度にまでスピードが変化する乗り物である。また、重量も搭載人員や荷物により変化する。この速度等の変化は、エンジンの回転だけでは対応できない。仮に変速機がないとすると、エンジンは回転数が低いとトルクも小さいので、発進するにはとても大きなエンジンが必要になってしまう。逆に速度がでていればそれほど大きな力は必要としないので大きなエンジンは必要ない。

　そこで、大小複数のギアを組み合わせて、速度やトルクの力を上手にコントロールしたり、**リバースギア**でバックができるようにする変速機が必要となる。

豆知識 半クラッチの多用はクラッチディスクを急速に磨耗させるので、使用は極力避けるべき。

駆動系

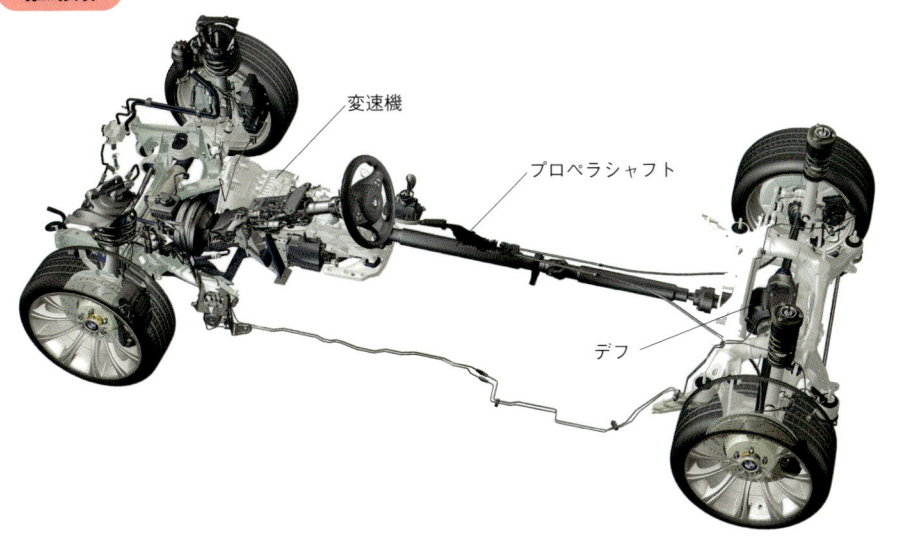

FR車の駆動系。エンジンが発生した力を変速機で可変し、プロペラシャフトで後輪に伝える。伝えられた回転力はデフによって左右のタイヤに伝わる力を調整され、駆動輪に伝えられる。

変速機の働き

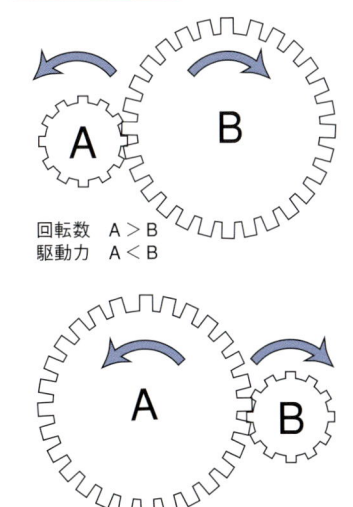

回転数　A＞B
駆動力　A＜B

回転数　A＜B
駆動力　A＞B

変速機には数多くのギアが内蔵され、エンジンの力を可変する。エンジンに直結した車輪では登れないような坂でも、ギアを使うと易々と登ることができる。ギアの働きはテコの原理と全く同じである。

豆知識　変速機の段数が多ければ多いほど、スムーズに加速することができる。

変速機

> **Key word** マニュアルトランスミッション　クラッチを操作しながら、ドライバーが手動でギアチェンジをする変速機。略してMT。

なぜ変速機が必要なのか

　一般に、エンジンは力強い回転を発生させると認識されているが、実はエンジンの力は非常に弱い。**回転をし続けようとする力**が弱いのだ（モーターは逆に回転し続けようとする力が強い。よって電車には変速機はついていない）。エンジンが低い回転にあるとき、回転をし続けようする力は特に弱い。変速機なしでエンジンと車輪を直結し、エンジンをかけると、エンジンはいとも簡単にストップしてしまう。

　変速機が5段の場合、エンジンと駆動輪とはおおよそ4速のときにシンクロするようになっている。発進から直結にいたるまで、なんと3段の変速が必要なのだ。5速はオーバードライブとよばれ、車軸の回転数が、エンジンの回転数を上回る。

　さらにエンジンはおおよそ2000～4500回転くらいのときにしか、効率的に仕事をすることができない。わずか2500回転の間隔しかないのだ。この回転域だけで、車をスムーズに走らせるのは難しい。そこで変速機を用い、有効な回転数だけを使って、車輪を回す必要がある。

ギアを組み合わせて必要な速度を出す

　マニュアルトランスミッションでは、平行する2本のシャフト（**アウトプットシャフト**と**カウンターシャフト**）に、それぞれ変速比の異なったギアが噛み合わされている。エンジンの力は、まずアウトプットシャフト（**メインシャフト**）と向かい合っているインプットシャフト（**メインドライブシャフト**）に伝わって、ドライブギアを介してカウンターシャフトに伝わる。その後アウトプットシャフトに伝わるわけだが、アウトプットシャフトのギアはシャフトに固定されていないため、すべて空回りしている。そして各ギアとアウトプットシャフトの間には、回転速度を合わせるためのドグクラッチという機構が組み合わされており、このクラッチが固定されたギアの回転のみ、アウトプットシャフトに伝わるようになっている。シフトノブの操作はワイヤーやロッド、電気信号によってギアボックスに伝わり、固定するギアを選択できるようになっている。

　変速するには、一度クラッチを切って必要なギアをアウトプットシャフトに固定し、再びクラッチをつなげばいい。ドグクラッチには同期機構が備わっているので、変速操作がスムーズにいくようになっている。

豆知識　ギヤが入りにくくなったらオイルを交換することを薦める。期間としては、普通の走行をしている車は車検ごと（2年ごと）で十分。

変速機

横型変速機

縦型6段変速機のカバーを取った状態。向かって左側がエンジンにつながる部分である。エンジンの回転軸と、変速機を通って出力される回転軸が同一線上にある。エンジンが縦に置かれるFR車、4WD車などは縦型の変速機を、FF車などの横にエンジンが取り付けられるタイプでは、変速機も横のものが使われる。

同期噛み合い式

- ニュートラル
  - シンクロナイザー
  - メインシャフト
  - 入力
  - 出力
  - メインドライブシャフト
  - 変速ギア
  - カウンターシャフト

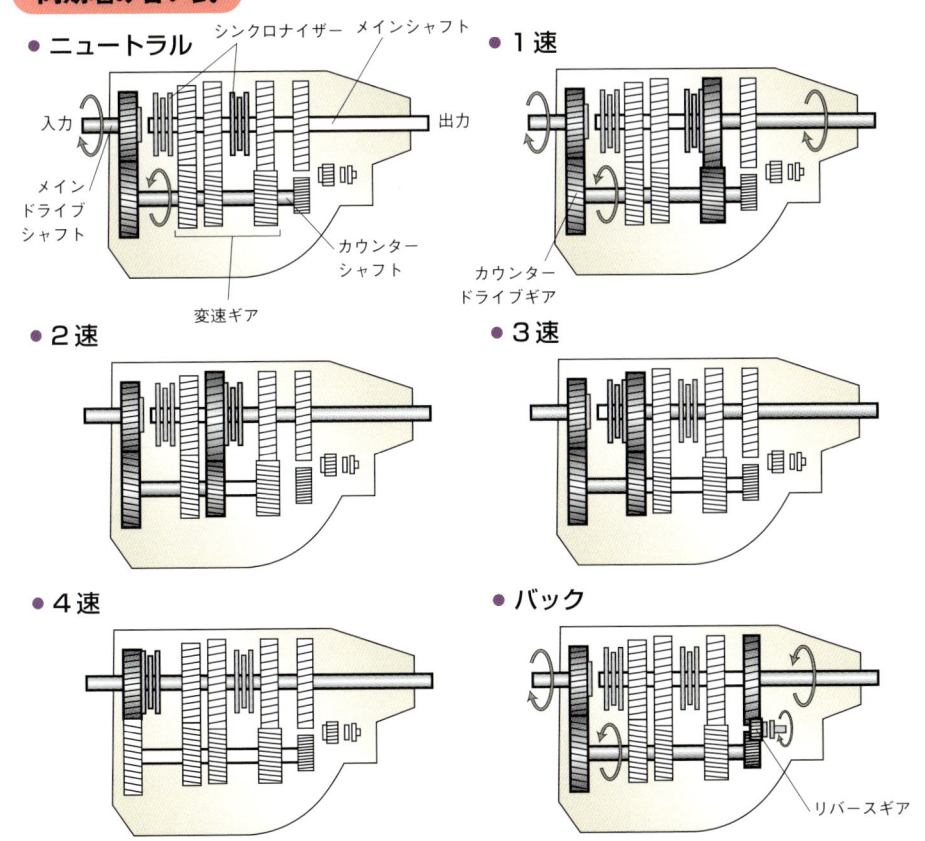

- 1速
  - カウンタードライブギア

- 2速

- 3速

- 4速

- バック
  - リバースギア

シンクロナイザーという装置が動き、変速がスムーズにいくように、変速される側のギアを動かす。これにより、変速ショックを軽減することができる。

第4章

豆知識 自動的にクラッチのオン・オフをやってくれる、クラッチレスのマニュアル車もある。スポーティな走りと簡便さを兼ね備えたシステムである。

クラッチ

> **Key word**　**摩擦クラッチ**　エンジンの回転を変速機に伝える装置。クラッチペダルを操作し、クラッチディスクをプレッシャープレートに押しつけたり離したりすることで動力を伝える。

マニュアル車には摩擦クラッチ、オートマチック車には流体クラッチ

エンジンの力は、クランクシャフトにとりつけられている**フライホイール**にまず伝わる。フライホイールとは、エンジンの回転を保持し続けるための装置で、弾み車のようなもの。フライホイールはエンジンの回転を受け、常に回り続ける。

そのフライホイールから、動力を変速機に伝えるのがクラッチの役割である。クラッチとフライホイールはつながったり離れたりしながら変速機に動力を伝える。なぜなら、エンジンと変速機を直結にすると、変速の度に変速機に余計な力が加わり、変速機を壊しかねない。変速機に伝わる動力を一旦切るために、クラッチは必要になる。クラッチとはエンジンと変速機の中継ぎをする装置なのだ。

クラッチは大別すると、**摩擦クラッチ**、**電磁クラッチ**、**流体クラッチ**がある。マニュアル車には摩擦クラッチ、オートマチック車には流体クラッチが主に使われる。ここでは、マニュアル車に使われる摩擦クラッチについて説明する。

半クラッチとはクラッチディスクが滑っている状態

摩擦クラッチは、プレッシャープレートとクラッチディスクを押しつけたり、離したりすることで動力をオン・オフしている。プレッシャープレートとは、フライホイールに接合されるクラッチカバーの中にある円盤。普段は、クラッチディスクはプレッシャープレートにバネで押しつけられている。運転者がクラッチペダルを踏むと、油圧の力でプレッシャープレートとクラッチディスクは引き離される。クラッチディスクは、高速で回転するプレッシャープレートに押しつけられたり離れたりするとき摩擦を生じる。

逆にこのクラッチディスクがプレッシャープレートと擦れ合っているときを意識的に利用する場合もある。「**半クラッチ**」とよばれる操作法である。

半クラッチとは、クラッチディスクがプレッシャープレートに対して滑っている状態。きちんと動力は伝えられないが、エンジンの回転を変速機にやさしく伝えることができる。

発進はこの半クラッチを使って行う。変速機のギアはまったく回っていないので、いきなり動力を伝えても変速機は動き出せない。そのため、半クラッチを使ってやさしく変速機に動力を伝えてやるのである。しかし、半クラッチの多用はクラッチディスクを速く摩耗させてしまう原因にもなるので注意が必要である。

豆知識　クラッチディスクは消耗品。10万kmを超えたあたりが交換の目安。ただし使い方によってずいぶん寿命が異なる。

クラッチの構成

通常、フライホイール、クラッチディスク、クラッチカバーはエンジンと一緒に回転している。クラッチペダルを踏むとレリーズフォークが動き、クラッチディスクを切り離す。

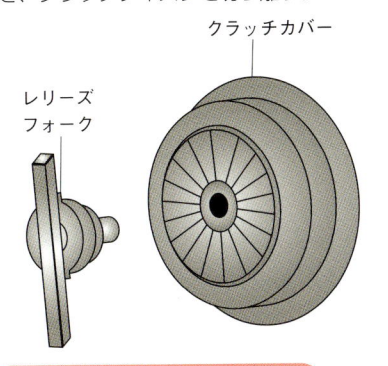

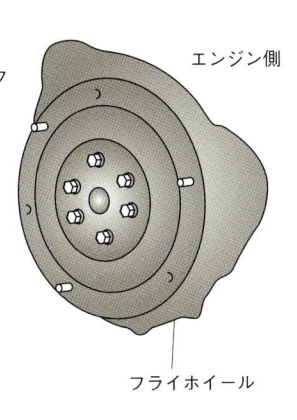

レリーズフォーク

クラッチカバー

クラッチディスク

エンジン側

フライホイール

クラッチディスクの動き

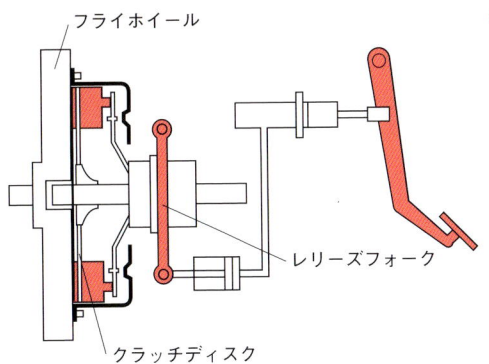

フライホイール

レリーズフォーク

クラッチディスク

● クラッチディスク

クラッチディスクには、摩擦係数が高く、熱にも強いグラファイトなどを練り固めたものを貼り付けている。クラッチディスクは消耗品で、グラファイトが削れてくると、クラッチレバーを踏まない状態でも、クラッチディスクが滑ってしまう。

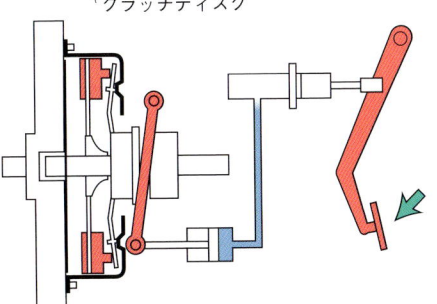

クラッチペダルを踏むと、油圧の力でレリーズフォークを引き上げ、クラッチディスクとフライホイールを切りはなす。

第4章

豆知識 エンジンの回転数と車速の伸びが一致しなくなってきたら、クラッチディスクが滑っている可能性がある。また、クラッチディスクが滑り出すとエンストを頻繁におこすようになる。

シンクロ

> **Key word** **シンクロナイザー** マニュアルトランスミッションで、ギアチェンジの際にギア同士の回転を合わせる機構。

変速される側のギアに触れ、回転を伝える機構

各変速ギアの間に挟まり、ギアの回転速度をシンクロさせる機械。正確には**シンクロナイザー**とよばれる。

仕組みとしては、ギアを横に動かして変速する前に、一度このシンクロにぶつかってからギアが入る。このギアとシンクロが接しているときに、ギアの回転速度がシンクロする。ギアとギアがいきなりかみ合うのを防ぐのだ。

シンクロには**シンクロナイザーリング**というクラッチの役割を果たす部品がついている。この部品がギアと擦り合うことで、ギア間の回転スピードを調節し、スムーズに変速が行われるように動く。

一瞬の間に仕事を終えるシンクロだが速すぎる変速は禁物

シフトレバーを動かし変速をしようとする。例えば2速から3速にしようとする。シフトレバーを握り、クラッチを踏み、シフトレバーを動かす。このシフトレバーを動かしているときに、シンクロは働いている。

エンジンの回転に直結したギアを3速ギアに近づける。するとまず、アウターシンクロナイザーが回転し速度を合わせる。そしてさらにギアを押し込むことによって、次のシンクロナイザーリングにあたり、回転を伝えていく。徐々に回転を3速ギアに伝えていき、最終的には各シンクロナイザーは完全に3速ギアと密着するようになる。

シフトチェンジは一瞬だが、シンクロはその一瞬の間にこれだけの仕事をやり遂げているのである。

通常、シフトアップ・ダウンの必要がないバックギアにはシンクロはついていない。そのため、車が少しでも前進しているときに、バックにギアを入れてはいけない。必ず車を止めてから、バックにギアを入れる必要がある。

また、シンクロはシフトアップ・ダウンをスムーズに行うためのものであって、それを素早くするためのものではない。シフトアップ・ダウンをあまりに素早くやりすぎると、シンクロ機構がうまく働かないうちにギアがかみ合うことになる。ほとんどすべての乗用車にはシンクロがついている。シフトアップ・ダウンはゆっくり行ったほうがシンクロにもやさしいし、ひいては変速ギアにも負担がかからない。

素早いシフトアップ・ダウンが必要なレース車両には、このシンクロが無い。変速はドライバーがアクセルでエンジンの回転数を調整した後に行う。

豆知識 バックギアに入りにくいとき、一度1速に入れてからバックに入れると入りやすい。

ダブルコーンシンクロメッシュ

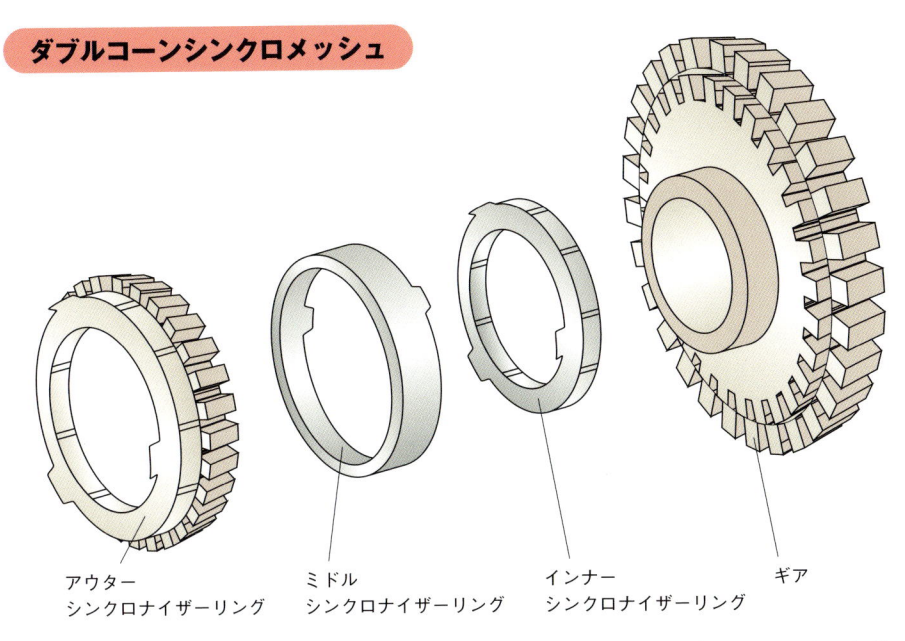

アウター
シンクロナイザーリング

ミドル
シンクロナイザーリング

インナー
シンクロナイザーリング

ギア

アウターシンクロナイザーとギアとの間に、回転を徐々につたえるリングが二つあるものをダブルコーンシンクロメッシュという。最近ではさらに回転をなめらかに伝える、トリプルコーンシンクロメッシュも現れた。

シンクロメッシュ機構の動作のイメージ

シンクロナイザーリング

アウター
シンクロナイザー

ギア

アウターシンクロナイザーは回転。それに重なるようにつながっているミドル・インナーシンクロナイザーも回転。ギアは回転していない。

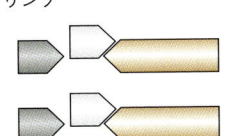

アウターシンクロナイザーにつながっているミドル・インナーシンクロナイザーがギアに接触する。ここでギアは回転を始める。アウターシンクロナイザーと、ギアの間には回転差がまだある。

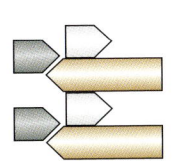

さらにミドル・インナーシンクロナイザーは押され、ギアに密着するようになる。摩擦面が増え、ギアの回転はミドル・インナーシンクロナイザーの回転とほぼ同調する。

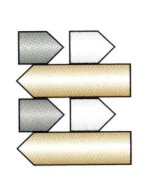

アウターシンクロナイザーもギアに完全に接触し、シンクロナイザーとギアの回転は完全に一致する。

豆知識 シフトチェンジは、一度ニュートラルの位置に戻してからギアを変えるくらいの感覚でやると、シンクロがうまく働き変速機を傷めない。

第4章

AT

> **Key word** オートマチックトランスミッション　トルクコンバーターを介して、エンジンの動力を駆動輪に伝える変速機。クラッチを使わないので、自動変速機ともよばれる。オートマ、ATということが多い。

AT

　我々が通常「**オートマ**」とよぶのは、オートマチックトランスミッションのことで、流体クラッチであるハイドロマチック・トルクコンバーターを用いた変速機である。このトルクコンバーターがクラッチの役割を果たす。近頃のAT車は変速ショックが少ないので忘れがちだが、AT車にもきちんと変速ギアは取り付けられている。ただ、変速という動作を自動でやっているだけなのだ。

　ATは自動変速の他に坂道発進が楽なことで知られているが、これは、トルクコンバーターが液体（**ATF**：オートマチックフルード、オイルではない）を用いているから。液体には慣性が働くほか、トルク増幅効果を持たせており、アイドリング状態でもクルマが微速で前に進むクリープという現象が起きる。このクリープのおかげで、軽い上り坂でも車がバックしない（急な坂の場合、バックする場合がある）。微速走行時には、MTでの半クラッチのような操作もいらないため、バックでの車庫入れなどのときのハンドル操作も楽になる。

　クラッチペダルがないので、シフトレバーをN（ニュートラル）やP（パーキング）にいれないかぎり、タイヤへの動力の伝達を断つことはできない。

変速ギアの構造はMTと違う

　ATの変速機部分は一般的に**プラネタリーギア（遊星）**とよばれる歯車を使っており、MTのような外歯ギアではない。**サンギア（太陽）**とよばれる外歯ギアが中央にあり、その周囲に内歯の**インターナルギア（リングギア）**が配されている。サンギアとインターナルギアの間にはピニオンギアが配置され、サンギアとインターナルギアとに組み合わさっている。それぞれ、自転しながら公転することもでき、太陽系のようでもある。これらは、3種類の回転軸を備えており、例えば、インターナルギアを固定してサンギアを回すとピニオンギアは同方向に回る。逆にピニオンギアを固定した状態でサンギアを回せば、インターナルギアは逆転する。このように回転軸を変えたり回転方向を制御することで、増減速ができるようになっている。

　各変速での回転軸の状態は複雑であり、プラネタリーギア2組みで前進4速、後進1速の変速ができるようになっている。現在はこれらは電子制御で行われるようになっている。

豆知識　AT車の変速機はとても複雑。メンテナンスはディーラーなどにまかせたほうがいい。異物などが混入すると一発でだめになるデリケートな機械である。

オートマチックトランスミッション

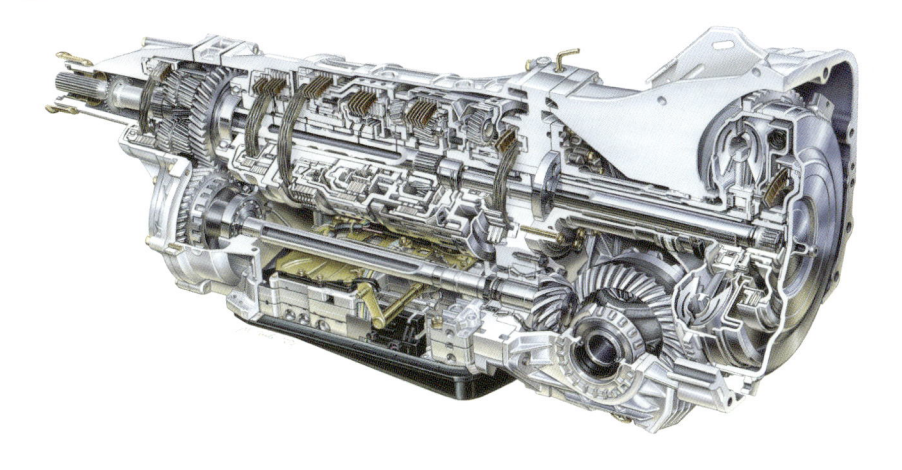

向かって右側がエンジンに接する部分。エンジンとの接続部分にある大きな円盤状の装置がトルクコンバーターである。ここでエンジンの回転をうけとめ、自動変速機を経て動力輪に回転を伝える。

トルクコンバーターの原理

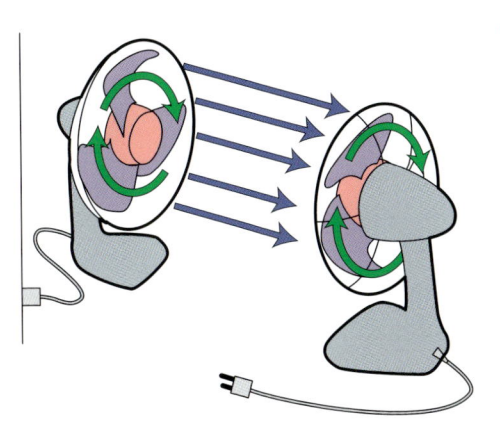

● セレクトレバー

トルクコンバーターの中には羽が向かい合わせに2枚入っていて、液体で満たされている。エンジンに直結された羽が回転すると、オイルはかき混ぜられ、変速機側の羽も回転しだす。完全には回転を伝えられないのでエネルギーのロスが生じる。

近頃のATには写真のセレクトレバーのように、Dレンジでシフトアップ・ダウンができるものが増えている。その操作は楽しいものだが、あくまでマニュアル風の操作であって、トルクコンバーターを介したエネルギー伝達であることには変わりない。

豆知識　シフトショックが大きく感じられるようになったら、ATFの交換時期である。ATFはまめに交換したほうがいい。

トルクコンバーター

> **Key word** **トルク増幅効果** トルクコンバーターでは、エンジン側のポンプインペラーと変速機側のタービンランナーの間に、ステーターという羽を設けることで、駆動力が増大する効果が生まれる。

液体の中の2枚の扇風機？

エンジンと変速機の間に置かれるトルクコンバーターには、密閉された液体の中に扇風機のような羽が2枚向き合った状態で設置されている。それぞれ**タービンランナー**と**ポンプインペラー**とよぶ。ふたつの羽の間には、**ステーター**とよばれる小さな羽があり、力を増幅する役割を果たしている。ステーターは通常、回転していない。

エンジンの力でポンプインペラーが回ると、液体はインペラーの外周からハウジングに沿ってタービンランナーに力を伝える。液体はさらに外周から中心に流れてステーターに向かい、このとき流れの方向を変える液体が、ランナーを回す力になる。ステーターに沿って流れた液体は、インペラーの背面に回り込みインペラーを回す。インペラーはエンジンの力で回されると同時に、自分の送り出した回転力でさらに回される。これを繰り返すことで、トルクが増幅されるのだ。

この状態が続いてインペラーとランナーの回転が同じになると、トルクの増加が望めなくなり、かえってステーターが抵抗になってしまう。

そこでステーターのロックははずれ、空転を始める。

トルク増幅効果

トルクコンバーターにはトルクを増幅させる特性が備わる。増幅効果をくわしく解説する。

ポンプを回して液体を押し出し、タービンランナーを回転させた液体は、トルクコンバーターのケースに当たって跳ね返ってくる。この循環してきた液体をポンプインペラーは背に受けるので、出力のトルクは増大する。

トルクの増加は、ポンプインペラーよりタービンランナーの回転数が少ないほど大きくなり、さらにステーターによってエネルギーが循環させられる。

発進や登坂では、エンジンやポンプインペラーが高回転であってもタービンランナー側は低回転なので、トルクが増幅しやすい。加速して慣性がつくとタービンランナーの回転速度もあがるので、ポンプインペラーと同じような回転となる。そのような状態になるとトルクの増幅効果は望めない。タービンランナーは、ポンプインペラーよりも速く回転することはありえないからだ。

豆知識 トルクコンバーターは「トルコン」ともよばれる。

トルクコンバーターの仕組

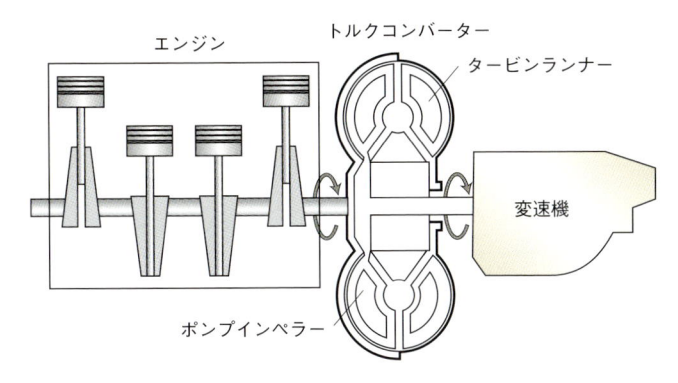

エンジンの動力はポンプインペラーに伝えられ、トルクコンバーターの中に充填されている液体を撹拌する。そしてその液体により、タービンライナーが回転し、変速機にエンジンからの力を伝える。

ステーターの役割

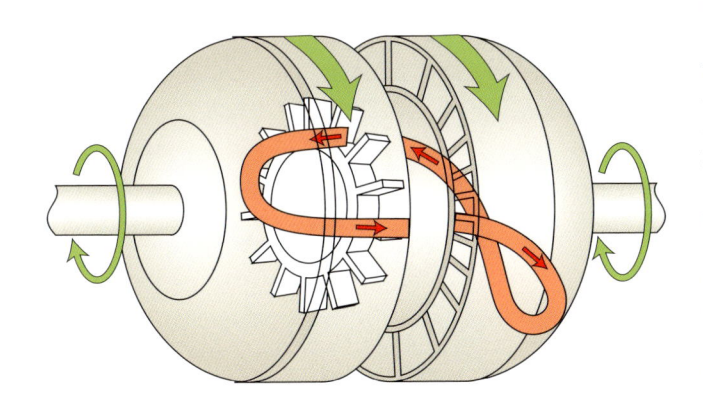

ドーナツ型のケースの中に液体を充填し、向かい合わせに羽根車を収める。そしてその間にステーターとよばれる回転しない羽根車を設置する。激しく流動するオイルの中に、動かない羽根車があることによって、さらに液体の流れは増幅される。このステーターの発明により、AT車の燃費は格段に向上した。

トルクコンバーターの構成

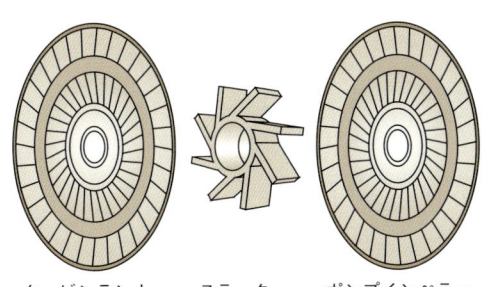

トルクコンバーターの中には、タービンランナー、ステーター、ポンプインペラーが収められている。そして、それらを結びつけるのがATF（オートマチックフルード）とよばれる液体。ATFは年月を経ると劣化するので、メーカーの指示どおりに交換するのが望ましい。

豆知識 アイドリング時でもオイルの流れは止まらないため、アクセルを踏んでいなくても低速で前進するクリープ現象が生じる。

ロックアップ機構

> **Key word**　**ロックアップ**　トルクコンバーターの機構で、エンジン側の回転数と変速機側の回転数が近づいたら、流体を介さずにエンジンと変速機を直結してしまうこと。エネルギー伝達ロスを少なくできる。

ロックアップ

　トルクコンバーターは流体の流れで動力を伝達するため、滑らかな走りができるが、液体を介在するので、エネルギーロスが生じる。AT車はMT車に比べて燃費が悪いのは、トルクコンバーター内でエネルギーの損失があるからである。

　このエネルギーロスを少なくするために、タービンランナーとトルコンカバーの間に**摩擦クラッチ**を設けて一定以上の速度になると、圧力や遠心力でトルコンカバーにロックアップクラッチを押しつけ、液体を介さずに、直に動力を伝えるようにしている。

エンジンと変速機が直につながっている状態をロックアップという。

　ロックアップしている時間が長ければ長いほど、伝達効率がよく、燃費がよくなる。かつてはDレンジやトップギアのみでロックアップが作動するATが多かったが、現在では各段でロックアップが働くようになっている。さらに、かつては、ロックアップされたことが体感できたが、近年では電子制御が進み、広い範囲かつスムーズに作動するようになり、ドライバーはロックアップ状態にあることを意識しないようになった。

電子の技術で進歩する

　AT車の変速機は、MT車のそれよりも複雑な構造をしている。なぜなら、MT車のように動力が切られることがないからだ。トルクコンバーターを介して絶えず動力は変速機へと伝えられる。そのため、変速機の各ギアは、駆動力を伝えたまま歯車を切りかえなければならない。AT車の変速機には、**遊星歯車機構**という仕組みを用いる。この歯車の中にさらに歯車があるという機構を複雑に操り、AT変速機はギアチェンジを繰り返す。

　最近ではこのトルクコンバーターを含めたAT変速機を、コンピューターの力を借りて制御している。それを一般に電子制御ATとよぶ。電子制御ATでは、アクセル開度や速度を各種センサー類が検知し、AT内の圧力をコントロールする。近年主流となりつつあるMTモード付きATは、この圧力の力を借りて、シフト位置を固定しているのだ。

　現在の車両は、Pレンジでブレーキを踏まないと、エンジンが始動できないようになっていたり、ブレーキを踏んでいないとシフトレバーがPレンジから動かないようになっている。これらの誤操作を防ぐのも電子制御の役割である。

豆知識　高速や空いた道路などで定速走行を続けると、ATはロックアップするので燃費を向上させることができる。

ロックアップの機構

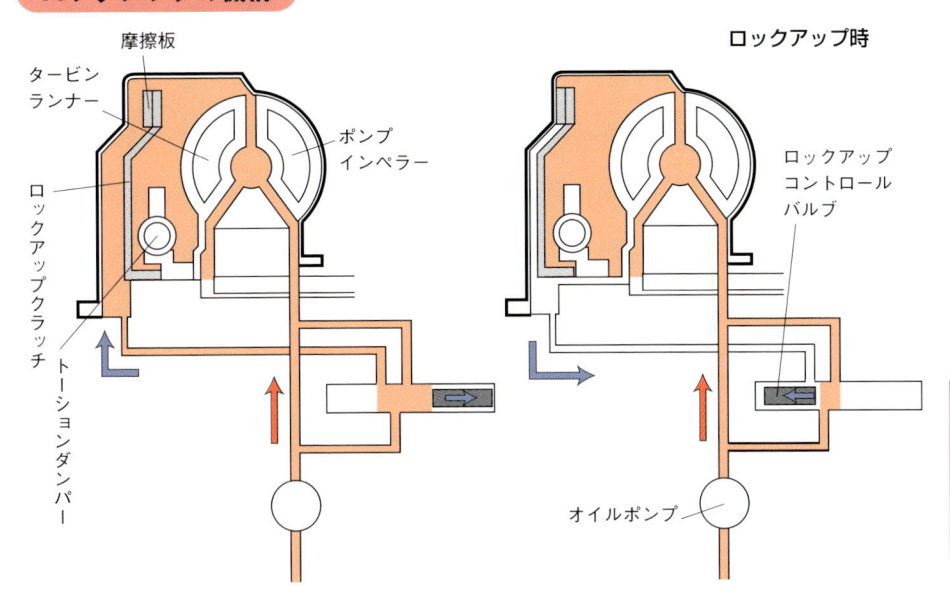

ロックアップ時

コンピューターがシフトアップ・ダウンの必要がしばらくないと判断したときなどに、ロックアップは行われる。通常はオイルポンプの力により、摩擦板と変速機を隔てている。そこにコンピューターからロックアップの指示がくると、ロックアップコントロールバルブが動き、摩擦板と変速機を隔てていたオイルの圧を抜く。するとオイルの力に押され、摩擦板は変速機とつながり、トルクスリップなしに、直接エンジンの動力を変速機に伝えることができる。

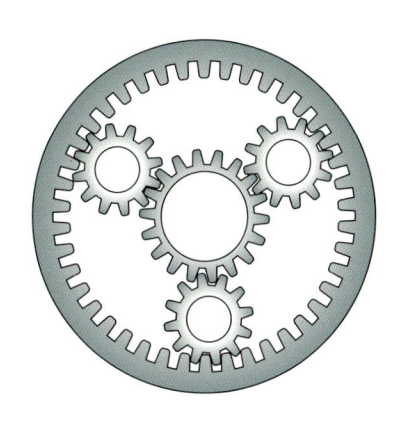

AT変速機のギア

AT車の変速機は、遊星歯車機構とよばれるギアの中に複数のギアを持つ仕組みを使って変速を行う。これらのギアは各個別に止めたり、動かしたりすることができ、この複雑な動きによって変速を行う。この遊星ギアを使い、前進3段〜5段、後進1段を行う。近頃は前進6段をこなすAT車もある。AT車の変速機はとても複雑な機構なので、修理や点検はメーカーで行うのが無難だ。

豆知識　最新のモデルではロックアップする時期を、運転状況にあわせて変化するものがある。

CVT

> **Key word** **無段変速機** ギアを使わず、変速比を無段階連続的に変化させる変速機。CVTは連続可変トランスミッションの頭文字。ベルトや金属ローラーを使ったものがある。

CVT

　ATは多数の変速ギアを自動で切りかえて変速を行う。しかし、多くのギアを内包しなければいけないので、変速機の小型化が難しい。さらにはどんなに優秀な変速機でもシフトショックを体感する。そこで、近年は**無段変速機**（**CVT**）の採用が増えてきた。エンジンを常に効率良いところで使うことによって、燃費の向上も期待できる。

　CVTはスクーターの変速機のようなもので、入力側と出力側の2つのコマのような部品を組み合わせた**プーリー**の直径を、連続的に変化させることで、増減速（トルクの増減も）をする変速機だ。2つのプーリーの間には金属のベルトが通してあり、プーリーの直径を変えることで、変速比を作り出している。

　溝の幅を狭くすれば、プーリーの回転中心から、ベルトの当たる位置までの距離が長くなり、径の大きなプーリーを使うのと同じことになる。この入力側と出力側のプーリーの幅を連続的に変化させることで、最適なギア比を作り出すのだ。変速は無段階に行われるので、まるで電車のようななめらかな加速感が得られる。

ローラーを使ったCVTもある

　ベルト式CVTはスムーズな変速を実現したが、金属ベルトを用いても、大きなトルクに耐えられないケースがある。ベルトが滑ってしまうからだ。現在は3リッター以上のエンジンと組み合わされたベルト式CVTは存在していない。そこで開発されたのが、ベルトの替わりに金属ローラーを使うCVT「**トロイダルCVT**」である。

　原理的にはCVTと同じで、入力側と出力側の接触円をコントロールすることで、比率を作り出している。トロイダルCVTは、**パワーディスク**と**パワーローラ**ーの接触摩擦によってトルク伝達を行うもだ。ここには、高圧を加えると分子が固形化して、ディスクとローラー間のトルクを伝えて摩耗を防ぐ、特殊な油（**トラクションオイル**）が使われている。もちろん圧力が弱まると元の液状に戻り、潤滑や冷却を行う。このローラーとディスクの間の油膜はきわめて薄いので、それぞれを完全な鏡面仕上げにするなど、非常に高い精度が要求されている。

　現在は一部の高級車にしか搭載されていないが、コストなどが下がれば、今後主流となる可能性も持ち合わせている。

> **豆知識** かつてのCVTはエンジンの回転数が上がった後に、車速が上がるというちぐはぐな動きを見せていたが、今では自然な加速感を得られるようになった。

CVT

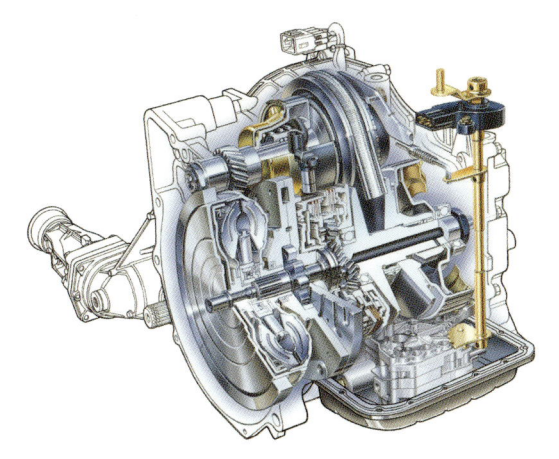

初期のCVTでは、エンジンの回転数があがってから、車が少し遅れて加速するというような不思議な加速感があったが、近年はずいぶん改善されている。プーリーの移動は車載コンピューターによって制御され、もっとも効率のよいギア比を自動的に選択してくれる。

第4章

● Vベルト式のメカニズム

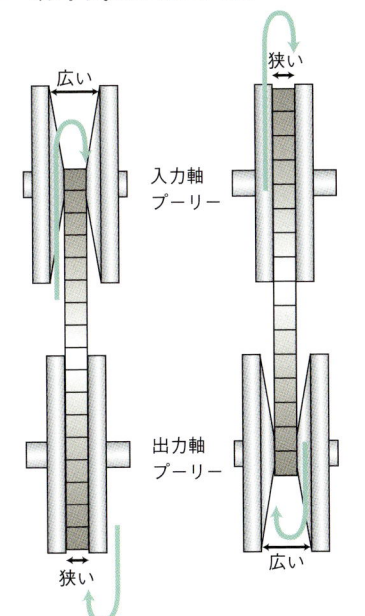

広い／狭い
入力軸プーリー
出力軸プーリー
狭い／広い

プーリーが広がったり狭まったりすることで、ギア比の可変を無段階に行う。

● トロイダルCVT

ベルト方式よりも、大出力エンジンに対応できる。金属ローラーの接触面積を可変させることによって、ギア比を無段階に変える。日産自動車が実用化し、現在高級車にのみその設定がある。

豆知識 トロイダルCVTの原理は100年以上前に完成していたが、工業製品化は難しいとされていた。しかし、日本の技術者はその難問に取り組み、ついに日産車に搭載され市販されるまでになった。

プロペラシャフト

> **Key word** ユニバーサルジョイント　自在継手。回転する2つの軸の間に角度がある場合に連結することができる。エンジンとリアサスペンションをつなぐプロペラシャフトは上下動するため、その両端に使われる。

回転を後輪に伝えるプロペラシャフト

　FR（フロントエンジン・リアドライブ）の車両などで、エンジンの回転を後輪に伝えるのが、プロペラシャフトの役割である。ちょうど、運転席と助手席の間を通っており、フロアの盛り上がりは、このプロペラシャフトが通るためのものだ（フロアの強度を出す目的もある）。

　シャフト自体が回転するので、高い強度が必要とされるとともに、大きな部品なので軽量であることが重要となる。そのため、通常中空のパイプが用いられる。

　変速機とエンジンは車体にマウントされているが、プロペラシャフトの動力を、2つの車輪に分配する**リアディファレンシャル**は、リアサスペンションに接続され、サスペンションとともに上下動をする。つまり、変速機とデフの間に角度や距離の変化が発生するのだ。そこで、両端に**ユニバーサルジョイント**を設けて、角度変化を吸収。変速機側には摺動部を設けて対処している。

プロペラシャフト

　プロペラシャフトは、車両レイアウトや製造、強度の都合から、2分割もしくは3分割してベアリングでつないだものが一般的だ。これは、曲げ剛性が高くなるほか、高速時の騒音を低減し、プロペラシャフトの上下方向の動きをある程度抑えることができるからである。ベアリングはラバー等でマウントされ、車体に振動を伝えないようになっている。

　プロペラシャフトは、走行中に破損し、脱落したりすると非常に危険な状態となる。そのため、事故防止の脱落防止機構が付いており、クロスメンバーやU字状の部品をボディにとりつけ、万が一に備えている。

　ジョイントは**フックジョイント**とよばれる十字軸、**フレキシブルカップリング**とよばれるたわみ式、**レプロジョイント**とよばれる複数のボールを用いたものなど、目的や場所に合わせて複数の方式が組み合わされるのが一般的。

　近年では強化樹脂などを採用したり、センターのベアリングを廃した一体構造のものも増えてきている。このメリットとしては、車体への振動伝達の低減や騒音を抑える他に、軽量化、アクセル操作に対するダイレクトなレスポンス等がある。しかし、変速機からリアデフまで直線で構成しなければならず、車体とのトータルの開発を行わなければならない。

豆知識　縁石や道路上の障害物等で自動車の下まわりをこすった後、車体下部から異音が発生するようなら、プロペラシャフトが損傷した可能性がある。

動力の伝わり方

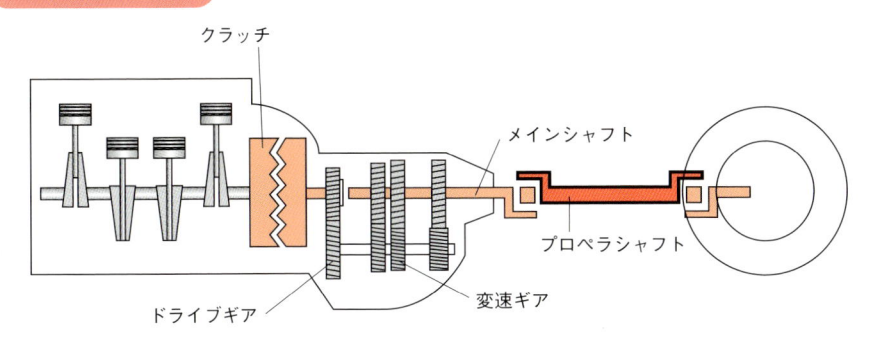

図中ラベル：クラッチ／メインシャフト／プロペラシャフト／ドライブギア／変速ギア

エンジンで発生した力はクラッチ、変速機を経てプロペラシャフトに伝わる。上下動を繰り返す後輪に直づけすると、プロペラシャフトはその動きに耐えられず折れてしまう危険性がある。そのため、変速機側と後輪側にジョイントを設け、振動を吸収している。

● **プロペラシャフトの動き**

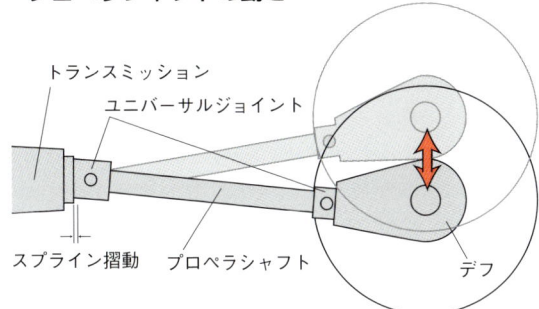

図中ラベル：トランスミッション／ユニバーサルジョイント／スプライン摺動／プロペラシャフト／デフ

二つのユニバーサルジョイントで後輪の上下動を吸収する。プロペラシャフトの中間に、もう一つジョイントを追加した車もある。シャフトが長ければ長いほど、振動が大きくなってしまうからだ。現在ではこの3つのジョイントを持つ、3ジョイント式が主流。

● **ユニバーサルジョイント**

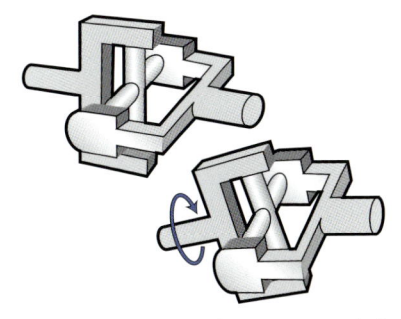

構造が簡単で故障も少ないのでこの方式が使われる。

カーボン製のプロペラシャフト

図中ラベル：No.1 チューブ／No.2 チューブ

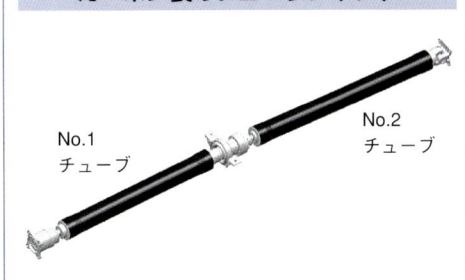

金属の棒であるプロペラシャフトは中空にするなどして、軽量化を図っているが、それでも限界がある。そこで、捻れ剛性にすぐれ、軽量なカーボンファイバーを使う車も現れ始めた。

豆知識 プロペラシャフトは衝突時に乗員を傷つける可能性がある。カーボン製のプロペラシャフトなら軽量かつ衝撃エネルギーを吸収しながら壊れるので、乗員への衝撃力を大幅に緩和できる。

ドライブシャフト

> **Key word　等速ジョイント**　入力軸と出力軸の間で速度差を生じないジョイント。両軸間の角度が40度くらいまで、回転を伝えることができる。

タイヤに駆動力を伝えるドライブシャフト

　実際にタイヤに駆動力を伝えるのがドライブシャフトの役割。フロントやリア（あるいは両方）の、エンジンの力を両輪に割り振る働きをするデフから、左右のハブまでつながっている。

　ハブ（ホイール）はサスペンションにつながっており、走行時は上下動する。その動きはプロペラシャフトの上下動を遥かに超えるものであるため、ユニバーサルジョイントでは役に立たなくなる。ユニバーサルジョイントだと、シャフトがまっすぐな状態と、折れ曲がった状態では、タイヤに伝える回転数に差がですぎるからだ。折れ角が15度を超えるとまるでブレーキをかけたような状態になってしまう。そこで、両端で入力する回転速度と出力する回転速度が同じである、等速ジョイントを設けている。

　ジョイントは、バーフィールド型ユニバーサルや摺動式トリポード型が一般的で、ジョイントによって角度が変わってもシャフトが軸方向に伸縮できるように、ユニバーサルタイプとなっている。

　ドライブシャフトはエンジンの力を伝えることはもちろんだが、タイヤを通して伝わる路面の反力を受けるため、非常に軽量かつ焼き入れ等の処理が施された強度の高い金属で作られている。

FFとFRでは要求能力が違う

　前輪駆動車の前輪は、操舵だけではなく、駆動にも使われるので、大きく曲げても回転数の変化がない等速ジョイントが使われる。FFでは両輪の間に、エンジンのほかにギアボックスも横方向に挟まっている場合が多いので、タイヤが動くスペースが少ない。よって、ドライブシャフトに舵角を妨げないようなコンパクトさが必要となる。逆にFR車の場合、前輪に動力を伝える必要がない、さらに変速機は縦に置かれているので、ドライブシャフトのとりまわしは余裕をもって設計される。ジョイントも構造が簡単なものが使われることが多い。

　ドライブシャフトのタイヤ側には、**ドライブシャフトブーツ（ゴムブーツ）**とよばれるジョイントを保護する役目のカバーがある。これは、ジョイント部の潤滑油を漏らさないためや、汚れやゴミが侵入しないため必要なもの。ドライバーはただのゴムカバーと軽視しがちだが、故障の原因となる重要な部品なので、ディーラーなどでは、定期的に点検を行っている。

豆知識　ドライブシャフトブーツの寿命は使用環境によって異なるが、状況によっては5〜6万kmで切れることがある。

細く軽いドライブシャフト

ドライブシャフト

ドライブシャフトには車体の重量を支える必要がないので、細いシャフトが使われるが、プロペラシャフトと同様に、捻れに強い材質が使われる。また、軽量化は燃費の向上につながるので、ドライブシャフトにも中空構造のシャフトを使う車が登場した。軽くて強い素材の開発がそれを可能としたのである。

● 等速ジョイント

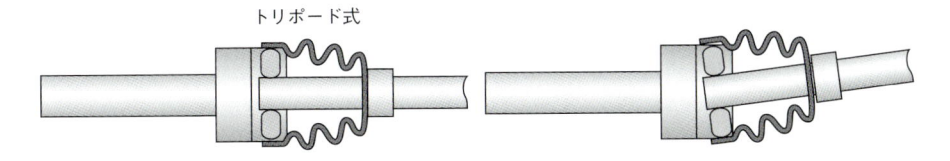

トリポード式

プロペラシャフト等で使われるユニバーサルジョイントは「不等速ジョイント」で、折れ曲がった状態だとジョイントにつながれたシャフトが振動をおこす。そこで開発されたのが等速ジョイントで、ローラーやベアリングをジョイント部に使うことによって、最大40度くらいまで折り曲げても、シャフトはびくともせずに回転を伝え続ける。高精度なバーフィールド式と簡易なトリポード式があるが、トリポード式でも十分な性能を発揮することから、一般にはトリポード式が使われる。

豆知識　ドライブシャフトブーツが切れていると車検に通らない。それほど重要な部品。

ディファレンシャル

> **Key word** ディファレンシャル　差動歯車の原理を応用し、内輪と外輪の回転差を補正して、車がスムーズにカーブを回れるようにする機構。

ディファレンシャル

　駆動輪は左右同時に回転する。左右輪が常に同じ距離を走るのならこの装置は不要だが、車は真っ直ぐ走るばかりではない。コーナーでは外側の車輪は内側の車輪よりも長い距離を走る。もし左右の車輪が同じ回転しかできないのなら、ドライブフィールは悪化し、内輪はスリップしタイヤを摩耗させてしまう。そこで状況に合わせて内側と外側車輪の回転数をコントロールするディファレンシャル（デフ）が必要となるのだ。ディファレンシャルは内側車輪を外側よりも少なく回転させる装置だ。

　また、変速機によって減速された回転はデフ内の**最終減速装置（ファイナルギア）**でさらに減速され、ドライブシャフトに伝えるという役割もある。

　デフは、路面からの抵抗の差によって回転を吸収するもので、コーナーで内側の駆動輪が摩擦で遅く回ろうとすると、抵抗が大きくなることを利用している。この抵抗で、デフサイドギアが公転しているデフピニオンギアを押し返そうとする。するとデフピニオンギアが自転する。この自転は反対側のデフサイドギアを増速させ、これで左右の駆動輪の回転速度が移動距離にそろう。直線部分では、路面から受ける抵抗が左右それほど変わらないので、デフピニオンギアは自転せず公転だけして、リングギアの回転を増減速することなく両サイドのギアに等しく動力を伝える。

最後にもう一度減速して力を上げる

　ファイナルギアは変速機の回転を減速する。これは、減速すればするほどタイヤの回転スピードは落ちるが、その分力は増す。エンジンの章でも述べたが、ガソリンエンジンは回り続けようとする力が弱い。だからギアによってエンジンの回転数を減速して、タイヤに伝える必要があるのだ。

　変速機でも減速は行われているが、もともとプロペラシャフトの回転を、90度角度を変えてドライブシャフトに伝える必要があることから、ギア自体が必要になる。ならば、ディファレンシャルでもその役割を担わせてしまおうというわけだ。変速機から伝わる回転はディファレンシャルで1/4程度に落とされ、変速機での減速と合わせると最大1/15くらいになる。エンジンが15回転につきタイヤ1回転という比率だ。

　スペースに余裕のない前輪駆動車の場合、ファイナルギアやデフは、変速機と一体にまとめられていることが多い。

> **豆知識**　ディファレンシャルの中もオイルで満たされている。交換の目安はおよそ2年または2万km。

タイヤの摩耗を防ぐディファレンシャル

● デフがない場合

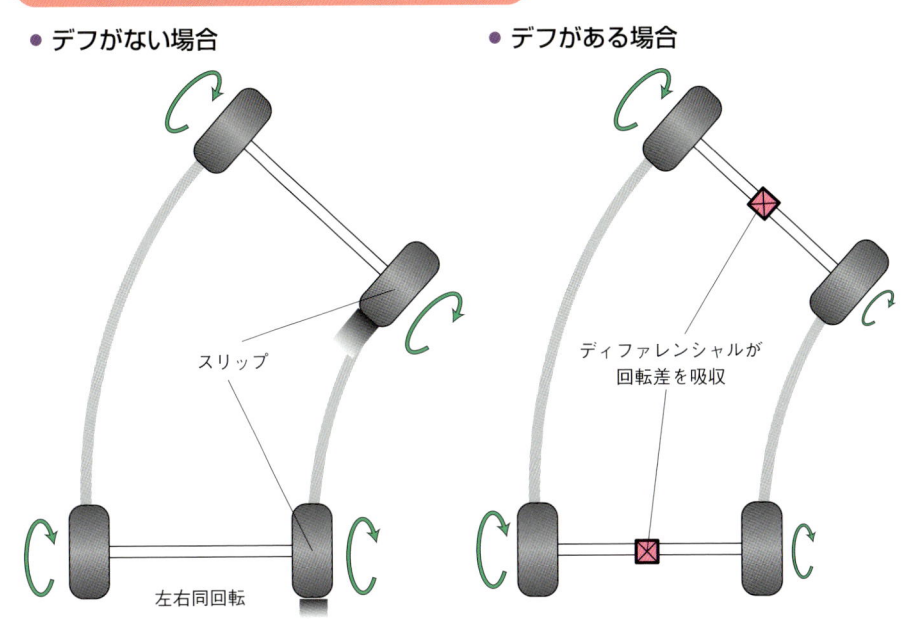

スリップ

左右同回転

● デフがある場合

ディファレンシャルが回転差を吸収

ディファレンシャルがないと左右のタイヤは等速にまわり、車の旋回運動を妨げる。そこで、内輪と外輪の回転差を調節する必要が生じる。ディファレンシャルはその役割を果たす機構である。ディファレンシャルの中にはオイルが封入されており、3万kmあたりで交換する。

ディファレンシャルの作動

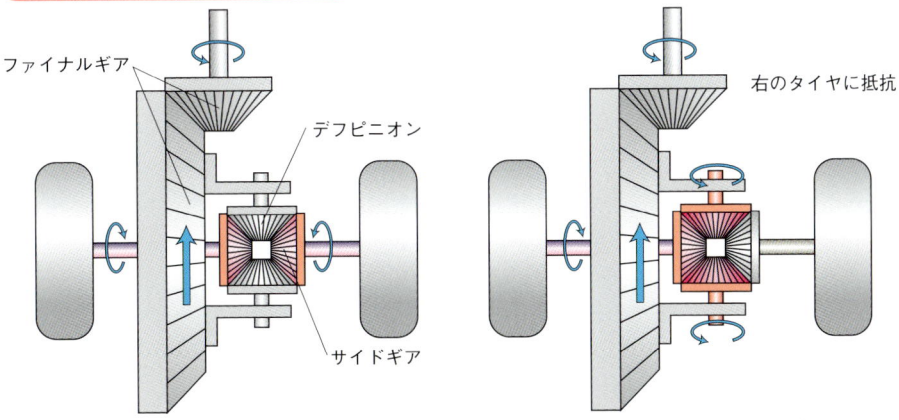

ファイナルギア
デフピニオン
サイドギア

右のタイヤに抵抗

プロペラシャフトからの動力はファイナルギアに伝わり、回転軸を90度傾ける。両方のタイヤに等しく抵抗がかかっている状態だと、デフピニオンは両方のタイヤに等しく動力を伝えるが、片方のタイヤの抵抗が増えると、デフピニオンは増速し、抵抗の少ない側のタイヤの回転速度を上げる。

豆知識 駆動輪ではない車輪にはディファレンシャルはない。左右の車輪を結びつける必要がないため。

LSD

> **Key word** リミテッド・スリップ・ディファレンシャル　片方のタイヤの空転などにより、動力が路面に伝わらなくなる現象を防ぐ装置。ディファレンシャルの欠点を補う。

LSD

　デフは、左右の抵抗によって駆動力を分配し、滑らかな走行を実現するものである。しかし、抵抗の少ない側に駆動力を多く配分するわけだから、もしぬかるみなどで片方が空転した場合、すべての駆動力が空転した車輪に伝わってしまうという欠点がある。路面に駆動力を完全に伝えられなくなってしまうのだ。

　その欠点を補うのが**LSD**（リミテッド・スリップ・ディファレンシャル）だ。一定の条件になるとデフの作動を制限するもので、高回転側から低回転側に駆動力をうつして同回転にする機構である。

　LSDには回転速度に応じて制限力が増大する**回転差感応タイプ**と、負荷に応じて制限をコントロールする**トルク感応タイプ**、さらに２つを組み合わせた**ハイブリッドタイプ**の３タイプがある。

　回転数感応型の代表がビスカスカップリング式LSD。シリコンオイルの入ったケースの中に入力側のインナープレート、出力側のアウタープレートを交互に入れて、オイルの粘性で差動し膨張で同調する。走行中に一方が空転すると、両プレートがシリコンオイルを剪断し、粘性抵抗の摩擦熱で膨張、インナープレートを押す。両プレートが密着すると、両プレートに摩擦がないため熱が下がりオイルも収縮。両プレートは離れて同じ回転を続けるようになっている。一般的に効きが滑らかだが、効果が強くないタイプである。

　トルク感応型の代表が機械式LSDなどで、湿式多板クラッチや内部のギアの歯面抵抗によって差動制限を行っている。内部に複数のギアを持ち、押しつける力が入力（アクセル開度）に比例して作動制限が大きくなる。

機械式の効果の違い

　機械式には効き方によって**１ウェイ**や**２ウェイ**などがある。１ウェイはアクセルオフでは作動制限を行わず、加速状態でのみ働く。どちらかというとFF車向きのLSD。２ウェイはアクセルのオン／オフ両方で働くが、効きすぎると回頭性に影響を与える。両方の良いところをとったのが、1.5ウェイで、アクセルオンの状態では働き、オフの状態ではそれほど効きが強くないタイプだ。それぞれに特徴があり、車両や目的に合わせて使われている。

リミテッド・スリップ・ディファレンシャル

- 機械式（多板クラッチ）
- トルセンLSD式

ディファレンシャルとは違い、デフギアの中にクラッチが内蔵されていて、ギアの回転数を調節することができる。LSDはタイヤが空転を始めるとクラッチを作動させ、デフギアをロックすることができる。ロックすることによってディファレンシャルの機能は殺され、動力は再びタイヤに伝えることができる。機械式もトルセンLSD式もトルク感応型のビスカス式や、電子制御式などもある。

トルク感応タイプの作動原理

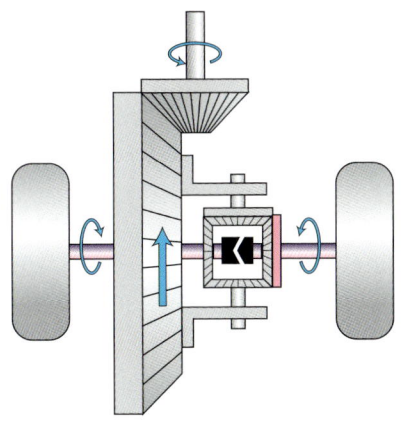

右のタイヤに抵抗

デフギアの中にクラッチが内蔵されている。クラッチは山型をしており、普段はかみ合わずにそれぞれ空転している。

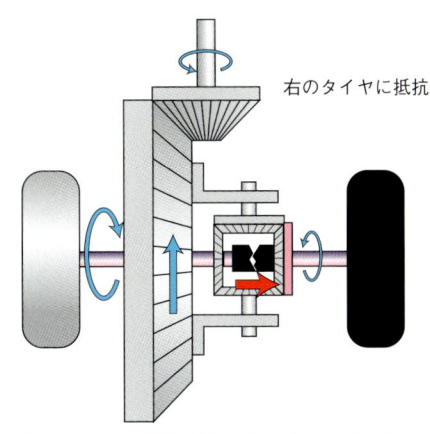

片方のタイヤに抵抗がかかり、左右のタイヤの回転速度がずれると、クラッチの山と山の部分が擦れ合い、抵抗がかかっているタイヤ側のギアにクラッチは押しつけられる。クラッチとギアが擦れ合う抵抗により、抵抗がかかっている方のタイヤの回転速度が下がる。

豆知識 滑りやすい雪道などでも威力を発揮するが、完全にディファレンシャルをロックすることはできない。

トラクションコントロール

> **Key word** **アクティブセーフティ** 事故が起きたときの安全性ではなく、事故そのものを未然に防ごうとする考え方。コンピューター制御でスピンを回避するなど、さまざまな装置が開発されている。

トラクションコントロール

　トラクションコントロールとは、文字通り駆動力を制御するもの。路面の状況や、駆動力のかけすぎで、タイヤの回転力が路面との摩擦力を超えると、タイヤが空転し、ホイールスピンを起こしてしまう。これを制御するのがトラクションコントロールである。

　滑りやすい路面で加速しすぎると、駆動輪が空転する。左右同時に空転が起きれば加速が悪くなるだけだが、路面の抵抗は均一ではなく、左右のタイヤは別々に動いてしまい、お尻をふるような動きをみせる。

　低速時においてはお尻をふるような現象が起こるだけにとどまるが、これが高速走行中に起こると大変危険である。スピンをする可能性や、コーナーをはみ出してガードレールにぶつかることもありえる。それらを防ぐために、コンピューターで車輪の動きを制御する、トラクションコントロールが発明されたのだ。

コンピューターの進歩と共に

　トラクションコントロールは、駆動輪の空転などをセンサーで検知して、エンジンに送られる燃料をカットするタイプが長年使われてきた。しかし近年のモデルでは、燃料カットの他に、駆動輪のブレーキを作動させる車が増えた。さらに車両が安定するように、ブレーキの油圧制御を左右別々に行うモデルもある。

　コンピューターの性能向上などによってトラクションコントロールの能力は向上しており、ブレーキだけではなく、アクセルもコントロールするようになった。雨天などの路面が滑りやすい道路において、スリップする兆候をコンピューターが感知すると、どんなにアクセルを踏んでも、車はスリップしないぎりぎりの加速しかさせない。危険な状況に陥らないように、車側で判断をしてくれるのだ。このような危険回避能力を、**アクティブセーフティ性能**という。乗用車において、トラクションコントロールはアクティブセーフティのために装備される。

　しかし、スポーツ走行愛好者は、後輪を滑らせて運転を楽しむ場合がある。トラクションコントロールが働いていると、車が横滑りすることを防いでしまうので、スポーツタイプの車には、可能な限り制御を遅らせる車や、カットスイッチで機能を制限できるようにしたモデルもある。

豆知識　トラクションコントロールは、路面が滑りやすい雪や雨の日のドライブで役にたつ。

トラクションコントロール

- トラクションコントロールなし
- トラクションコントロールあり

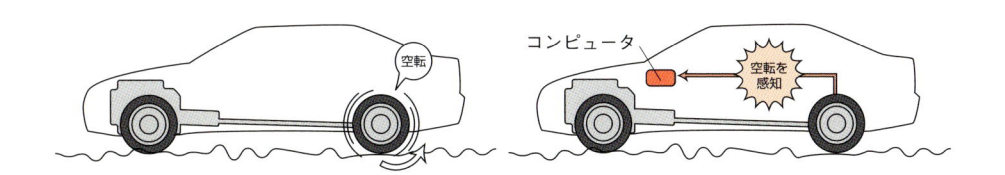

車に取り付けられたセンサーがタイヤの空転を感知すると、自動的にエンジンの回転数がさがり、スリップするのを防ぐ。最近では、左右のタイヤのトラクションまで、別々にコントロールするシステムも実用化されている。

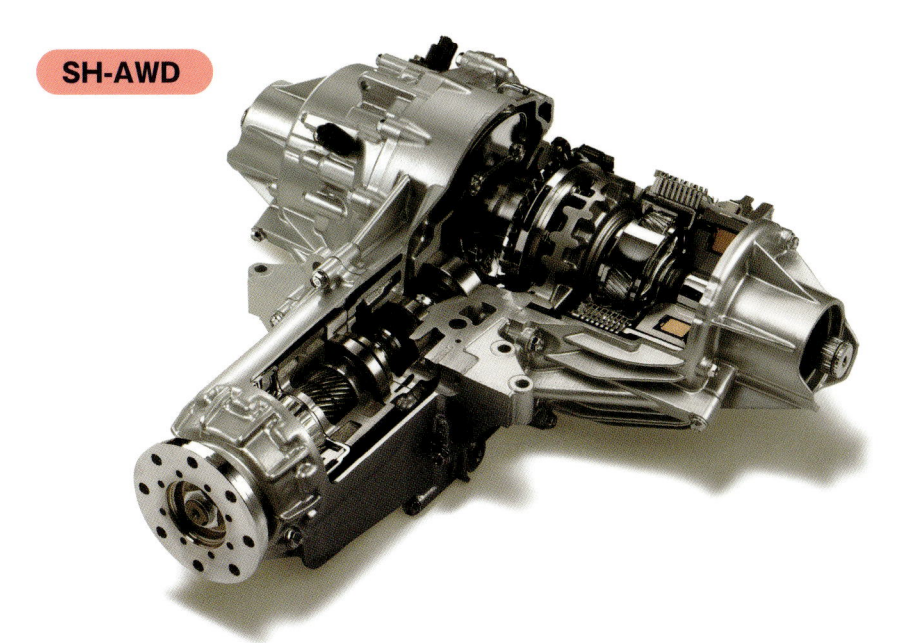

SH-AWD

ホンダが開発した装置。車がカーブを曲がるとき、これまでの車はディファレンシャルなどで左右輪の回転差を配分していたが、このSH-AWDはより積極的に左右輪の回転を変化させる。コンピューターの制御により、左右で0%から100%まで自動的に状況に応じた駆動力の配分を行う。

豆知識　レースの世界でもトラクションコントロールは活躍している。あまりに効果が大きいため、ドライバーの腕を競うというレースの趣旨から外れるのでは、との声もある。

タイヤのメンテナンス

> **Key word** **タイヤの空気圧** 適正な空気圧は車種によって異なる。タイヤは自然に空気が抜けていくので、ガソリンスタンドなどで、定期的にチェックしてもらうようにする。

タイヤの空気圧の測定

タイヤは自然に空気が抜けていく。ガソリンスタンドでも空気圧のチェックをしてくれるので、ひと月に一度はチェックしてもらおう。空気圧を測るメーターも売られているので、それを購入するのもいい。空気圧が低すぎるとタイヤが破裂することもあるので、気にかけておきたいポイントだ。

空気圧の目安

適正な空気圧は車種によって違う。多くの場合、ドアの内側に貼ってあるシールに記載されている。

空気圧メーターはひとつ3000円〜10000円程度で購入することができる。

豆知識 空気圧が足りないまま高速道路を走るとパンクする可能性がある。高速道路に乗る前に、空気圧の点検を心がける。

タイヤに詰まった小石を取る

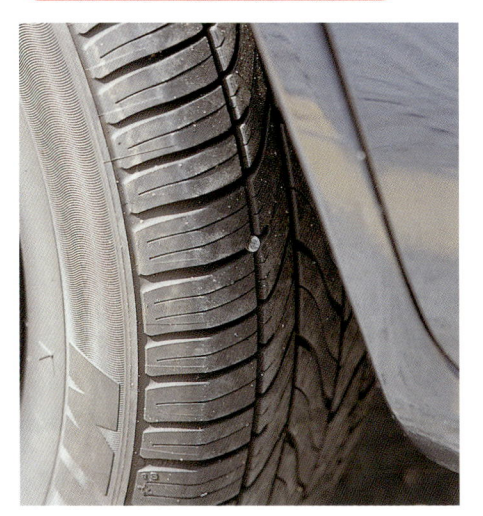

タイヤの溝のすき間に小石が詰まることがある。特に危険というわけではないが、車を走らせるとカチカチという不快な音を発生するので、取ってしまおう。

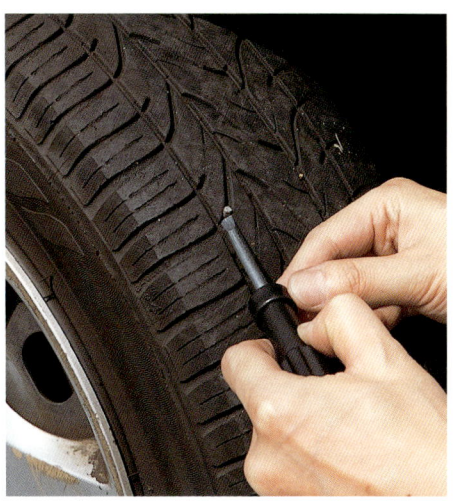

車載道具のマイナスドライバーなどで、小石をかき出す。ついでにタイヤの溝の減り具合も見ておこう。車載道具が積んである場所は、車のマニュアルに書いてあるので確認しておく。

ホイールに付着した金属を取る

ブレーキから排出された金属片などが、ホイールにこびり付く。専用のクリーナーがあるのでそれを使う。まんべんなく大量にクリーナー液をホイールにかける。

液が金属片を浮き上がらせるので、ブラシで汚れ面を丹念にこする。金属のブラシだとホイールに傷をつける可能性があるので、樹脂製のブラシを使ったほうが無難だ。

第4章

豆知識　ボディを洗う前に、ホイールの洗浄をやっておくといい。洗浄液を洗い流す手間がはぶける。

Column

進むアクティブセーフティ技術

車の電子制御化によって実現した安全装備

　衝撃吸収ボディやエアバッグなどは、パッシブセーフティ装置といわれる。事故が起きたときに被害を食い止める装置だ。これに対し、事故を未然に防ごうとする装置がある。これをアクティブセーフティ装置という。

　電子技術の発達により、アクティブセーフティ装置は現在さかんに研究開発が進められていて、日本自動車産業の得意分野でもある。

　アクティブセーフティ装置の一つに居眠り防止機能がある。居眠り運転による事故は後を絶たず、深刻な問題になっている。特に、夜間長距離を走るトラックの事故の多くは、この居眠り運転による。そこで開発されたのが、三菱のMDAS-Ⅱだ。

　これは、道路の中央に引かれている線などをカメラでスキャンし、車の蛇行運転を検出する。また、ステアリングとウィンカーの動作をリンクして計測し、判断の遅れがないかをチェックしている。これらの情報をまとめ、ドライバーが居眠り状態に陥っているとコンピューターが判断すると、音声により注意をうながす。さらに、ステアリングの動きをモニターし、道路が単調なコースであると判断した場合、眠気を吹き飛ばす香りを放つ機能もある。

　そのほかのアクティブセーフティ技術として、オーバースピードでコーナーを回るのを自動的に防ぐ機能がある。各メーカーで呼び名は違うが、基本的な仕組みは同じ。車載コンピューターが車体の左右加速度、スピード、ハンドルの角度、スロットル量などを複合的にモニターし、車がカーブを曲がりきれないと判断すると、スロットルバルブを戻してガソリンの供給をストップする。エンジンの制御だけではなく、ブレーキも4つそれぞれ制御され、車が安定方向に向かうようにブレーキを別個に自動でかける。

　このように車の細部にまで、電子制御ができるようになったことにより、ドライバーが危機的状態に陥るのを車側が予知して、予防措置をとれるようになった。

第5章

シャシー

サスペンションの働き

> **Key word** サスペンション　車の振動を抑え、エンジンの力を確実に路面に伝えるための装置。独立懸架方式とリジッド方式がある。

サスペンションは複雑にできている

サスペンションとは日本語で言えば懸架装置で、役割は車の乗り心地をよくすることと、姿勢を制御すること。

唯一路面と接するタイヤはホイールに組み込まれ、そのホイールは**ハブ**に取り付けられる。ハブはハブキャリアによってサスペンションとつながっている。

一般にサスペンションとは、路面の凹凸を乗り越える衝撃を和らげ、乗り心地をよくするために取り付けられる装置と考えられがちだ。確かにそれは大切は働きなのだが、もう一つサスペンションには大切な働きがある。エンジンの力を確実に路面に伝えるという働きだ。駆動輪がきちんと地面に接地していないと、エンジンの力を路面に伝えることができない。片側にだけ重心がかかっているような状態だと、車は舵を失った状態になる。きちんと両方のタイヤに重心をかけ、路面に接地させるという役割をサスペンションは持つ。一般に、駆動輪には接地性能のよいサスペンション形式が選ばれるのはこのためだ。

独立懸架方式とリジット方式

サスペンションにはさまざまな形式があるが、完璧なものはない。どれも必要とする要件や目的に合うように、高い妥協点を目指して作られている。セッティングによっても大きく変わってくるので、形式だけで善し悪しは判断できない。

大きく分ければ左右のタイヤが独自に動く**独立懸架方式**と、両輪を棒でつないだ**リジッド方式**がある。独立懸架方式はスムーズな乗り心地と、安定した接地性能が得られるが、多くの部品を使わなければならないので、コストがかかる。さらに、重量物を乗せて運ぶのにはあまり適していない。部品の一つ一つの強度を上げていくと、それ自体が重量物となってしまうからだ。リジッド方式は独立懸架方式よりもやや乗り心地が劣るのが一般的。接地性能も独立懸架方式にはかなわない。しかし、構造が簡単でコストがかからない。また構造が簡単であるがゆえに、強度を上げることができ、重量物を運搬する車などに用いられる。

サスペンションが抑えるべき車の揺れは主に以下の3つであり、これを低減させるためにメーカーは知恵を絞る。

ピッチング	車体の前後が上下する状態
バウンシング	車体の上下動のこと
ハーシュネス	路面の継ぎ目などを乗り越えた際の振動と音

> **豆知識**　最近はマルチリンク式が流行。性能のよさとコンパクトさが流行の原因。

サスペンション

フロントサスペンション
ストラット式や、ダブルウィッシュボーン式などが用いられる。

リアサスペンション
ストラット式や、ダブルウィッシュボーン式などに加え、トーションビーム式なども使われる。

サスペンションは前後ともに同じ形式を使う必要はなく、ごく一般的に前後で違う方式のサスペンションが使われる。これは、エンジンが前にある車ではサスペンションに使える空間は限られているのに対し、後輪側には余裕があるという事情による。さらに同じ形式を前後で使っていたとしても、形状は微妙に異なる。一般に前輪のサスペンションは後輪に比べて小さい。

● フロントサスペンション

● リアサスペンション

スバルレガシィのフロントサスペンション。ストラット式を採用している。

スバルレガシィのリアサスペンション。マルチリンク式を採用している。

第5章

豆知識 リアサスペンションは荷室に大きく干渉するので、荷室を少しでも大きくとりたいハッチバック車などは、小さくまとめられるサスペンションを採用することが多い。

スプリングとショックアブソーバー

> **Key word**　**ショックアブソーバー**　オイルダンパーのこと。荒れた路面からのショックはスプリングが吸収するが、その上下動がいつまでも続かないように、スプリングの動きを止める働きをする。

路面からの衝撃を抑えるスプリング

サスペンション・スプリングは、サスペンションに使われているスプリングのことで、**コイルスプリング**、**リーフスプリング（板バネ）**、**トーションバー**、**空気バネ**などがある（詳しくは下の表を参照）。

主な機能としては、車体の上下や左右などの姿勢の変化をコントロールするもので、形式は違っても基本的な役割は変わらない。バネで受けた振動を減衰させるのがショックアブソーバーで、サスペンションの重要な要素。オイルが小さな穴を通るときの流動抵抗で減衰力を発生させるもので、オイルダンパーのことをショックアブソーバーという。車体の上下動や左右の揺れを減衰し、乗り心地を良くする役割と、タイヤの接地性を高める役割がある。

コイルスプリング	バネ鋼線をコイル状に巻いたバネ。バネ定数や応力が太さや径、巻き数などで決まるので、軽量コンパクトなことから現在の乗用車では主流の方式である。コイルの間隔が同じ等ピッチ、間隔を変えた不等ピッチ、コイル径を変えた非線形がある。乗員人数や荷物による車高変化の減少や、操縦安定性、乗り心地の向上のため、非線形コイルスプリングも多数使われている。
リーフスプリング	長さの違う鋼板を複数枚重ね合わせ、中央をボルトで両端をクリップで固定したもので、可動のシャックル等でボディに取り付けられている。サスペンションアームの役割も果たしており、かつては乗用車にもよく使われていた。強度は高いが、重量が重く、板間摩擦の影響で乗り心地にも影響を及ぼすことから、現在ではトラックやオフロード車等が主流のスプリング方式となっている。
トーションバー	金属の棒で、そのねじれの応力をバネとして利用したもの。バーの長さや太さで弾性が変化する。必ずしも円形ではなく、また同じ太さではない。車体の左右のロールを抑えるスタビライザーなどにも使われている。
空気バネ	圧縮空気を利用したバネで、バスや鉄道にも多く用いられている。乗用車用では、コイルバネと併用されることが多く、メイン室とサブ室を区切り、車高制御が可能なものが多い。コスト的に高価なことから、高級車に多く見られる形式。
スタビライザー	トーションバーのねじれ作用を使った、補助バネ。左右のストローク差をうち消すように働くことで、内外輪の荷重移動をもたらし、ステア特性に影響を与える。油圧シリンダーを用いて、剛性を変化させる機能を持ったものもある（オフロードでは機能させない）。アンチロールバーともいう。

豆知識　「クラウンマジェスタ」に使われている空気バネは、コイルスプリングを使わず、空気バネとショックアブソーバーだけで構成される。

スプリングとショックアブソーバーの働き

スプリング
一般に使われるのが、写真のようなコイル状のスプリング。ほかに板状、棒状のスプリングなどもある。この部品が上下したり、ねじれたりすることで路面のショックを和らげる。コイル状のスプリングでは、スプリングの太さ、巻き数、巻き径によってスプリングの効きが変わる。

ショックアブソーバー
ダンパーともいう。スプリングは一度衝撃を受けると、ボールを地面にたたき付けた時のように、しばらく上下動を繰り返す。この動きを治めるのがショックアブソーバーの働き。
ショックアブソーバーがスプリングの動きを止める力を減衰力という。バネの堅さとショックアブソーバーの減衰力は釣り合いを取らなければならない。

スプリングとショックアブソーバーの動き

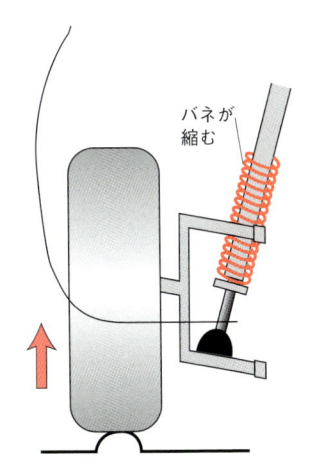

バネが縮む

バネが元に戻る

タイヤが路面の凸部に乗り上げると、バネがショックを吸収し、ショックアブソーバーとともに縮む。

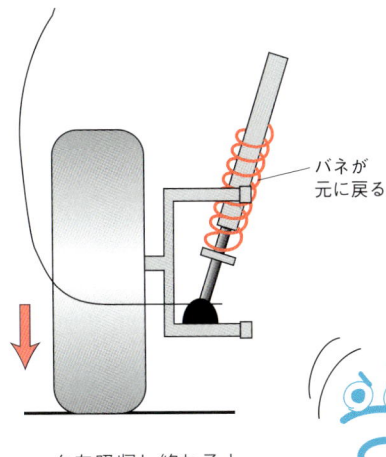

ショックを吸収し終わると、バネは反動で再び縮もうとする。しかし、ショックアブソーバーが突っ張り、サスペンションの上下動を治める。

第5章

豆知識 ショックアブソーバーは消耗部品。交換時期の目安としては約5万km。ボディーの上下動がいつまでも止まらなくなったりしたら換え時。

リジッド方式

> **Key word** **リジッド方式** 左右のタイヤを1本の棒でつないだようなサスペンション形式。部品点数が少ないので、頑丈なつくりにできる。

一本の棒の両端に、タイヤをつけたようなサスペンション

　リジッド方式は、正式にはリジッドアクスルサスペンション（車軸懸架装置）とよばれる。1本の車軸に車輪を組み込んだサスペンションだ。バネ下重量が重いという欠点はあるが、両輪のアライメントを一定に保つことや、シンプルな形状から、現在も軽自動車をはじめ、オフロード車やトラックなどでよく使われている。バリエーションとしては**リーフスプリング式**をはじめ、**リンク式**や**トーションビーム式**などがある。

　リジッド方式は、一本の棒の両端にタイヤをつけたようなもの。片輪が窪みなどに落ち込むと、落差をサスペンションで吸収することができないので、車体は傾いてしまう。するとタイヤの接地面と地面は平行を保つことができなくなる。

　このような状態で操舵をすると、ハンドリングに癖が出て運転を難しくしてしまう。よって、前輪には接地性に優れる独立懸架方式が使われる。

　リジッド方式は前輪には使われず、後輪にのみ使われるのはこのような理由があるからだ。

リジット方式のメリット

　リジッド方式は、もともとは馬車の時代に発明されたサスペンション。自動車が発明された当時もこのサスペンション形式が使われ、今日に至っている。

　より接地性に優れる独立懸架方式が発明されても、リジッド方式がいまだに使われるのには意味がある。

　リジッド方式は独立懸架方式に比べ、部品の点数が少ない。それゆえ各部の部品の強度を上げても、それほど重量増にはならない。トラックやダンプ、バスなどの車体の重い車両にはこのリジッド形式が使われる。

　さらにこのリジッド方式は部品点数が少ないので、車を作るコストを抑えることができる。軽自動車など、価格が重要なセールスポイントになる車種に採用される。

　また、リジッド方式は、狭いスペースで成立させることができるというメリットもある。独立懸架方式は**ショックアブソーバー**や**スプリング**など、縦にかさばる部品を使う。独立懸架方式を採用するワゴン車の荷室を見ると、二つの障害物が荷室に飛び出していることがわかるだろう。この荷室にとって邪魔な障害物を無くすために、リジッド方式が採用されることもある。

豆知識 良くできたリジッド方式は独立懸架方式に負けないくらい乗り心地が良い。しかし、最近ではリジッド方式だと商品価値が低く見られるようになり、この方式を採用する乗用車は少ない。

左右のタイヤの動きはシンクロする

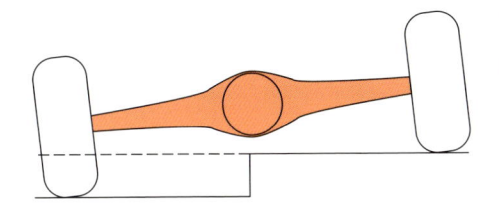

リジッド方式は一本の棒でタイヤをつないだような形式。片方のタイヤが傾いてしまうと、もう一方のタイヤも傾いてしまう。タイヤの設置性に優れないだけでなく、車体もそれにつられて傾くので、乗り心地も悪いサスペンション形式である。

リーフスプリングサスペンション

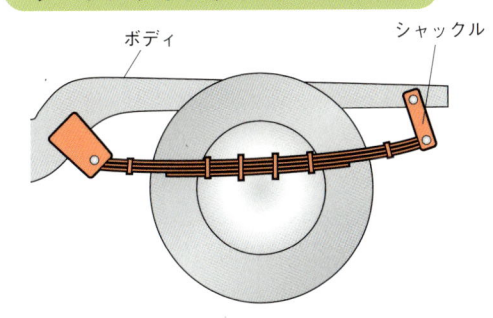

ボディ　　シャックル

馬車の時代から使われているサスペンション。鉄の板を数枚重ね合わせ、その両端をシャックルという可動式の部品で車体に固定する。車軸にはU字型をしたボルトで固定する。頑丈にできるので、トラックやバスなどのサスペンションに採用される。

リンク式サスペンション

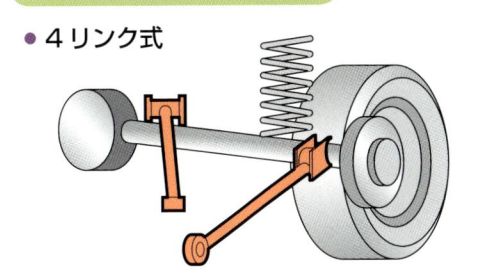

● 4リンク式

板状のリーフスプリングよりコンパクトに搭載でき、静粛性にも優れるスプリングを使う場合に採用されるサスペンション。スプリングだけで車体を支えると、車が縦横方向に動いてしまう。これを防止するために、リンクとよばれる棒で車体と車軸を結びつける。

● 5リンク式

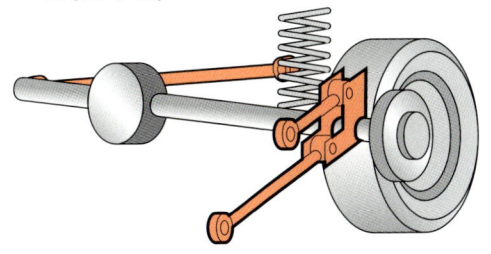

4リンク式にリンクをもう一本追加したのが5リンク式。車軸に平行して取り付けられた5本目のリンクは、横方向にかかる荷重に対応する。

豆知識 リンクとはサスペンションを構成する部品と部品をつなげる金属のこと。

独立懸架方式

> **Key word** **独立懸架方式** 左右のタイヤが独立して動くサスペンション形式。接地性がよく、ホイールアライメントの自由度も大きい。

接地性のよいサスペンション形式

独立懸架方式は現在主流の方式で、左右の車軸が連結されていない方式。左右のタイヤが独立して動くことから、独立懸架方式とよばれている。

ホイールアライメント（タイヤの取り付け角。キャンバー角、キングピン傾斜角、キャスター角などがある）の自由度が大きい。サスペンションの善し悪しは形式で決まるのではなく、ホイールアライメントをはじめアームやリンクの剛性など、さまざまなセッティングにより決まる。

独立懸架方式は左右のタイヤが独立して動くので、接地性にすぐれ、車体の動きを安定させることができる。同時に車体の揺れも少なく、乗り心地もよい。

ホイールアライメント

● キャンバー角

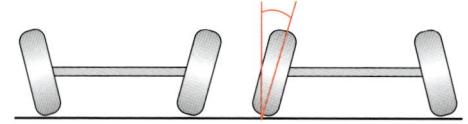

正面からタイヤを見たときに、タイヤの中心線と垂直線とが作る角度のこと。車輪の上方が外側に傾いている状態をポジティブ、下方が外を向いている状態をネガティブとよぶ。ハードなコーナーリングをすると、外輪がポジティブに内輪がネガティブ方向に変化して、両輪ともグリップ力が低下する。極端にネガティブキャンバーにセッティングする人もいる。

● キングピン傾斜角

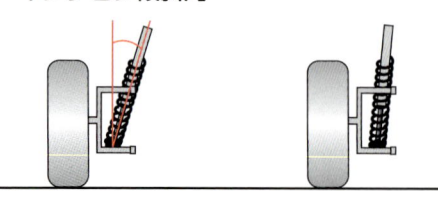

前輪を前から見たときの、キングピン軸（前輪が旋回するときの中心軸）の傾斜角度のこと。キングピン軸の上方が内側に傾く状態がプラスである。このプラスの状態だとタイヤの反力が働き、ステアリングを真っ直ぐに戻そうとする力が働く。

● キャスター角

前輪を真横から見たときの、キングピン軸の傾斜角度のこと。自転車やバイクのフロントフォークの角度と同じもので、キャスター角が強いほど直進性はよくなるが、ステアリングの抵抗は重くなる。

豆知識 車を上から見て、ハの字型にタイヤをセッティングする、「トー角」というホイールアライメントもある。

独立懸架式

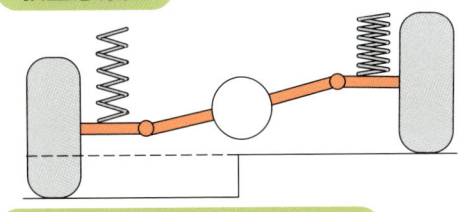

片輪が窪地に落ち込んだとしても、左右のタイヤは別々に動くので、車体の姿勢変化は最小限に抑えられる。タイヤの接地面も地面と平行に保つようにサスペンションは動く。

ストラット式サスペンション

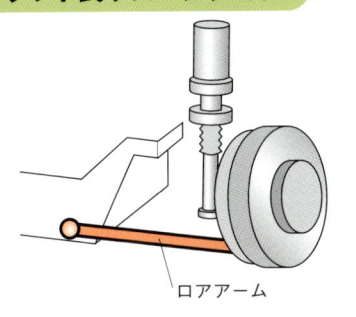

ストラットとは、ショックアブソーバーを内蔵しコイルスプリングも付いた、長い柱のようなもの。車重をささえられるように堅い部品でできている。上端はゴムを介してボディに、下部はナックルに固定してロアアームで支えている。ロアアームの一端がボディにマウントされ、ここが支点になって動く。マクファーソン氏が発明したので、マクファーソンストラットともよばれる。

ロアアーム

ダブルウィッシュボーン式サスペンション

アッパーアーム
ロアアーム

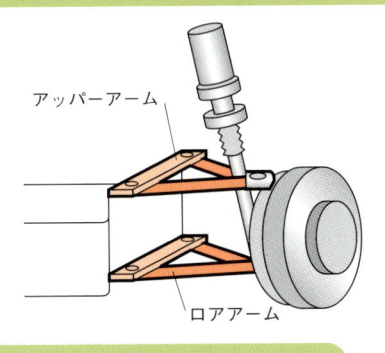

上下2本のV字型アーム（アッパーアーム、ロアアーム）で支えている方式。ロアアームとアッパーアームの間にコイルスプリングとショックアブソーバーを配置したものが多い。アッパーアームよりもロアアームが長い不平行不等長リンクが主流のようだ。
独立懸架方式の中でも、接地性に優れるため、近頃では多くの車がこのサスペンションを採用している。F1マシンもこの方式を採用している。

マルチリンク式サスペンション

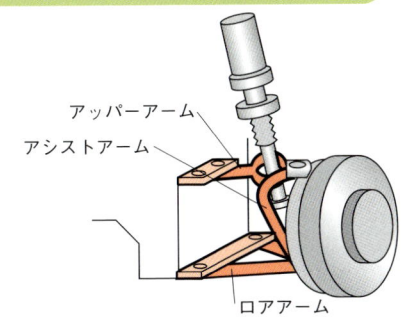

アッパーアーム
アシストアーム
ロアアーム

ダブルウィッシュボーン式の発展型。ダブルウィッシュボーン式は高性能だが大きい。そのため各メーカーは、ダブルウィッシュボーン式サスペンションの小型化に取り組んでいる。そして開発されたのがマルチリンク式サスペンション。ダブルウィッシュボーン式サスペンションに負けない性能を保持しつつ、小型化に成功している。

第5章

豆知識 ウィッシュボーンとは鳥の胸骨のこと。Y字型をした胸骨を二人で引っ張り、願い事（wish:ウィッシュ）をする習慣が欧米にある。

ステアリング

> **Key word** **ラック＆ピニオン式** ステアリングの回転が、ピニオンギアの回転を介してラックギアの左右の運動に変換され、タイヤの角度を変える。

カタログスペックだけでは判断できないステアリング特性

ステアリングとは舵取りシステムのことで、**ステアリングホイール**（ハンドル）操作によってタイヤの角度を変えるもの。このステアリングはタイヤや路面の状況をドライバーに伝える重要な役目を持っており、ただ舵が切れればよいというものではない。また、最小回転半径とも密接に関わっており、総じて前輪駆動車はタイヤの切れ角が少なく、後輪駆動車のほうが小回りが利く。これは、前輪にドライブシャフトがあるため、前輪駆動車はタイヤの切れ角が少なくなってしまうからである。

また、ステアリングの回転は、**ロック・トゥ・ロック**という表現をされることが多い。これは、例えばステアリングをめいっぱい左に切った状態から、反対の右側まで回して何回転するか表したもの。しかし、その際のタイヤの切れ角を考えずに表記することは、意味のないことであり、それはクイックなステアリングとは何の関係もない。ステアリングを1回転させたとき、タイヤの切れ角がどのくらいなのかがわかって、はじめて判断できることなのだ。ステアリングのセッティングは非常に奥が深い。

現在の主流はラック＆ピニオン式

かつては**ボールナット式**が主流であった。これはステアリングシャフトのウォームギアのねじ回転を、多数の金属ボールを介して軸方向の動きに変えて、セクターギアを動かす装置。セクターギアは扇状の歯を持ち、ボールナットの歯面と噛み合わせる構造になっている。ボールスクリュー式やリサーキュレーティングボール式ともよばれる。構造が複雑でラック＆ピニオンより消耗が早いといわれているが、衝撃吸収性に優れ、正確なフィーリングが出ることから、今でも高級車などに使われている。

ラック＆ピニオン式とは、ピニオンギアとラックギアによって、ステアリングの動きをホイールに伝えるシステム。ステアリングを回すとピニオンが回り、ラックの横方向の動きに変える。ラックの両端にはタイロッドがあり、ホイールを動かす。剛性が高く摩擦が少ない。ギア間の遊びを少なくでき、シャープなステアリングフィールが得られる。

しかし、路面からの情報を伝えやすいことから、砂利道などを走るとき、不快な振動をハンドルに伝えてしまう。それでも、小型軽量化にむいており、コストもあまりかからないことから、現在の乗用車はこのタイプが主流になっている。

豆知識 ステアリング特性は実際に乗ってみないと解らない。車を買う際には試乗をし、自分の好みにあったステアリング特性であるかを確かめる必要がある。

ステアリング機構

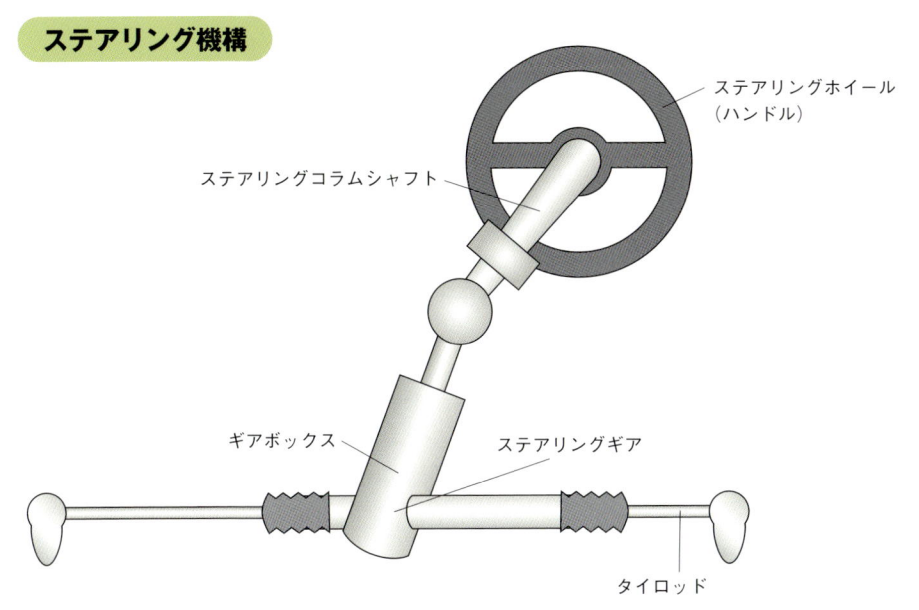

- ステアリングホイール（ハンドル）
- ステアリングコラムシャフト
- ギアボックス
- ステアリングギア
- タイロッド

ステアリングホイールの動きは、ステアリングコラムシャフトに伝わり、ギアボックスで回転を減速する。このギアボックスがあるおかげで、ステアリング操作を軽くすることができる。減速された回転はステアリングギアに伝わり、タイロッドというタイヤを動かすシャフトに伝わる。

ラック＆ピニオン式

ステアリングギアのピニオンギアは回転運動をしている。ピニオンギアと接するラックギアは棒状のギア。このギアと組み合わせることによって、回転運動は水平運動に変換される。

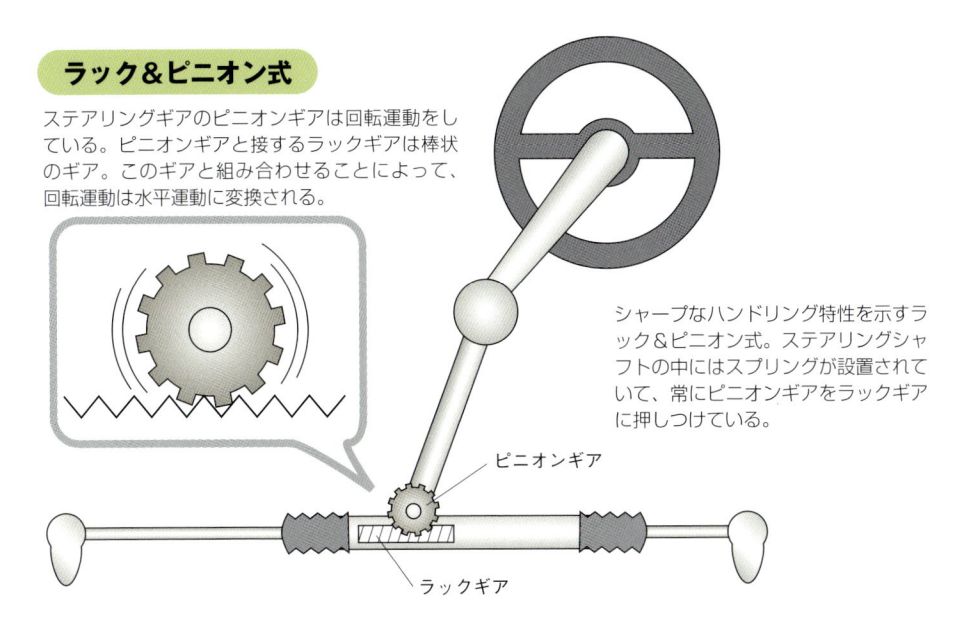

シャープなハンドリング特性を示すラック＆ピニオン式。ステアリングシャフトの中にはスプリングが設置されていて、常にピニオンギアをラックギアに押しつけている。

- ピニオンギア
- ラックギア

豆知識 一般に欧州車は路面の状況をステアリングを通じてドライバーに伝えようとする。これをステアリングインフォメーションとよび、欧州では重要視される特性。

アッカーマン機構

Key word **アッカーマン機構** 旋回時に外輪と内輪の切れ角に差異を生じさせる機構。車がスムーズにカーブを曲がれるのはこれがあるおかげ。

アッカーマンとジャントーが発明

アッカーマン機構とは、ごく低速で遠心力を無視できるレベルの速度で旋回した際、内外輪にスリップ角が生じないようにした機構。この機構は**アッカーマン・ジャントー**（アッカーマンが発明し、ジャントーによって改良された）ともよばれる。

ごく低速時の車輪旋回中心は、リアアクスルの延長線上で一致しなければならない。そのために内輪舵角は外輪舵角より大きく、舵角が大きくなるほどその差は開くようにする。ホイールに角度を与える左右のナックルアームに開き角をつけていれば、タイロッドが左右に動くと、ナックルアームの動きに差が生まれ、内側の車輪の舵角が大きくなる。

アッカーマンリンクでは、ステアリング配置を平面図で見た場合、車輪の転舵中心軸のキングピン軸とナックルアームのタイロッド側ボールジョイントの中心を結んだ線が、リアアクスルの中心を通るようになる。車速が上がって、遠心力が大きくなるにつれて、車両の旋回中心はリアアクスルより前方に移動するので、この原理から離れてくる。

それと対をなすのがパラレルステアリングリンク。内外輪の舵角をほぼ等しく設定したステアリング機構だ。ステアリング配置を平面図で見た場合、車両の転舵中心軸であるキングピン軸とナックルアームのタイロッド側ボールジョイントの中心軸を結んだ線を車両の前後中心線とほぼ並行に配置している。

最新の研究では、コーナリング中には、ある程度タイヤがスリップ状態にあるほうが安全だという。そのため、現在ではアッカーマンリンクと、パラレルステアリングリンクの間をとったセッティングが施されていることが多い。

レーシングカーには、高速でヘアピンに進入したときの重心に働く遠心力と、コーナリングフォースの作用点をあわせるために、逆アッカーマンリンクに近いリンクを構成することもあるという。

ホイールハウスに露出しているナックルアーム

ナックルアームは硬い素材でできているが、ホイールハウス内に露出しているので、縁石などにぶつかると曲がってしまうことがある。少しのゆがみなら、ハンドルの切り角を調節しながら、自走するのは可能だが、大きく曲がってしまうと車がまっすぐに走らなくなる。ナックルアームが折れてしまうとハンドルが効かなくなる。縁石や路上に落ちている大きな石には注意が必要だ。

豆知識 アッカーマン方式ともよばれ、ほとんどすべての車に採用されている機構である。

アッカーマン機構とは

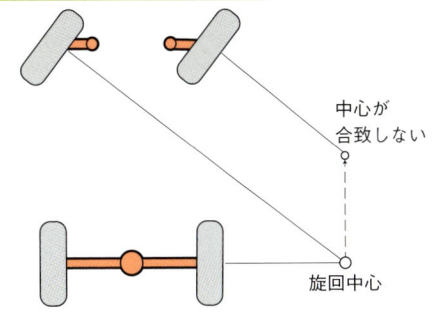

中心が合致しない

旋回中心

操舵輪である前輪を同じ角度で曲げて、コーナリングしようとすると、内側のタイヤがスリップすることになる。内側のタイヤは外側のタイヤより走行距離が短いからだ。そこで、内側のタイヤを外側のタイヤより角度をつけて曲げ、旋回の中心を一致させる必要がある。それを簡単な装置で実現したのがアッカーマン機構だ。

アッカーマン原理

● 直進時

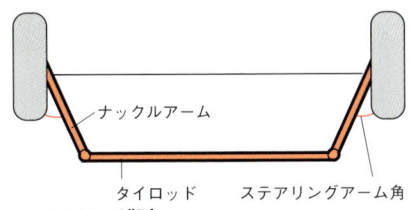

ナックルアーム
タイロッド　ステアリングアーム角

タイロッドの先に、ジョイントを設け、ナックルアームという短い棒を取り付ける。その際、ステアリングアーム角という角度をつけて取り付ける。直進状態のとき、左右のナックルアームをまっすぐ車体後部にのばしていったときの交点を、後輪の車軸あたりにくるようにする。

● コーナリング時

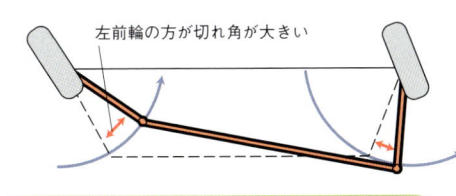

左前輪の方が切れ角が大きい

コーナリング時、タイロッドとナックルアームは自在に動き、最適なステアリングアーム角を生じる。これがアッカーマン原理である。この機構により、左右輪のコーナリングによるスリップ現象は回避される。

ステアリングジオメトリーの種類

● アッカーマンリンク　　● パラレルステアリングリンク 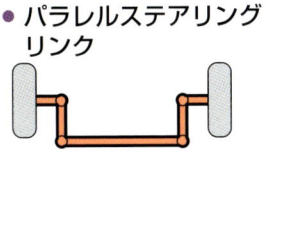　　● 逆アッカーマンリンク

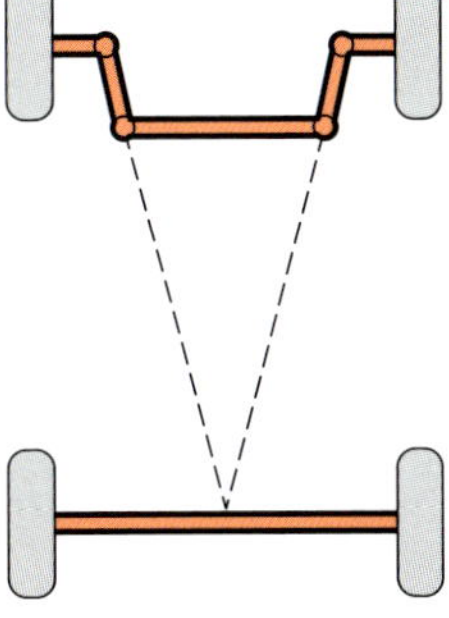

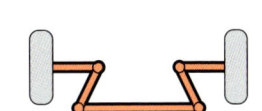

豆知識 ルドルフ・アッカーマン（Rudolph Ackerman）は1817年に、この機構の特許をイギリスで取得した。

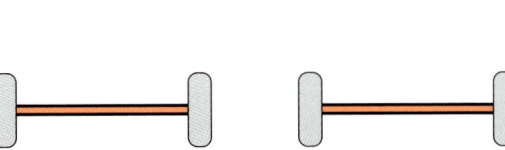

ステアリングギア

> **Key word** ステアリングギア比　タイヤの回転角に対するステアリングの回転角度の比。ギア比の設定は車によって異なり、操作性に影響をおよぼす。

ステアリングホイールは、車の操舵感を左右する部品

　ステアリングホイールは唯一人間の手で直接触れる部分なので、実にさまざまな工夫が施されている。一般に、手で触れる部分には、汗でハンドル操作を誤らないように、吸湿性にすぐれた皮革などが用いられる。ステアリングの握りも太めのものや細いものなど、さまざまであるから、購入の際はしっかり試乗して、チェックしておきたいものだ。

　車によっては、ハンドルを上下させて角度を調節できる**チルトステアリング**、ハンドルを押したり引いたりして、ハンドルまでの距離を調整できる**テレスコピックステアリング**などの機能がある。人の体格は千差万別なので、これらの機能があったほうがよりよいドライビングポジションを得られやすい。

　ハンドリングのフィールを左右するのはステアリングの大きさ。一般にステアリング径とよばれ、ステアリングホイールの直径のことである。ステアリング径が大きいほど車両の微妙な操作が可能であり、一方、径が小さいほど素早い操作がしやすい。ステアリングギア比も同様に操作性に大きく影響を及ぼす。

ステアリングギア比

　操舵輪（タイヤ：主に前輪）の回転角度に対する、ステアリングの回転角度の比。ステアリングギアの設定によって決まるもので、ギア比の設定は車によって大きく違う。

　ステアリングには**プリロード**とよばれる、ギヤにかけておく圧力がある。バネの力を利用して、ギア同士を密着させるプリロード方式が一般的。

　直進走行時にステアリングの動きが舵角と同期しすぎると、路面の状況などで常に微妙な修正を要求されるので、ギアのかみ合わせにはある程度の遊びを持たせているが、この遊びとガタは相反するものなので、非常に高い精度とセッティングが要求される。

可変ギアレシオ

　ステアリングギアの組み合わせによって、ギア比が小さければ大きい力で、ギア比が大きいと小さな力で回る。そこで直進周辺はギア比を小さく、車庫入れ等のステアリングを大きく回転させる場合は軽くなる（ギア比が大きい）ように、ラックの両端に行くにつれてギア比を変化させるのが可変ギアレシオだ。

豆知識　ステアリングホイールの交換は、手軽にできるドレスアップであったが、現在ではエアバッグが組み込まれるようになり、交換するユーザーは激減した。

内輪差

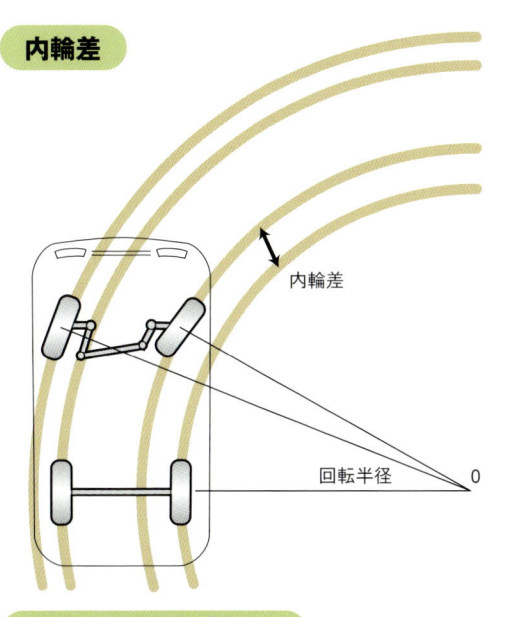

操舵輪である前輪は、コーナリング時にほとんどスリップをおこさないのに対し、舵角を変えられない後輪ではスリップがおこる。後輪は前輪がたどったラインをトレースしようとするが、抵抗があるので追随できない。このため、前輪に引きずられる格好でコーナーを曲がる。内輪差ができるのはこのような理由からである。

ハンドルの効きの違い

ホイールアライメントのセッティングや、車の重心の場所などにより、車はすんなり曲がってくれない。ほとんどの車はアンダーステア傾向を持つようにセッティングされる。よって、高速道路のコーナーなど、長いコーナーではステアリングの切り増しをする必要がある。アクセルオンでコーナーを曲がると、どんどん外にふくらんでいくのは普通の現象なのである。あまり認識されていないことなのだが、それを意識して運転する必要がある。

● **ニュートラルステア**

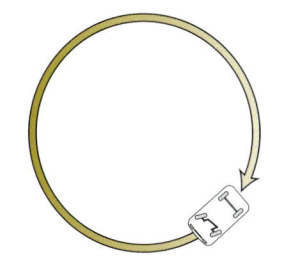

コーナリングの理想とされる。しかしあらゆる状況でこれを狙うのは難しい。最近では電子デバイスにより、車の状況を判断し操舵輪を調整して、ニュートラルステアに近づける車がある。

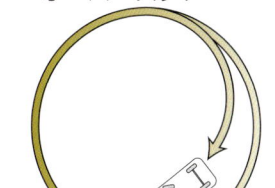

● **オーバーステア**

アクセルオンでコーナーを曲がると、普段よりも内側に曲がってしまう特性。ハンドルをコーナーの方向と逆側に切る、逆ハンという技術が必要になり、一般の車にはふさわしくない特性だ。

● **アンダーステア**

アクセルオンでコーナーを曲がると、外側にふくらんで曲がる特性。アンダーステアだと、ハンドルを切っている方向に切り増しをするだけで修正ができるので、一般にこの特性が車に与えられる。

豆知識 市街地ではそれほどアンダーステアは発生しないが、高速で走る有料道路などではあきらかに発生する。ハンドルを切り増しする習慣を身につけたい。

パワーステアリング

> **Key word** 電動パワーステアリング　電動モーターでステアリングをパワーアシストする。現在は油圧式が多いが、省燃費のため電動式が増えている。

ハンドル操作を軽くする装置

　ステアリングを操作するには、実は大変な力が必要である。かつてパワーステアリングがなかった時代は、車庫入れなどのすえ切りで非常に大変な思いをした人も大勢いるだろう。しかし、パワーステアリングの付いていない車は、坂道の上りではステアリングが軽くなり、コーナーで荷重をフロントにきちんとかけると重めになるなど、荷重移動の勉強になったものだ。しかし、現代の車は油圧、電動、空気の違いこそあれ、全車にハンドル操作をアシストする、パワーステアリングが付いているといっても過言ではない。

一般的なのは油圧式

　油圧式は油圧でステアリング操作を補助する装置。低速では軽く、高速では重めになるように設定してある。車速感応型と回転感応型があり、車速型は速度センサーをもとに、**回転型**はエンジンの回転数をもとに制御する。近年は両方のセンサーを組み合わせたタイプも存在する。
　エンジンの力を利用したオイルポンプの油圧によってアシストするもので、ステアリング機構にトーションバーを備え、そのねじれる量に応じたアシストを行う。油圧式の長所は、コンパクトに作ることができ、制御の遅れが少ない点である。短所としては、エンジンの力を利用しており、油圧の損失を補うために作動油を常時循環させる仕組みになっているので、操舵をしなくても常にエンジンの回転エネルギーが消費される点がある。

電動式も増えてきた

　電動式は比較的新しいシステムで、操舵時のみに電力で操舵を補助するシステム。常に動力を消費しないため、省燃費に効果がある。**応動可変ギアレシオ**とよばれる、ステアリングギアレシオを無段階に変化させるシステムと相性が良い。ハンドリングを電子的に制御する、横滑り防止装置との連携がしやすいため、今後増えていくと思われる。が、油圧式と比べるとステアリングフィールに違和感があるものが多い。そのため、電動で油圧ポンプを動かす、両方のいいとこ取りのシステムも存在する。
　大型トラックやバスなどは、ブレーキなどを動かすのに空気を使う。その空気圧を、ハンドル操作のアシストにも使うのが空気式である。

豆知識 何度もハンドル操作を繰りかえすと、ボンネットのあたりから音がする。この音は油圧ポンプの音。

油圧式パワーステアリング

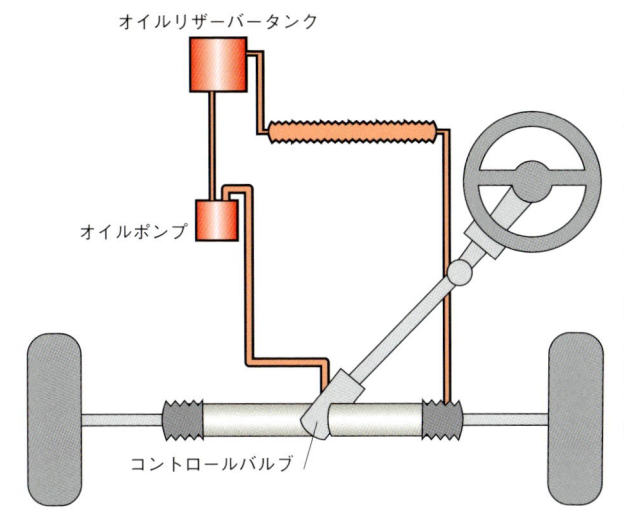

オイルリザーバータンク

オイルポンプ

コントロールバルブ

ピニオンシャフトにローターが付き、その中にトーションバーが挿入されている。ピニオンギア上部にローターハウジングを設け、ローターを入れてトーションバーで連結し、ともに回転する。ローターハウジングはオイルポンプとバイパス路につながるポートを持ち、ローターはこれらの通路の切り替えやカットする溝でバルブ作用を行う。図はロータリーバルブ式。

第5章

電動式パワーステアリング

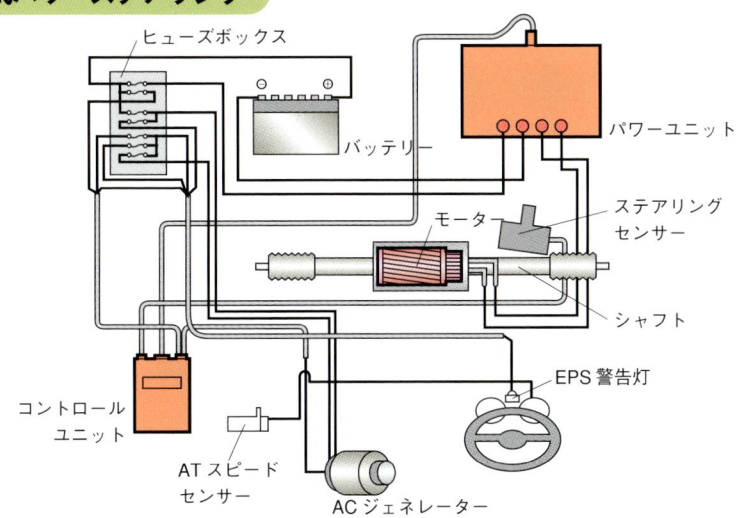

ヒューズボックス
バッテリー
パワーユニット
モーター
ステアリングセンサー
シャフト
EPS警告灯
コントロールユニット
ATスピードセンサー
ACジェネレーター

電気モーターの力を利用して必要な時のみアシストする。トーションバーのねじれをトルクセンサーが検知してコンピューターがアシスト量を制御してモーターに電流を通す。コラムシャフトの回転補助のコラムアシスト式、ピニオンギア回転補助のピニオンアシスト式、ラックの往復運動補助のラックアシスト式などがある。図はラックアシストタイプ。

豆知識 初期の電動式パワーステアリングは不自然な操舵感がみられたが、現在では自然なフィールに仕上がっている。

147

四輪操舵（4WS）

> **Key word** 逆位相・同位相　前輪と後輪の操舵方向を逆にするのが逆位相、同じにするのが同位相。

タイヤにかかる余計な力を逃がす

　車の操舵輪は基本的には前輪である。しかし、補助的ながら後輪も操舵機能を持たせた車も存在する。前2輪の操舵では回転半径が大きすぎる場合や、高速コーナリングの後輪が外側に逃げようとする力を逃がして、スムーズに曲がるようにする補助的なものである。機構はさまざまあり、作動は**機械式**と**油圧式**、そして最近主流のブッシュやリンクを使った**パッシブ式**などがある。

機械式と油圧式

　後輪にもステアリングギアボックス（機械式）かパワーシリンダー（油圧式）を設けたタイプで、同位相と逆位相の両方をこなすタイプが多い。基本的に低速時は前後の向きを逆にして回転半径を減らし、高速走行時は前後の向きを同じにして車両を安定させている。この切り替えはコンピューターが行う。中速域では後輪操舵は行われない。

　日産のスーパーハイキャスを進化させた**リアアクティブステア**は、サスペンションメンバーを電動アクチュエーターで制御するもので、低速時は逆位相、中速時は一度逆位相にした後同位相とし、高速時は同位相として、操縦安全性とリニアなフィーリングを実現している。

近年のはやりはパッシブ式トーコントロール

　サスペンションには、ブッシュとよばれるゴム部品が多数使われている。車は走行中に路面や空気抵抗などからさまざまな入力をうけるが、これをすべて金属だけで受け止めていたら、振動はすべてボディに伝わってしまう。そこで固さや大きさを工夫したゴム製のブッシュを、金属部品の間に挟み込む。

　サスペンションアームにとりつけるこのブッシュの堅さを調節し、後輪が少し動くようにセッティングされた車がある。さらに**トーコントロールリンク**を装備し、より積極的に後輪を動かす車もある。

　トーコントロールリンクとは、コーナリングやブレーキングの際に、トー角（進行方向に対し、どれだけ内側または外側を向いているかを示す角度）の変化を好ましい特性に変えるために追加されたリンク。タイヤに作用する横方向の力により、リンクとよばれるシャフトがたわみ、後輪のトー角が変化する。タイヤが曲がる方向はトーイン、つまり同位相方向に動く。これにより、高速カーブで安定した操舵性を実現する。

> **豆知識**　パッシブ式トーコントロールは安価に実現できるので、大衆車にまで採用されるようになった。

4輪の動き

● 逆位相　　● 同位相

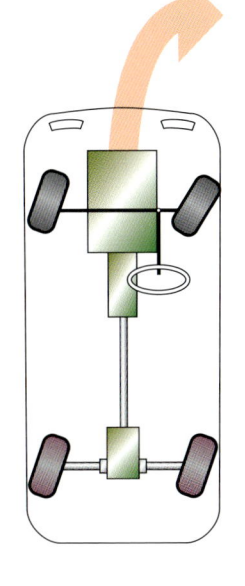

トー角

逆位相は車が低速のときに働くように設定される。低速でコーナーを曲がるとき、後輪は逆位相になっていたほうが、スムーズに車の方向を変えられる。
反対に同位相は、高速で作動させるようにセッティングされる。高速道路のカーブなど、高速域でコーナーを曲がる際、後輪にはまっすぐに進もうとする力が強くかかる。よって、車の後部がコーナーの外側にふくらむのだ。これを防止するために、後輪が前輪と同じ方向に曲がり、後輪が外側にふくらもうとする力を軽減させる。

スピードによって変化する後輪の動き

● 低速域　　● 中速域　　● 高速域

後輪が動くといっても、わずか5度程度。目に見えて動くような車は現在では少ない。なぜなら、わずかな角度でも大きな効果が得られるからだ。低速域では逆位相に動き、より方向転換しやすいように動く。中速域では後輪は車と平行する角度に戻る。高速域に入り、後輪に強い力がかかると同位相になり、後輪がスリップするのを防ぐ。スリップが激しくなると、後輪は完全にコントロールを失い、遠心力により車体を外側に持っていく。後輪が同位相に動くことでこの危険な動きを抑制するのだ。

豆知識 電子制御技術の発達で、一度は捨てられたリアアクティブステアが再び注目を集めている。今後ますますこの機構を採用する車が増えていくことだろう。

タイヤの基本

> **Key word　チューブレスタイヤ**　タイヤの内側にチューブがなく、かわりにインナー・ライナーという薄いゴムを貼り付けてある。現在一般に用いられている。

タイヤの構造

　車の中で路面と直に接するタイヤは非常に重要な部分である。エンジンのパワーもブレーキの制動力もサスペンションの性能も、タイヤを通して発揮できるものである。

　現在の乗用車では、空気入り**チューブレス・ラジアルタイヤ**が主流なので、それを中心に紹介していこう。

　タイヤの機能は、荷重を支え、路面の衝撃を緩和し、駆動力、制動力、コーナリングフォースを発生させて、安全かつ快適に走らせることである。基本構成はコーナリングフォースを発生させるベルト、空気圧を支えるカーカス、外部からカーカスを保護するサイドウォールとトレッド、空気圧でタイヤ形状を維持して、ホイールのリム部にタイヤを固定するビードワイヤーなどからなっている。

摩擦力が力を生み出す

　タイヤは回転することで路面と連続的に接している。この接触が摩擦力を生み出し、車を動かす。タイヤの摩擦力が小さくなると**空転（ホイールスピン）**を起こす。空転まで行かなくても、路面が濡れているときや、降雪時は摩擦力が小さくなり、車の挙動が安定しなくなる。路面の状態は車にとって非常に重要な問題なのだ。トレッドの接地面積が大きいと、摩擦力も大きくなるので、大パワーのスポーツカーなどは、効率的に路面にパワーを伝えるために、太いタイヤを履いている。

摩擦と旋回能力

　加速をしながらステアリングを切ったり、コーナリング中にブレーキをかけたりする場合には、**前後力**（駆動力と制動力）と**横力**（コーナリングに必要な力）が同時に生じる。どちらもタイヤと路面の間で必要な摩擦力であるが、両方が同時に発生してもタイヤの摩擦力の最大値は変わらない。急ブレーキをかけながら急にステアリングを切っても、車が思った方向にいかないのは、前後力や横力がこのタイヤの摩擦力の最大値を超えるからである。タイヤのグリップ力が強ければ強いほど限界値はあがり、より速い速度で安全にコーナーを曲がることができる。

豆知識　停車時のハンドル操作を「すえ切り」とよぶ。回転していないタイヤと地面との摩擦は強く、車の各所にダメージを与えるので避けるべき操作である。

チューブ付きタイヤとチューブレスタイヤ

● チューブタイヤ　　　　　　　　　　　● チューブレスタイヤ

（図中ラベル：ショルダー、サイドウォール、ビード、チューブ、ビードワイヤー、インナー・ライナー、ビードベース）

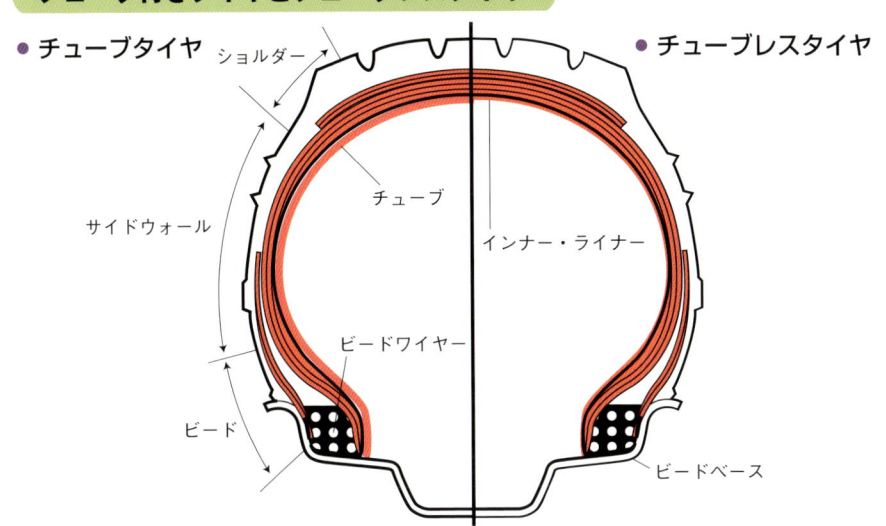

車のタイヤにはチューブタイヤとチューブレスタイヤがあり、現在では一般にチューブレスタイヤが使われている。チューブのかわりに、インナー・ライナーとよばれる薄いゴムの膜を貼り付け、この膜によってタイヤの中の空気を密閉している。この膜は伸び縮みしやすく、少々の傷なら空気漏れを修復することができる。

タイヤの内部構造

（図中ラベル：トレッド、トレッド溝、ベルト、カーカス）

スリップアングルとコーナリングフォース

（図中ラベル：タイヤの向き、タイヤが向かう方向、スリップアングル、遠心力、コーナリングフォース）

タイヤの構造は年々進化している。全てがゴムでできているのではなく、初期の頃は綿などが使われていたが、現在は合成繊維などが使われている。ベルト層の役割は膨張変形などを抑えることにあり、見えない部分も確実に進化している。

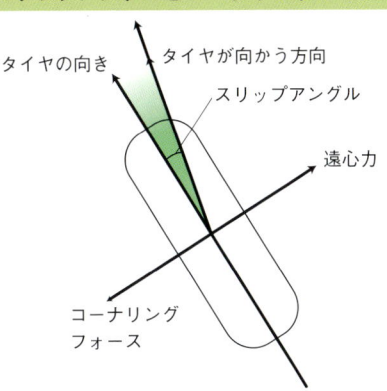

コーナリング中のタイヤには遠心力がかかり、少し外側にスリップしながら回転する。このタイヤが向いている方向と、スリップしながら実際に動いていく方向のずれを、スリップアングルという。タイヤが踏ん張ろうとする力は、コーナリングフォースとよぶ。

豆知識 タイヤにクギなどが刺さった場合、抜いてはいけない。そのままの状態でガソリンスタンドなどに自走し、タイヤを修理してもらう。

タイヤの種類

> **Key word** トレッドパターン　タイヤが路面と接する部分がトレッドで、駆動、制動、操向性能などを考慮して、さまざまなトレッドパターンが刻まれている。

サマータイヤは夏専用？

現在日本で一般的に使われているタイヤは**サマータイヤ**とよばれるもので、降雪や凍結を考慮していないタイプのものだ。欧州のように、狭い地域に複数の気候区が入り組んでいるところでは、**M＋S（マッド＆スノー）**という、ある程度の積雪にまで耐えうるタイヤが標準装備の場合がある。日本の冬に馴染みのある**スタッドレスタイヤ**とは、スタッド（スパイク）が無いという意味で、かつて使われていたスパイクタイヤではないという意味だ。ちなみにスノータイヤとは、スパイクやスタッドレス、M＋Sを含めた、積雪や凍結路面で一般のタイヤよりもグリップを失いにくい性能を持つ、タイヤのことを表している。

タイヤの顔、トレッドパターンとは

スリックタイヤとは全く溝のないタイヤのことで、モータースポーツの世界で使われているもの。本来路面が濡れていなければタイヤには溝は必要なく、グリップもよく騒音を抑える面でも優れている。接地面積がそれだけ増えるからだ。

しかし、一般路を走るタイヤでは、いつ雨が降ったり路面が濡れていたりするかわからないため、水を接地面から逃がすための溝が掘ってある。

タイヤの顔ともいえるトレッドパターンは、縦溝や横溝で作られている。このトレッドパターンには意味があり、おのおのタイヤのキャラクターにあった目的で構成されている。路面に接する部分と溝の部分はシーランド比（海と大地）とよばれ、一般的に安全性を重視したタイヤは、溝が多く細かいパターンになっていることが多い。逆にドライグリップ重視のスポーティなタイヤは、溝部分が少なく、一つ一つのブロックも大きい。

現在のタイヤは非常に高性能になっており、乗り心地やグリップ性能も高い次元でまとめられているものが多い。とはいえ、タイヤには空気が必要であり、この空気は何もしなくても1ヶ月で10kPa以上抜けていってしまう。空気圧が下がると接地面積が増え、ハンドルに過剰な負担がかかる。また抵抗が増えてしまうので、燃費にも大きな影響を与える。

空気が足りないとタイヤのゴムがたわんで細かい振動をおこし、ついには破裂する危険性もある。空気圧点検はガソリンスタンドでやってもらえるので、定期的に点検する習慣を身につけたい。

豆知識　タイヤは生もの。使わなくても自然に劣化していくので、できるだけ新しいタイヤを購入しよう。

トレッドパターン

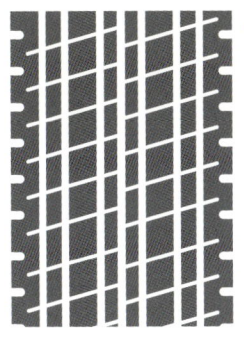

● **リブ型パターン**
騒音が少なく、バランスのとれた性能を発揮するので、もっとも一般的に用いられるタイヤのパターン。舗装道路の走行に適しているので、自家用車からバスにまで、広く採用されている。

● **ラグ型パターン**
グリップが強く、強い力を確実に路面に伝えることができるが、乗り心地がよくない。また、騒音の発生も大きい。悪路にも強いことから、工事現場で使われるような車両に主に用いられる。

● **ブロック型パターン**
細かい複雑な形をしたブロックがたくさん並んでいるパターン。路面をブロックでしっかりと「噛む」ことができるので、グリップ力に優れる。スタッドレスタイヤなどに用いられる。

● **リブ・ラグ型パターン**
リブ型とラグ型を組み合わせたようなパターン。リブ型の長所とラグ型の長所を併せ持つ。工事現場などの悪路と、舗装道路を走る必要のある、ダンプカーなどに用いられる。

スチールラジアルタイヤ

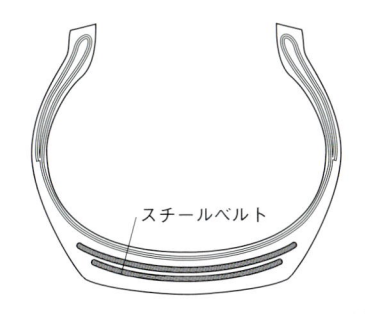

チューブレスタイヤの中には、タイヤの内側に鉄を敷き込み、パンクを防止するスチールラジアルタイヤがある。ラジアルとはベルトを巻いた構造を持つタイヤのことである。現在使われているタイヤのほとんどがラジアルタイヤである。

スタッドレスタイヤ

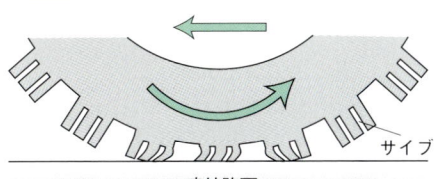

ブロックパターンのタイヤに、サイプとよばれる細かい溝を掘り、雪や凍結した路面をしっかりと噛むことができるタイヤ。また、ゴムの中に硬い繊維やクルミの殻などをまぜ、路面との摩擦抵抗を増やしている。

豆知識 スタッドレスタイヤは、直射日光や雨にさらされる屋外を避けて保管すると長持ちする。

タイヤのサイズ

> **Key word　扁平率**　タイヤの断面幅に対する断面高さの比率。扁平になるほど乗り心地は悪くなるが、スポーツ性は高まるため、より扁平なタイヤを求めるのが最近の傾向。

タイヤの記号を読む

　タイヤの側面（ショルダー部もしくはサイドウォール）には、205／50R15 85Hなどの表記が見られる。これは、205がタイヤの幅（mm）、50が扁平率50（％）、Rがラジアル、15がリム径（インチ）、85が許容荷重指数（荷重515kg）、Hが速度記号（最高210km/hまで）をそれぞれ表している。**扁平率**とはタイヤの断面幅に対するタイヤの高さの比である。

　加えて、タイヤが製造された時期についても、製造番号として刻印されている。メーカーによって製造番号の付け方は異なるが、おおよそ製造番号の下4桁が製造年週である。最後の2文字が西暦の下2桁、その前の2文字がその年の何週目に作られたかを示している。例えば、2505なら、2005年の25週目に製造されたことになる。この製造番号はタイヤの片面にしか表記されていないことが多いので、実際に車に装着した際には確認しにくい場合がある。しかし、タイヤを選ぶ際の目安にはなる。

タイヤの劣化

　タイヤは路面と擦れ合い、少しずつ摩耗してゆく。タイヤには必ずスリップサインという印がある。これはタイヤのトレッド面の溝にある盛り上がった部分のことで、溝の深さが1.6mmになるとその盛り上がった部分がトレッドと同じ高さになり、タイヤの使用限度を表す。タイヤの表面にこのスリップサインが現れたら速やかに新品タイヤと交換する必要がある。タイヤのグリップ性能が、危険な水準にまで落ちてきていることを表すものだからである。

　また、タイヤの主原料である合成ゴムは、紫外線などの光線にさらされると、何もしなくても劣化してぼろぼろになる。使用限度がくる前に交換してしまうのは資源の無駄でもあるが、細かいヒビなどが入ってきたら、交換時期は近い。

　タイヤローテーションはタイヤを長持ちさせるポイントだ。前後同型タイヤなら、タイヤの前後入れ替えを行うことで摩耗を均一にすることができる。特に前輪駆動車は前輪が減りやすいので、定期的に交換するほうがよいだろう。ただし、前輪に**スリップサイン**が出たからといって、後輪のタイヤと交換するのは危険だ。スリップサインが出たタイヤは、後輪にも使えないからだ。定期的に交換し、前後輪等しく摩耗させていくのがタイヤの上手な使い方といえる。

豆知識　タイヤローテーションは自分でもできるし、カーショップなどでも安価にやってくれる。

タイヤのサイズ

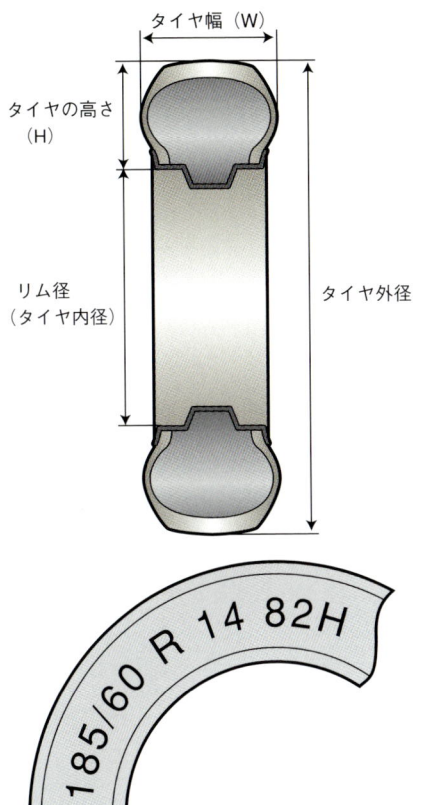

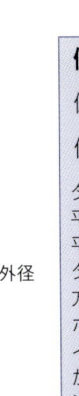

偏平率とは？

偏平比＝H÷W

偏平率＝H÷W×100

タイヤ幅（W）とタイヤの高さ（H）の比率を扁平率という。扁平率はパーセント表示される。扁平率のパーセント表示が小さくなればなるほど、タイヤは扁平であるといえる。扁平なタイヤは横方向の荷重に耐えやすい。その特性を生かしてスポーツタイプの車などに用いられる。しかし、タイヤの中に充填されている空気のクッション作用が働きにくく、乗り心地は悪化する。それでも最近では、タイヤ構造の進化や、ゴムの材質の研究などにより、乗り心地の劣化が少ないタイヤも増えてきた。そのような理由もあり、より扁平なタイヤを求めるのが、最近の流行である。

185／60 R 14 82H

185＝ タイヤの幅（mm）
 60＝ 偏平率（％）
  R＝ ラジアルタイヤ
　　　（バイアスタイヤにはなし）
 14＝ リム径（インチ）
 82＝ 許容荷重指数
  H＝ 速度限界
　　　（S＝180km/h、H＝210km/h
　　　 V＝240km/hまで）

スリップサイン

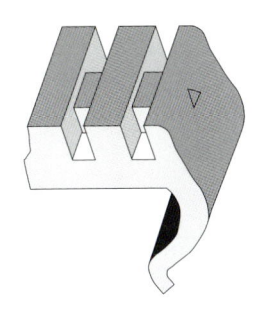

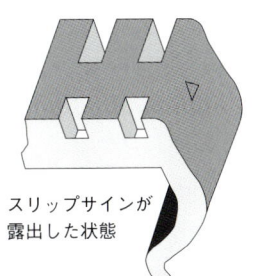

スリップサインが露出した状態

タイヤのサイドウォールに三角印がマーキングされている。そこには、溝の中に出っ張りがつくられ、タイヤの使用限界を知らせている。このスリップサインとよばれる出っ張りが、タイヤの表面に露出し、路面に接するようになったら、タイヤの交換時期である。

> **豆知識** 輸入車は日本車に採用されないサイズのタイヤを履いていることが多い。そのため値引きが期待できず、割高になってしまうことがある。

ホイールの基礎知識

Key word **インチアップ** タイヤの外径は同じままで、内径つまりリム径を大きなサイズのものに交換すること。より扁平なタイヤを履くことになる。

車とタイヤをつなぐ部品

　タイヤと車をつなぐ部品。ホイールはタイヤと一緒に回転するものだから、なるべく軽いほうが都合がいい。できるだけ軽くする努力がなされており、そのためいろいろな素材と形状がある。ホイール交換や**インチアップ**は、車に手を加えることなく、性能をアップさせる手段なので人気がある。

主流はアルミホイール

　ホイールの材質はいくつか種類があり、鉄やアルミニウム合金、マグネシウム合金などがある。アルミの比重は2.7で鉄の3分の1しかない。加工性のよさからデザインの自由度が高く、熱伝導率も高い。そのためブレーキが発する熱を受け、外に効率良く発散できる。鉄よりも高価ながら、その良好な特質から、多くの車に採用されている。鋳造や鍛造があり、鍛造のほうが軽くて強い。

　近年はマグネシウムにも注目が集まっている。マグネシウムは加工が難しいが、比重が1.74とさらに軽いため、レーシングカーではすでに主流となっている。量産効果などで価格は下がりつつあり、今後は市販車の採用も増えることだろう。

　メーカー純正採用のホイールは1ピースのものが多い。これは、継ぎ目がなく一体成型されたもの。デザインの自由度は低いが軽量で剛性が高い。そしてなによりコストが安い。それに対して、ディッシュとリムをあわせた2ピースは、ディッシュとリムを別に製造してピアスボルトや溶接で接合したもの。さらにリムを2つに分けた3ピースは、デザインの自由度が高いが、重量は少々重めになってしまう。しかし、ドレスアップ用として人気は高い。

ホイールバランスはとても大切

　どんなに軽量なホイールを選んだとしても、ホイールバランスが狂っていては、その性能は発揮されない。ホイールとタイヤを組んだだけの状態では、バランスがとれていないので、回転中にいやな振動がでたりする。専用のテスターでバランスをとることで、遠心力やモーメントをおさえることができる。高速走行中などに、ばたばたとした振動がハンドルに伝わるようであれば、**ホイールバランス**がとれていない可能性がある。カーショップやディーラーなどで、ホイールバランスを取り直してもらおう。

豆知識 一昔前のスチールホイールはデザインに気を使ったものがなく、人気がなかったが最近のスチールホイールにはおしゃれなものが増えた。

アルミホイールのサイズと構造

ホイールにはいくつか決まったサイズがある。○○インチという径もそうだが、ハブに止めるハブボルトの数（乗用車では4穴と5穴が主流）、PCD（ピッチサークル・ダイアメーター）とよばれるボルトを結んでできる円の直径などがそうだ。日本車にはPCD114.3や100.0が多く、輸入車では112.0や120.0が多い。この他の重要なポイントとして、オフセットがある。ホイールの取り付け面がホイールのどの位置にあるかを示す数値を、オフセット数値という。

ホイール幅を仮に100mmとして取り付け面の位置を50とした場合、オフセットは0。ホイール幅の中心より外側にあればプラスオフセットで、内側にあればマイナスオフセットとなる。例えば＋50mmと＋20mmのオフセットのホイールを装着した場合、＋20mmのホイールのほうが、30mmボディの外側方向に付くことになる。オフセットの数値が小さいほどタイヤとホイールが外側に出る状態で装着されるのだ。ホイールの内側にはブレーキが、外側にはボディがあるので、タイヤを操舵しても周りに干渉しないタイプを慎重に選ぼう。

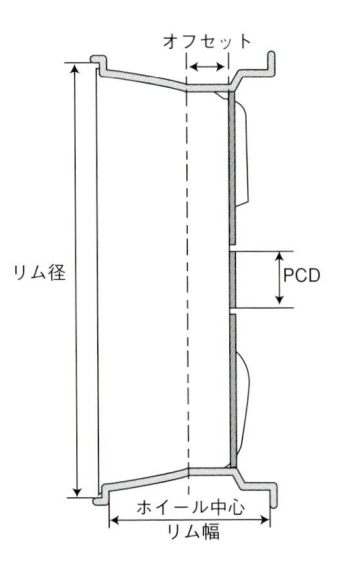

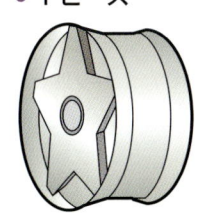

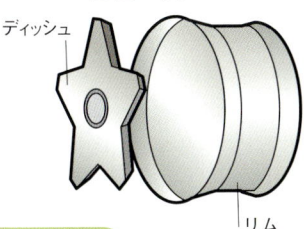

● 1ピース　● 2ピース　● 3ピース

ディッシュ　リム

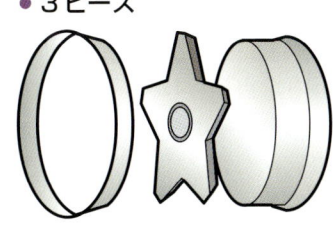

インチアップのポイント

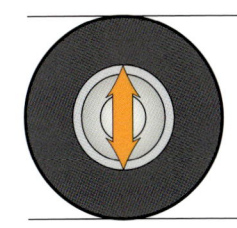

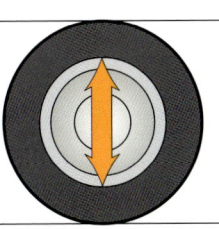

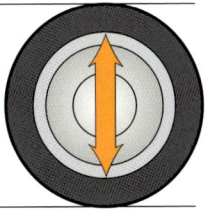

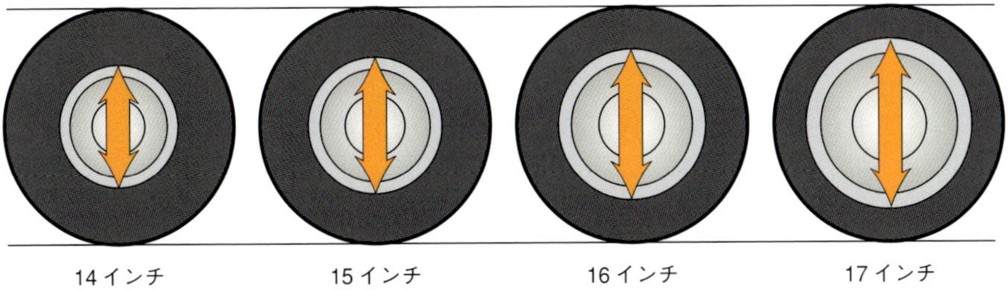

14インチ　15インチ　16インチ　17インチ

タイヤの外径をそのままに、リム径の大きい低扁平タイヤにすることをインチアップといい、ドレスアップの定番となっている。人気の理由としてステアリング操作時のレスポンスが向上することがあげられる。しかし、タイヤ＆ホイールの選択を間違えると乗り心地の悪化など改悪を招くので注意したい。まずタイヤ外径をほぼ同じにしないと、速度計の誤差や車体への干渉が起きる。また、タイヤごとに設定されているロードインデックス（タイヤで支えられる重量）を純正タイヤより下回らないようにしないと、緊急時に危険が伴う。ロードインデックスを下げすぎてしまうと、通常走行では問題がなくとも、フル積載の高速走行からの急ブレーキなどでは思わぬ荷重がフロントにかかる。特に車重の重いミニバンには注意が必要で、タイヤショップのプロと相談して、正しく選びたいものだ。

豆知識　ホイールをインチアップするとそれだけホイール内に収容するブレーキも大きくできる。

ブレーキ

> **Key word** **2系統式** ブレーキの油圧の配管は、前後あるいはX字形というように2系統に分け、一方が故障してももう一方で制動できる構造にすることが義務付けられている。

ブレーキは熱交換機

ブレーキはとても重要なパーツである。どんなに高出力な車でも、止まれなければ意味がない。速度コントロールや、停車状態から動かさないなど重要な役割を担うだけに、定期点検も重要になってくる。現在のブレーキは、**ディスク式**と**ドラム式**があるが、どちらも回転運動を摩擦によって熱エネルギーに替える熱交換機である。大型車に装着される**リターダー**は補助ブレーキで、減速抵抗を作り出す装置。熱交換機ではない。排気管を閉じて強力なエンジンブレーキを発生させる**排気ブレーキ**などがそれにあたる。

現在は油圧式が一般的

現在の自動車のブレーキは、足で操作するためフットブレーキとよばれ、ペダルを踏んだ力をブレーキ本体に液圧で伝えるため、油圧ブレーキとよばれる。油圧による伝達では、押されるピストンの断面積が、押す側の2倍であれば、移動距離は半分で力が2倍になる。同じ断面積のピストンを4つつないだ場合は、どれか1つを押せば、残りの3つに均等に力を伝えることができる。この原理を利用したのが、現在の油圧ブレーキである。この仕組みはブレーキ・マスターシリンダーとよび、ブレーキペダルのすぐ近くのエンジンルーム内に配置される。

現在のブレーキでは、ペダルを踏んだ**圧力を真空倍力装置（バキューム・ブレーキブースター：マスターバック）**という補助装置で増して、ブレーキホースを通じてブレーキキャリパーに伝えている。ブースターは、機械的なペダルからの入力を、エンジンの吸入負圧と大気圧の差を利用して力を得る。このブースターはペダルとマスターシリンダーの間に配置されている。

こういった機械的な増圧に加えて、**メカニカル・ブレーキアシスト**とよばれる機能を備えた車もある。これは、不適切なドライビングポジションや操作不慣れなことから、必要とする圧力でブレーキを踏むことができないドライバーを考慮して装備された装置で、急ブレーキとコンピューターが判断した場合に、踏力よりも強い入力をブレーキ系統に送り、強くブレーキを効かせるもの。しかし、ある程度の技量のある人にとっては、かえって邪魔なアシストになるので、今後は学習能力を備えた電子制御式等に変わっていくだろう。

豆知識 ディスクブレーキはディスク面が露出しているので、油汚れに注意が必要。ディスク面には絶対にオイルをささないこと。事故を引き起こす原因となる。

2系統式ブレーキ

● 前後分割方式　　● X配管方式

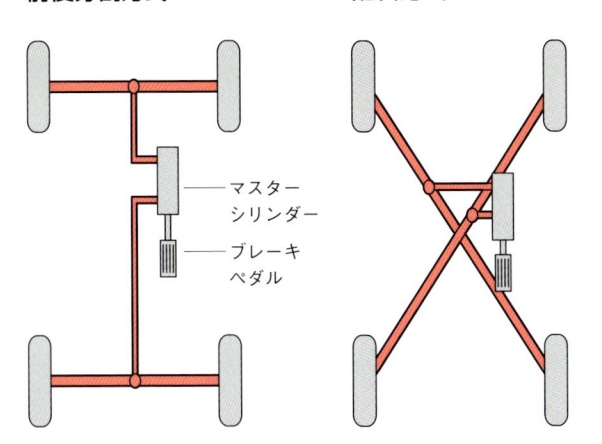

ブレーキに油圧を送る配管を2系統に分け、どちらか片方の配管が壊れたとしても、車をストップする能力を失わないようにしている。X配管方式のほうが、車を安全に止める能力が高いため、ほとんどの車はこのX配管方式である。この配管方式は、クロス方式、またはダイアゴナル式ともよばれる。

マスターシリンダー

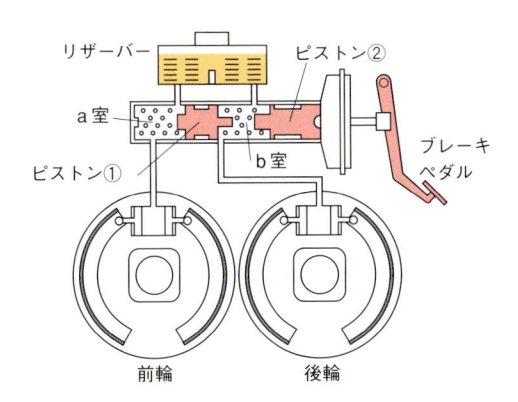

ブレーキペダルを踏まない状態では、ピストン①も②もブレーキペダル側に寄っている。ピストンはスプリングにより、この状態に戻るようになっている。ブレーキペダルを少々踏んだとしても、a室b室に貯めてある油はリザーバータンクに逃げるので、ブレーキは利かない。

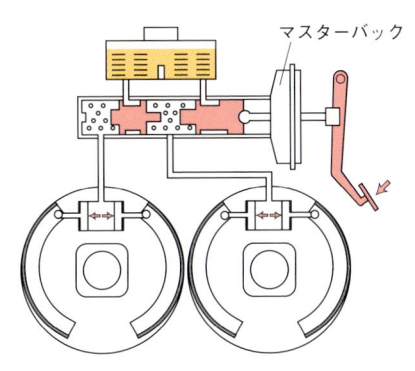

ブレーキペダルを踏むと2つのピストンが油圧により押され、リザーバーとa室b室は分断される。行き場を失った油はブレーキに流れ込み、シューやピストンとよばれる金属部品を押し、押される側の金属部品と擦れ合い、熱を発生し運動エネルギーを消費する。

第5章

豆知識　ブレーキの制御に使われるブレーキフルードは定期的に交換する。交換時期の目安は理想的には1年ごと。最低でも車検ごとには交換する。

ディスクブレーキ

> **Key word** **ベンチレーテッド・ディスク** ディスクブレーキのディスクローターの内部を中空構造にし、空気を通すことで冷却効果を高めたもの。

もっとも多く用いられるブレーキ

現在のブレーキの主流はディスク式である。ディスク式は**ブレーキキャリパー**に装着された**ブレーキパッド**が、**ディスクローター**を挟み込むことで摩擦を生み、回転運動を熱に変換し、大気中に放出することで機能している。

ディスクブレーキの構成

大きく分けて、パッドを押すキャリパーと、パッドに押されるディスクローターに分かれる。パッドを押すピストンは油圧で動き、ディスクに発生した摩擦熱はディスクの回転で冷やされる。パッドもローターも密閉されていないので放熱性は高く、ドラムブレーキ（後述）に比べてフェード（熱によって摩擦力が低下する現象）しにくくなっている。しかし、ドラムブレーキよりもパッドの摩擦面積が小さいうえ、サーボ効果がないので倍力装置が必要になる。現在は、こういった欠点を補うために、大型のキャリパーや、ディスクをパッドで挟み込む、対向キャリパーを採用することで対応している。

ピストンシールの働き

キャリパーの中にはピストンが入っており、このピストンが油圧でパッドをローターに押しつけて摩擦させている。ピストンの周りにはシリンダーがあり、このシリンダー内壁にはゴムでできたピストンシールというリングが埋め込まれている。これは、油圧に使うブレーキ液がピストンとシリンダーの間から漏れないようにするためのもので、ブレーキペダルを踏んで油圧がかかってピストンが動くと、ピストンに接している部分が変形しながらシールも一緒に動く。そして油圧がなくなるとゴムの復元力でもとに戻る。その際ピストンを引っ張るので、ピストンももとの位置に戻るのだ。また、パッドが消耗しても、ピストンがシールを動かしながら密着するので、常にディスクとパッドの間は一定でいられる。

通常キャリパー内のピストンは1つである。ピストンは片側のパッドをローターに押しつける。キャリパー可動するので、ピストンが押し出される反力によって反対側に移動する。この移動で反対側のパッドをディスクローターに押しつけるのだ。

豆知識 ディスクブレーキはもともと飛行機のブレーキとして開発された。ロッキード社は世界で初めてディスクブレーキを開発した会社。

ディスクブレーキの構成

ディスクキャリパー
ディスクローター

おもな部品はディスクキャリパーとディスクローター。ディスクローターはタイヤと一緒に回転し、ディスクキャリパーは車体にしっかりと固定される。ディスクローターが熱を帯びることで運動エネルギーを消費している。熱を帯びるディスクローターが外に露出しているので、効率的に熱を大気に逃がすことができる。水に濡れても乾きやすい。

● ディスクキャリパーの内部

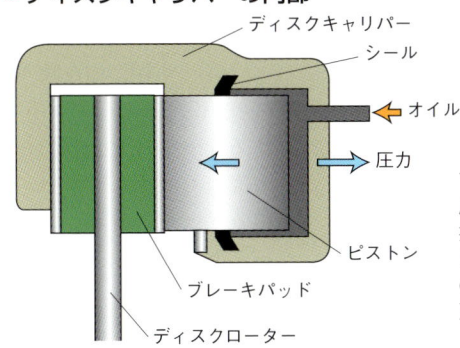

ディスクキャリパー
シール
オイル
圧力
ピストン
ブレーキパッド
ディスクローター

マスターシリンダーによって圧力をあげられた油圧が、ピストンの内部に送り込まれ、ピストンを押す。ブレーキを離すとピストンは戻る。これは、ピストンシリンダー内のオイル漏れを防ぐゴム製のリング（ピストンシール）が、ピストンを引き戻しているのだ。

● ベンチレーテッド・ディスクローター

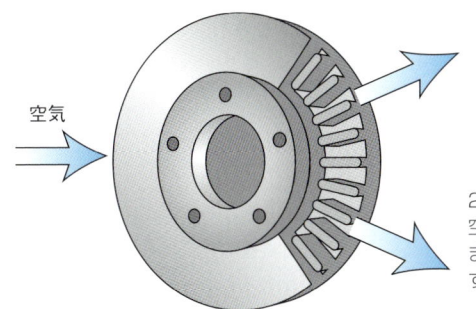

空気

2枚のディスクローターを張り合わせ、内部を中空構造にしたディスクローター。ディスクの内部まで空気にさらされるので、熱を大気に逃がしやすい。高性能車に用いられることが多い。

第5章

豆知識 世界的に人気のあるディスクブレーキメーカー「ブレンボ社」。世界中の高性能車に採用されている。ブレンボ社はイタリアのブレーキとクラッチシステムの総合メーカーである。

ドラムブレーキ

> **Key word** **自己倍力作用** ドラムブレーキで、ライニング部分がドラムの回転方向に引きずられることで、制動力が増大すること。

押し広げることで制動力を発揮

ディスクブレーキと並んでポピュラーな形式として、ドラムブレーキがある。摩擦による原理はディスクブレーキと同様だが、構造は全く別。挟み込むのではなくて、押し広げることで摩擦を生み出すのだ。

シンプルな構造ながら、確実な効果を生み出す

ディスクブレーキのパッドの役割を果たすのが、**ブレーキシュー**。タイヤとともに回転しているドラムの中にあって、ブレーキを踏むと油圧がシューを外側に押しつけ、制動力を生み出している。摩擦を生み出す部分がドラムの中にあるので、摩擦を生む面積は広いが放熱性で劣る。

しかしディスクブレーキに比べて欠点が多い訳ではない。**自己倍力作用**が働くので、ディスクブレーキよりも簡単に強い制動力を得ることができる。これは、ドラムの摩擦でシューが回ろうとするが、シュー自体は支点で抑えられているため、回ることはできない。その結果、ますますドラムに引き寄せられて、摩擦力が増すというわけだ。

シュー自体は、ドラムの形状に合わせた半円弧状で、パッド同様に2つで1組みになっている。通常はコイルスプリングなどで互いに引っ張り合って、ドラムとは接していない。代表的なリーディング・トレーリング（アンカーピン）式では、前方側をリーディングシュー、後方側をトレーリングシューよび、それぞれがアンカーピンで留められている。ここを支点にして、油圧がかかると両開きとなるのだ。前進している場合はリーディングシューに倍力作用が働き、トレーリングシューはむしろ跳ね返されるような感じになるが、回転が逆になれば（バック等）、この働きも逆になる。

ドラムと接する部分には、金属粉を熱硬化性の樹脂で高温高圧成形したライニングとよばれるものがはられている。このライニングが長期間の使用で摩耗すると、ドラムとの隙間が大きくなり、応答時間が遅れてしまう。しかし、これは自動的に減った分だけ前に押しだし、順次アジャストできるようになっている。

一時期はABSとの相性（ディスクのほうがコントロールしやすかった）などから、日本車では姿を消しつつあったドラムブレーキだが、シンプルでコストも安く、タイプによっては充分な性能であることから、近年は前輪駆動車の後輪などに採用が増加する傾向にある。

豆知識 ディスクブレーキと違い、ケースの中に制御部品があるので水が侵入するとブレーキのききが悪くなる。

ドラムブレーキの構成

● リーディング・トレーリング（アンカーピン）式

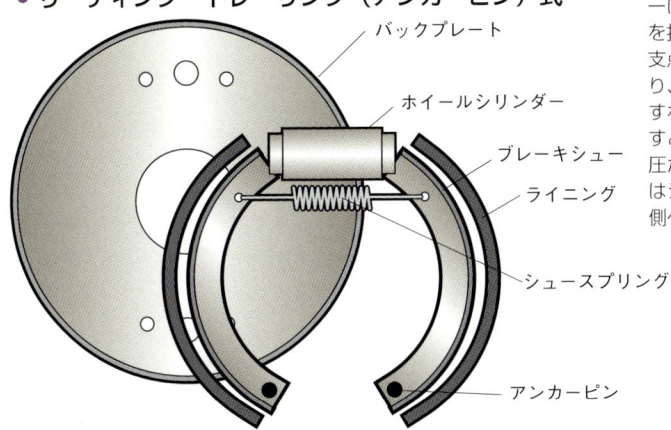

- バックプレート
- ホイールシリンダー
- ブレーキシュー
- ライニング
- シュースプリング
- アンカーピン

マスターシリンダーから送られた油圧はホイールシリンダーに伝わり、ブレーキシューを押し出す。アンカーピンを支点にブレーキシューは広がり、ライニングがドラムとこすれる。ブレーキペダルを離すとホイールシリンダー内油圧が下がり、ブレーキシューはシュースプリングの力で内側へ引き戻される。

ドラムブレーキのしくみ

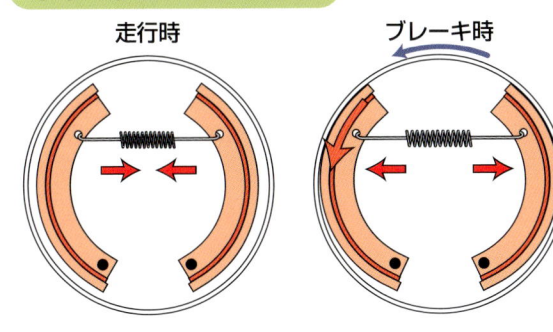

走行時　　　ブレーキ時

ホイールシリンダーによって押されたブレーキシューは、ドラムに押しつけられる。シューはライニングの部分がドラムと接触することで、回転方向に引きずられようとする。しかし、アンカーピンにより固定されているので、より外側に開こうとし、ますますブレーキが利くようになる。これがドラムブレーキの自己倍力作用である。

シューの形式

シューの形は色々あり、その制動特性も異なる。

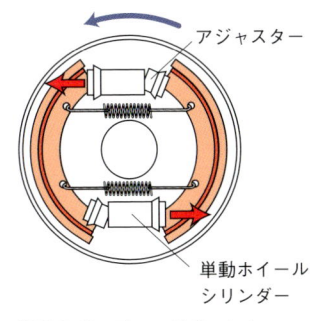

- アジャスター
- 単動ホイールシリンダー
- アンカーピン
- ホイールシリンダー
- ロッド
- 複動ホイールシリンダー

単動2リーディング式。左右のシューが違う向きに開く。

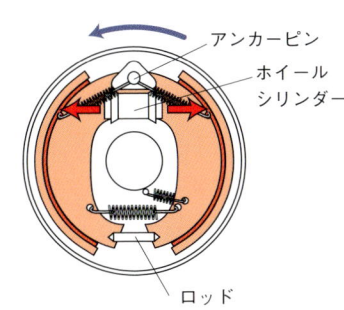

デュオ・サーボ式。バック時のブレーキの利きを改善した。

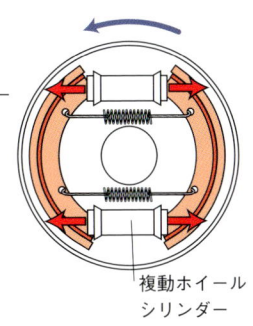

複動2リーディング式。シリンダーを2つにした形式。

豆知識　ドラムブレーキはディスクブレーキに比べて静かに作動する。

ABS

> **Key word** **タイヤロック** タイヤと路面の摩擦力よりブレーキの摩擦力のほうが大きくなると、タイヤが固定され路面上を滑って、制動距離が長くなったり、ハンドルが利かなくなる。

ブレーキングによるタイヤのロックを防ぐ

　急ブレーキなどで制動力が強すぎると、タイヤの摩擦力の限界を超えてしまってタイヤがロックする。タイヤがロックすると（舗装路では）制動力が長くなるだけでなく、コントロールも不可能となる。ステアリングは、タイヤがグリップしてはじめて効果があるものだから、タイヤがロックしてしまうと車は非常に危険な状態になる。

機械の力でポンピング

　ABSとは**アンチロック・ブレーキ・システム**の略で、文字通りブレーキをロックさせないようにするもの。かつては人間の足で、強く踏んだり弱めたりを繰り返したが（ポンピング）、現在はこれを機械が行ってくれるようになった。

　ABSはアクチュエーター、コンピューターユニットなどで構成され、車輪のセンサーからの情報を得て作動する。センサーからの情報で、車輪がロックしたとコンピューターが判断した場合、アクチュエーターが、マスターシリンダーとホイールシリンダーの間のブレーキパイプに設けたバルブで圧力の増減を行って、制動力をコントロールする。コンピューターは、車速、ホイールの回転を常にモニターしており、制動力が最適になるように全体のチェックを行う。

　エンジンルームにあるABSアクチュエーターは、非常に高圧を必要とするため、頑丈な金属でできた箱のような形をしている。

精密なセンサーでモニタリング

　ホイールの回転数をチェックしているセンサーは、ホイールと一緒に回転するセンサーローターと、センサー本体とに分けられる。センサーは車体に固定されており、ローターの歯がセンサーが発生する磁力を変化させてコイルに電流を発生させる。この電流の周波数がホイール回転数に比例して変化することで、ホイール回転数を検出し、コンピューターがブレーキをどうするか判断する。ドライバーがブレーキペダルを踏んでいる状態で、スピードセンサーが車のスピードを検出しているにも関わらず、ホイール回転数が0もしくは0に近い状態であったとき、コンピューターはスリップとして認識し、断続的にブレーキをかける。

豆知識 ABS装着車ではブレーキペダルを目一杯踏み込み、ハンドル操作に集中し障害物をよけることができる。停止距離が縮まるわけではない。

ABSの働き

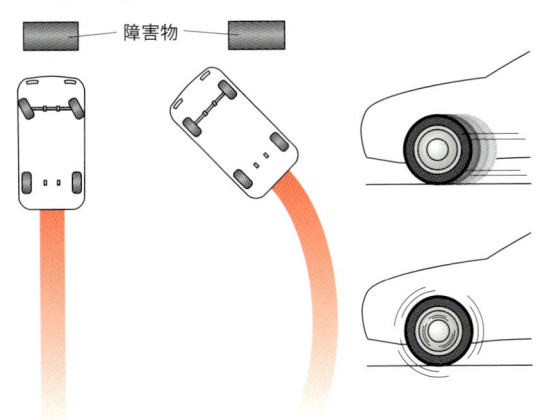

障害物

ABS無し　　ABS付き

ドライバーはタイヤのロックを意識することなく、思いっきりブレーキを踏むだけでいい。制動距離は、場合によってはタイヤをロックさせたほうが早く止まれることもあるので、ABSはあくまで急ブレーキをかけながら、ハンドリング操作をできるようにする機構だといえよう。

パーキングブレーキの構成

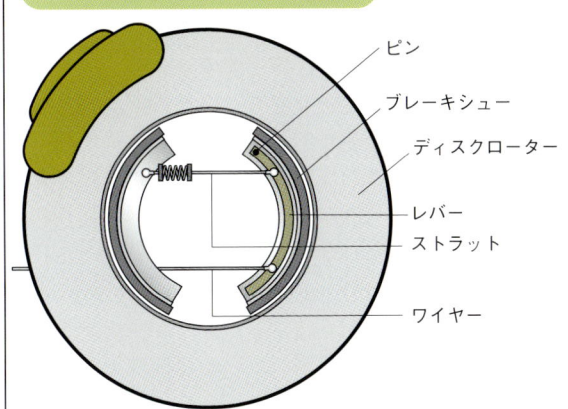

ピン
ブレーキシュー
ディスクローター
レバー
ストラット
ワイヤー

パーキングブレーキの仕組みそのものは、ほとんどドラムブレーキのものと変わらない。ブレーキシューをブレーキケースに押しつけて制動力を得るというもの。パーキングブレーキは一般的には後輪のブレーキにつけられるが、FF車の場合は前輪に取り付けられる場合もある。

パーキングブレーキのしくみ

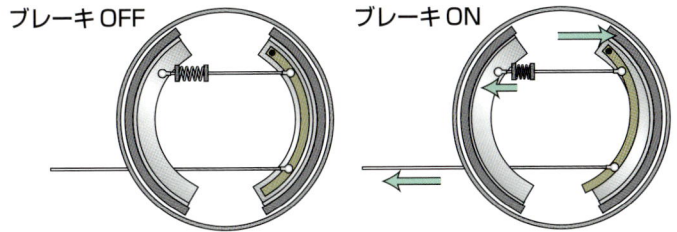

ブレーキOFF　　ブレーキON

ワイヤーを引っ張ると、ピンを支点にしてレバーが起きる。すると支点がケース側に押され、シューを押す。その力は金属製のシャフト（ストラット）にも伝わり、反対側のシューも押す。

第5章

豆知識 フットブレーキが故障した際、パーキングブレーキはその代用となりえる。ただし、スピードをあげるのは禁物。あくまで安全な位置に車を停めるために使う。

ブレーキのメンテナンスと異常

> **Key word** **ベーパーロック現象** ブレーキの使いすぎなどによる熱によってブレーキフルードの中に気泡ができ、この気泡が圧力を吸収してブレーキが利かなくなってしまう現象。

トラブル＝事故だけに、メインテナンスは怠るな

近年の車は故障も少なくなり、信頼性は非常に向上している。しかし、ブレーキ関連は命にかかわる部分だけに、定期的な点検を怠るわけにはいかない。

エンジン、操舵関係の部品が壊れたとしても、ブレーキさえ生きていれば危険を回避できる可能性がある。しかし、ブレーキが壊れると、命にかかわる事故につながりやすいのだ。

ブレーキパッドの残量を確認する方法

ブレーキパッドはキャリパーの中にあるが、スタッドレス交換時などにタイヤを外した際、キャリパーの隙間からのぞけば減り具合がわかる。車種によってはブレーキパッドの厚さを計測し、規定の厚さを下回ったときに、警告灯を点けて知らせてくれる車もある。ブレーキパッドの減り具合の目安となるのが、エンジンルームにある**リザーバータンク**。タンクの中に蓄えられている**ブレーキフルード**は自然蒸発することはないので、もし液面がリザーバータンクの下限に近づいているようなら、ブレーキパッドが摩耗している可能性がある。ブレーキフルードは、ブレーキパッドを押すシリンダー内に充填されている液体だ。液が減っているということは、それだけ余計にシリンダー内にブレーキフルードが送られているということだ。

もしパッドが摩耗していないのに液が減っているようなら、ブレーキフルードがどこかで漏れている可能性がある。

ブレーキとは鳴くもの

ブレーキパッドには適正温度が設定されており、通常使われるのは0度から350度程度。スポーツタイプなら500度付近のものが装着されている。ブレーキの性能に不満があるなら、パッドを変えてみるのもいい。また、ブレーキをかけたときの「キー」といった音を気にする人もいるようだが、これはブレーキが利いている証拠でもある。あまりお店に文句をいうと、鳴かない（利かない）ブレーキに交換されることもある。

しかし、ブレーキパッドが消耗しても音は鳴る。それでもこの音は明らかに普段の音とは違うので、すぐに異常な音だと気がつくはずだ。不安ならディーラーなどで点検してもらおう。

豆知識 実利を重視する欧州車のブレーキはよく鳴く。よく鳴くブレーキはよく利くのだから仕様だと思ってそのままにしておこう。

ベーパーロック現象

ブレーキを作動させるブレーキフルードという液体は、200度以上にならなければ沸騰しない。しかし、ブレーキフルードには空気中の水分が混入している。水は100度で沸騰し気体に変わる。気体になった水分は管の中でクッションとして働き、ブレーキの利きを弱くする。

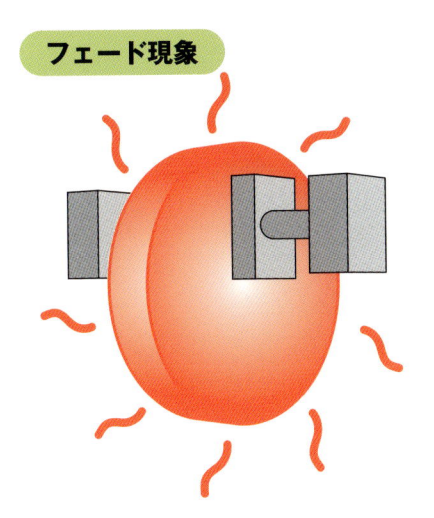

フェード現象

長い下り坂などで、ブレーキを使い続けると、ブレーキの利きが悪くなる。ディスクローターなどが熱くなりすぎ、運動エネルギーを熱エネルギーに変換できなくなっているのだ。長い下り坂などでは、ブレーキをあまり使わないように、エンジンブレーキを併用したほうがいい。

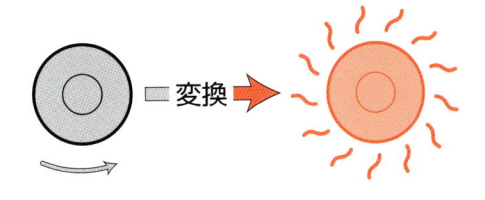

変換

エンジンブレーキとは？

マニュアル車でギアをローに入れ、エンジンをかけない状態で車を押してみれば、その抵抗の大きさにおどろくはず。この状態で押し続けると、クランクシャフトをモーターでまわしたのと同じ状態になり、エンジンがかかってしまうので注意が必要だ。このエンジンの抵抗を利用して車を減速させるのがエンジンブレーキ。低いギアにシフトダウンすればするほどエンジンブレーキは利く。大型車などにとりつけられる排気ブレーキは、排気管にふたをすることで、エンジンの回転数を落とし、エンジンブレーキをより積極的にきかせる装置だ。

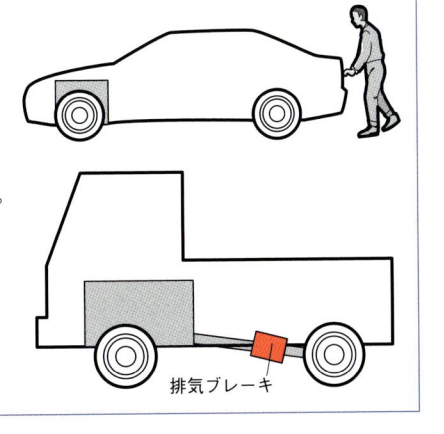

排気ブレーキ

豆知識 ブレーキの利きが甘くなってきたら、安全な場所に車をとめる。峠のドライブインなどで休憩を頻繁にとるようなスケジュールにすると、フェード現象を回避する予防策となる。

ワイパーとランプの交換

Key word **ワイパーブレード** フロントガラスなどの表面の水滴を拭き取り、雨の日の視界を確保する。びびりが生じたり、すじ、拭き残りなどが出てきたら交換時期。

古いワイパーを抜き取る

ワイパーに拭き漏れが生じるならば、ワイパーブレードの交換時。ワイパーブレードはカー用品店に多くのサイズが用意されているので、自分の車にあったサイズを探そう。適応表などがショップに置いてあるのでそれを確認。作業としてはまず最初にニッパーなどで古いワイパーブレードを抜き取る。

ガイドに沿って新しいワイパーを装着

ワイパーブレードの金属部品をワイパーアームに取り付けていく。新しいワイパーブレードをどんどん押し込んでいく。最後まで押し込めれば装着完了だ。

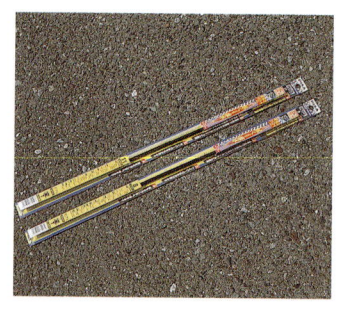

左右のワイパーブレードは長さが違うことがある。運転席側のブレードがおおむね長い。この左右の長さの違いも、ショップに置いてある適応表に記載されている。

豆知識 ワイパーに吹きムラが出てきたら交換してしまおう。ブレードは数千円で売っている。

ヘッドランプの交換

ヘッドランプはエンジンルームの奥まったところに装着されていることが多い。特に道具を用いなくても取り外しができる車種もあるが、簡単には取り外しできない車種もある。あまりにも複雑に入り込んだ場所にある場合は、ショップなどに任せてしまったほうが無難だ。

ソケットにランプを装着する

ポジション用のランプ。

ストップランプ用のランプ。

ポジションランプ（車幅灯）には車側にソケットが用意されていることがある。ソケットは小さな部品なので、エンジンルームの中に落とさないように注意したい。ランプの種類は各種あるので、古いランプを抜き取って、カー用品店の係員に見せ、同じ種類のランプを選んでもらうと安心だ。

豆知識 ヘッドライトを交換するために、多くの部品を取り外さなければならない車種もある。一度、カーショップなどに持ち込み、整備の人が交換しているところを見学させてもらうとよい。

Column

進むプラットフォームの共有化

コストを抑えて多くの車種を生み出す

　外見上まったく違う車種にみえても、車をひっくり返してみれば、そっくりな車体下部をしているということがよくある。これは、車の基幹部分、プラットフォームを多くの車種で共有しているからなのだ。プラットフォームとは、車のベースになる部分のこと。ここにエンジン・変速機、サスペンションなどを取り付け、最後にボディをかぶせて車として成立させている。多くの車種でプラットフォームを共有化させるねらいはコストの低減にある。一つのプラットフォームさえ作ってしまえば、そこから多くの車種を生み出せるからだ。部品も共有できる。

　どれほどの車が同じプラットフォームを使っているかの例として、ホンダ車をあげてみよう。シビック、ストリーム、インテグラ、ステップワゴン、CR-V。これらの車種は一つのプラットフォームで作られている。なんとハッチバックからワンボックス、SUVまで。

　ホンダは、特にこのプラットフォームの共有化で成功をおさめた。プラットフォームをできるだけ共有化するとの首脳陣の強い方針により、日産を脅かすまでの会社になったともいわれている。

　さらに現在では、同じグループ会社間でのプラットフォームの共有化もすすみ、場合によっては国境を越える場合すらある。最近ではエンジンまでもが、国境を越えて他のメーカーで使われるまでになっている。

　各車ごとに違うプラットフォームを作ると、コストが跳ね上がるばかりではなく、研究開発の時間に余裕がなくなる。プラットフォームを共有化すると、一つのプラットフォームをじっくり作り上げた後、それを順々に多くの車種に展開できる。時間をかけて開発するので開発費は跳ね上がるが、それを多くの車種に使うことによって元は十分にとれる。

　さらにプラットフォームの共有化は、少量生産の車を安価に発売することも可能にした。たとえば大人気車種、トヨタ・ヴィッツのプラットフォームは、「WiLL Vi」や「bB」を産み出した。

第6章

ボディ

ボディ構造

> **Key word** **モノコックボディ** シャシーとボディを一体的に作った構造。ボディ自体が、フレームの役割を担い外力を受け止める。車体を軽くできる。

モノコックボディは軽く作れる

現在の乗用車は、基本的にモノコックボディを採用している。これはボディ全体で車体の強度を出すというもの。重い骨組みを必要としないので軽くできる。

エンジンや足回りなどを直接ボディにとりつけるか、**クロスメンバー**もしくは**サブフレーム**を介して、ボディと組み合わせるのが一般的だ。ちなみにモノコックボディでは、ドア、フェンダーやボンネットはかぶさっているだけで、力を支えるようにはなっていない。これらの部品には、強度を保つ必要がないので、しばしば樹脂などが使われる。逆にルーフ部分は非常に重要で、剛性の4割程度も関わっているものもある。実はサンルーフは、ボディ剛性には辛いモノなのだ。

ボディ剛性確保と軽量化

ボディ剛性を確保しながら軽量化を図るというのは、非常に難しい作業だ。ボディ剛性を強固なものにしようとすると、ボディは重くなるのが当たり前だからである。近年は特に衝突安全性の確保が世界的かつ早急な課題となっており、ボディの大型化が進むのはこのためでもある。万が一の際に壊れて衝撃を吸収する部分と、壊れてはいけない乗員スペースの確保の解析も日進月歩。さまざまな素材と新技術を使うことで、この問題をクリアする開発が進んでおり、衝突安全性は年々向上している。

すでに高級車では、アルミニウム合金を多用することが当たり前になっており、軽量かつ高剛性、そして上手に壊すクラッシャブル構造ボディは、近年では必須条件になった。

オフロード車はフレームを持つ

強固なボディが必要なオフロード車では、ほとんどの車に車体を支える骨組み、フレームが用いられている。現在では、**ビルトイン・フレーム**というモノコックボディとフレームを足した構造が主流となりつつある。この利点は、衝突安全性などの確保と軽量化、生産性の向上である。

近年はコストダウンのために**プラットフォーム**（下回り）の共用化が進められており、オフロード車でも例外ではない。そのため、複数の車種で使い回しができるように、さまざまな工夫がほどこされているのである。普通の乗用車においても、一見全く違う車に見えても、下から見たら同じ車ということは多数ある。

豆知識 モノコックボディでは、エンジンをボディだけで支えることが難しいので、エンジンをマウントするフレームが設置されている。

モノコックボディ

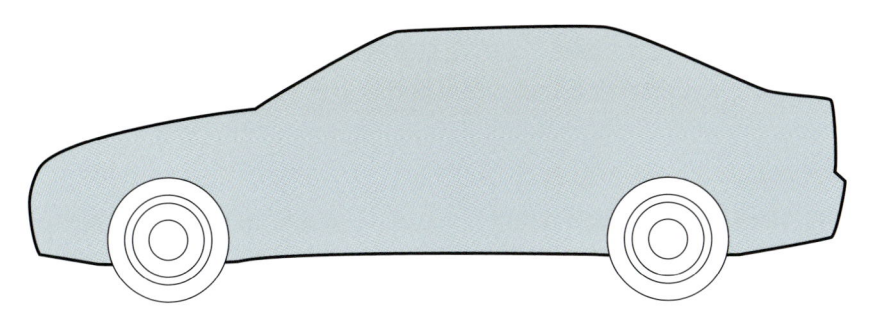

ボディ全体で強度を保つ方式。乗用車のほとんどはこの方式。たとえるならばカブトムシに代表される甲虫のような構造だ。硬い素材でボディを作り、ボディ全体で車を支える。車内に骨組みはない。
軽くできるのだが、衝撃をボディ全体で受け止めることになるので、あまり強い衝撃には耐えられない。モノコックボディで強い衝撃に耐え得るようにすると、戦車のような重量になってしまう。

カブトムシはモノコックボディ

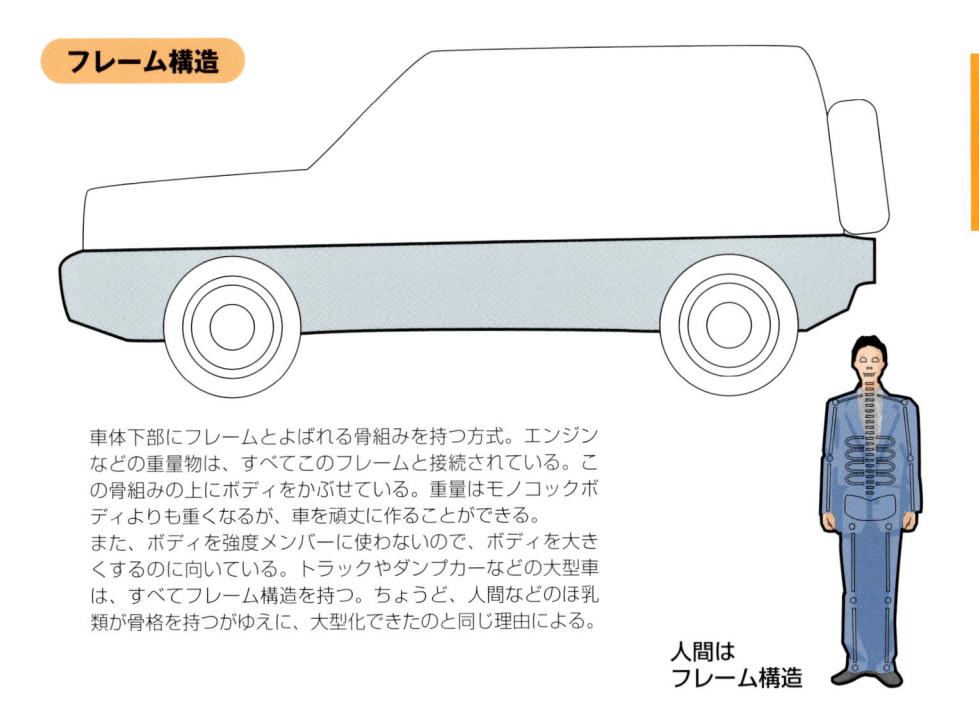

フレーム構造

車体下部にフレームとよばれる骨組みを持つ方式。エンジンなどの重量物は、すべてこのフレームと接続されている。この骨組みの上にボディをかぶせている。重量はモノコックボディよりも重くなるが、車を頑丈に作ることができる。
また、ボディを強度メンバーに使わないので、ボディを大きくするのに向いている。トラックやダンプカーなどの大型車は、すべてフレーム構造を持つ。ちょうど、人間などのほ乳類が骨格を持つがゆえに、大型化できたのと同じ理由による。

人間は
フレーム構造

> **豆知識** トラックやトレーラーの荷室には軽い布や薄いアルミなどが使える。フレーム構造を持つがゆえにできる技である。

空気抵抗

> **Keyword** **空気抵抗係数** Cd。車種ごとの空気抵抗の特性を表す。他の条件が同じなら、この値が小さいほど空気抵抗は小さくなる。

高い次元でのバランスが重要

空気抵抗の低減も世界的に重要な課題である。空気抵抗は速度の2乗に比例して増大するから、高速域では特に重要な問題となる。空気抵抗が少なければ、最高速度も向上するし、燃費もよくなる。

しかし、高速域での安定性を確保するためには、車を路面に押しつける力も必要となるため、非常に高い次元でのバランスが必要となってくる。

ボディの空気抵抗

ボディの空気抵抗を減らすには、ボディ表面を流れる空気を乱さずに、車と上手に切り離すのがポイント。そのためにはボディを滑らかな形状とし、凹凸を減らさなければならない。空気には粘り気のようなものがあり、ボディに接触している部分の流れは遅く、ボディから離れると流速は早くなる。そんな空気の「**粘性**」を充分に考慮した設計が、近年の主流である。

冷却のためや、エンジンルームへ空気を取り込むためのエアダクトも空気抵抗となる。ボディの好きな場所に穴を空け、たくさん空気を取り込みたいエンジン設計の部門と、できるだけボディを滑らかに作り、空気抵抗を減らしたいボディ設計の部門では、激しいやりとりが繰り広げられていることだろう。ボディのデザインは、様々な要素を考慮した、妥協の産物だともいえる。

ボディ下面も重要なポイント

普段は見ることができないが、ボディ下面の空気の流れも重要なポイントである。特に高性能スポーツカーでは、サスペンションや排気系などをうまく設計してボディ下面の凹凸をなくしたり、カバーを装着することで、空気抵抗を軽減している。こういった細かな配慮が重要な意味を持つ。

また、スポーツカーでよく見られる、**ウイング（スポイラー）** も効果がある。

大きくわけると、車を地面に押しつける力を発生させるタイプと、空気を上手に切り離すタイプの2つがあるが、考え方と必要要件の違いであり、いずれもけっして格好だけでつけているわけではない。高速域で強い向かい風にあうと、ハンドルがふわりと軽くなることがある。これは車に揚力が発生している証である。空力パーツはこのようなときに有効に働いてくれる。

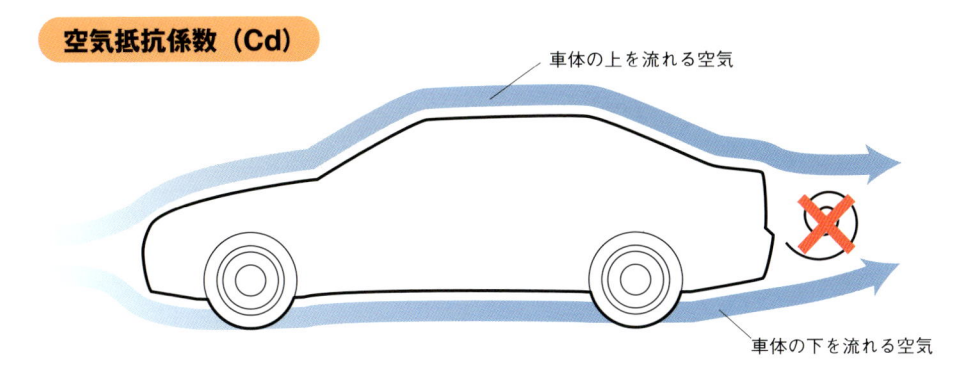

空気抵抗係数（Cd）

空気抵抗係数Cd値を減らすことは、燃費の向上につながる。単に最高速度を向上させるために研究されているのではない。車にあたる空気の中で重要なのは、車体の上下に流れる気流である。これらの気流を上手に車後方に流してやらないと、空気の力でブレーキがかかる。車体後方で気流が渦を巻いてしまうと、車を後ろ向きに引っ張る力が発生してしまうからだ。

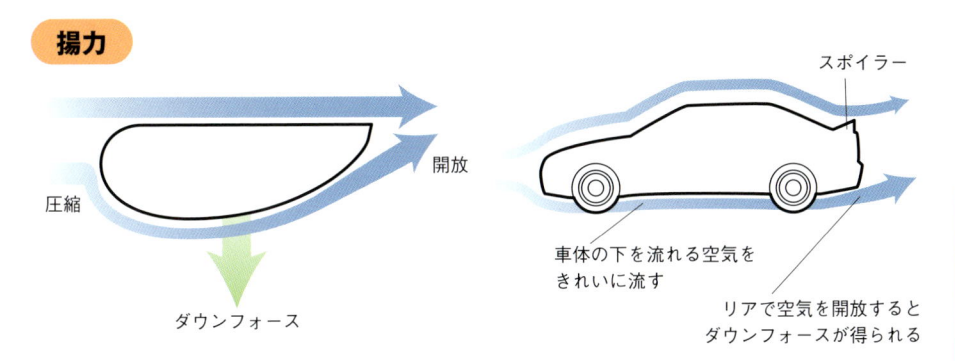

揚力

車体の下と上に気流ができる。しばしばその空気の流れは、車を持ち上げてしまうような揚力を発生させてしまう。そこで高性能車などには、空力部品としてスポイラーが取り付けられる。スポイラーはちょうど飛行機の翼を反対にしたような形状をしており、車体を地面に押しつけようとする。同様に、ボディ全体にスポイラーのような働きを持たせる車もある。

前面投影面積とは

空気抵抗は、**空気の密度×速度の２乗×前面投影面積× Cd** で求まる。前面投影面積とは、車を前から見たときの面積。Cd値がいかに低くても、この前面投影面積が大きいと意味がないことが上記の数式を見れば解る。車体を低く作れば作るほど、空気抵抗は減少する。

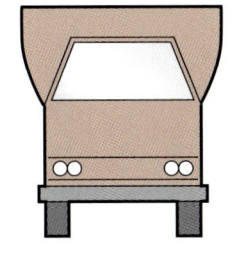

しばしばボディ後部に巨大なスポイラーをつけている車があるが、前面投影面積を増やしているので、かえって空気抵抗を増やす結果となっている。

豆知識　最近の車は車体全体の形で揚力を抑えるようになっている。スポイラーの有無で空力特性を判断する時代ではないということだ。

歩行者安全ボディと衝突安全インテリア

Key word　歩行者安全ボディ　車の強度メンバーから切り離されたバンパー、ボンネットなどを、万一の際にうまくへこむようやわらかく作り、ぶつかった人の衝撃を吸収するようにしたもの。

うまく壊すことがポイント

かつてオフロード車では、カンガルーバーといった、動物などとぶつかっても、車を壊さないようにするバーをつけることが流行していたことを覚えている人も多いだろう。しかし、近年日本ではそのような装備はなくなり（もちろん必要な国では装着されている）、いざという時に備え、ボディ前面を柔らかく作るなど、歩行者の安全に配慮した車が増えつつある。

ポイントは、人間の頭が当たりそうな場所をうまくへこむように作ること（変形しながら衝撃を吸収）。ボンネットやボンネットのヒンジ、ワイパーの付け根などをうまく壊れるようにすることで、安全性を確保する。また、バンパーを衝撃吸収構造として、バンパーを取り付けている部分（外からは見えない）を柔らかい素材などで作ることで、歩行者へのダメージを最小限に抑えるようにしている。

歩行者頭部保護基準が、2005年9月から全ての新車に義務づけられる。

インテリアも衝撃吸収に

万が一に備えるのは、乗員も同じである。ぶつかった際の衝撃は非常に大きい。乗員は室内のあらゆる部分に体を打ち付ける可能性がある。そこで、ペダルやステアリング、ダッシュボードなども衝撃を吸収する構造になっている。ペダル類は、エンジンなどにおされて室内に張り出すことがないような後退防止機能を備える。ステアリングはエアバッグが開いた後、コラムやシャフトがつぶれることで、運転者との接触を極力さけるようになっている。インテリアにも工夫が施され、各ピラー（柱）には衝撃吸収機能を持たせている。このような安全装備はもちろん、乗員全員が正しくシートベルトやチャイルドシートを装着して初めてその機能を発揮する。

チャイルドシートも、近年は**ISOFIX**という、簡単かつ確実に脱着できる規格のものが増えてきた。ISOFIXとは、車のシートに受金具を装備し、チャイルドシート側のコネクターを差し込んで固定できるシートのこと。ISOFIXは国際基準なので、ISOFIXの金具を装備した車であれば、外車を含むどんな車種にも使うことができる。

しかし、まだ出来たばかりの規格なので、メーカーが純正部品としてリストアップしているISOFIXシートを、選択するのが無難であるといえる。

豆知識　鼻先のないワンボックスカーが減少したのは衝突安全性を高めるため。鼻先は衝撃を吸収するのに必要な部分なのだ。

歩行者安全ボディ

■衝撃吸収ワイパーピボット
ピボット軸（旋回軸）を変形しやすい構造とすることで、万一の衝突時に衝撃を吸収します。

■ボンネットヒンジ部衝撃吸収構造
ボンネットの取り付けヒンジ部を変形しやすい構造とし、万一の衝突時に衝撃を吸収します。

■衝撃吸収ボンネット
エンジンなどとボンネットの間に空間を確保し、衝撃を吸収する構造としています。

※ホンダ・ライフ
Photo：Fタイプ（FF）

■衝撃吸収バンパー
バンパービーム形状を最適化し、空間を確保し、衝撃を吸収する構造としています。

■衝撃吸収フェンダー
フェンダーの取り付けブラケットを変形しやすい構造とすることで、万一の衝突時に衝撃を吸収します。

かつてはボディ前部は頑丈であればあるほど安全であるとされていたが、現在では適度に柔らかくすることで、乗員はもちろん、車にぶつかった人の安全も考えた車づくりがされている。

ISOFIX チャイルドシート

取り付け金具にコネクターを差し込み、チャイルドシートを固定できる。比較的簡単にセッティングができることから、今後ますます普及してゆくと思われる規格である。

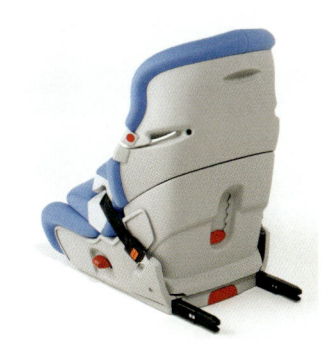

シートから飛び出している金具がコネクター。この部分が車のシートの中に隠された取り付け金具とかみ合う。

第6章

豆知識 チャイルドシートを卒業した子供にはジュニアシートを。ジュニアシートは10歳ころまで使う。児童にシートベルトをそのままかけても意味がない場合があるからだ。

塗装

> **Key word** **ボディコーティング** 塗装を保護するためフッ素やガラスをボディの表面に薄く定着させるもの。細かい傷を消す効果もある。

本来は錆を防ぐのが目的

車の塗装は年々進化している。塗料の目的は車のボディを保護することだ。古くから車のボディは加工に容易な鉄を材料としている。しかし、車は屋外で使われる乗物なので、雨にさらされることになる。そこで、ボディに顔料を塗りつけ、鉄が錆付くことを防止していた。近年では見栄えをよくするという、二次的な目的のために研究がすすめられている。

塗料には各種の種類がある

かつては**エナメル塗料**を用いていたが、可能な限り環境負荷を減らすため、水性塗料も増えてきた。さらに近年では多くの樹脂が塗料の中にブレンドされている。長年の研究により、塗装面の硬度はあがってきており、かつてのようにワックスをかけて、ユーザーが塗装面に皮膜を作らなくてもよくなってきた。塗装面の硬度だけではなく、塗装の種類も研究が進んで増加しつつあり、定番の白・黒・銀をとっても、多くの種類がある。もっともオーソドックスなソリッドとよばれる昔ながらのカラーもあれば、アルミペーストを含んだもの、人工雲母を酸化チタンでコーティングしたものなど多岐にわたる。

近年はやりのコーティング

塗装の保護として注目を集めているのが**ボディコーティング**。現在の塗料は非常に進歩しており、日本の平均使用年数では、水洗いだけで充分問題ない。錆びて穴が空くようなことはまず考えられなくなっている。

しかし常に輝くボディを求めるなら、手入れが簡単なコーティングがある。ディーラーや専門店のみならず、ガソリンスタンドやカー用品店でもできるほど、当たり前になってきた。このコーティングにも複数種類があり、**フッ素**や**ガラス繊維**を表面に薄く定着させるのが近年の定番となっている。ワックスより耐久年数が高いため、人気がある。ただユーザーが自分で塗るのは難しく、プロに頼むのが無難だ。また、コーティングする前に、表面を薄く磨くことから、細かい傷や磨き傷を消す効果もある。

もちろん、従来ながらのワックスを楽しみにしている人も大勢おり、自分でできるものからプロに頼むものまで、耐久性の短いものから数年のものまで、選択肢はたくさんある。

豆知識 コーティングの保証期間が切れたら塗り直しを検討する時期。

塗装の色々

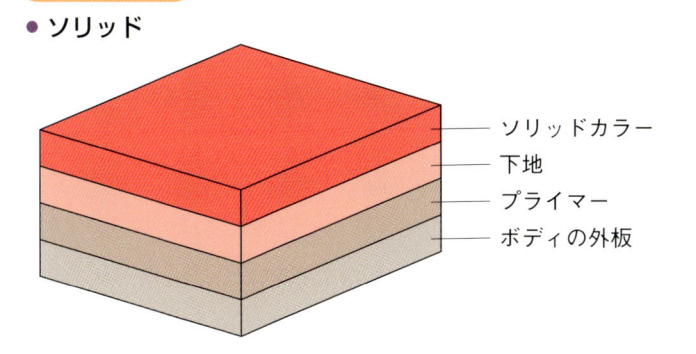

● ソリッド

- ソリッドカラー
- 下地
- プライマー
- ボディの外板

もっとも基本的な塗装。ソリッドとは単色を意味する。ボディ外板の上に塗られるプライマーとは、下地塗装と金属面を密着させる塗料のこと。最近ではこのソリッドカラーの上に、透過性のある塗料、クリアを吹き付けた車も登場している。

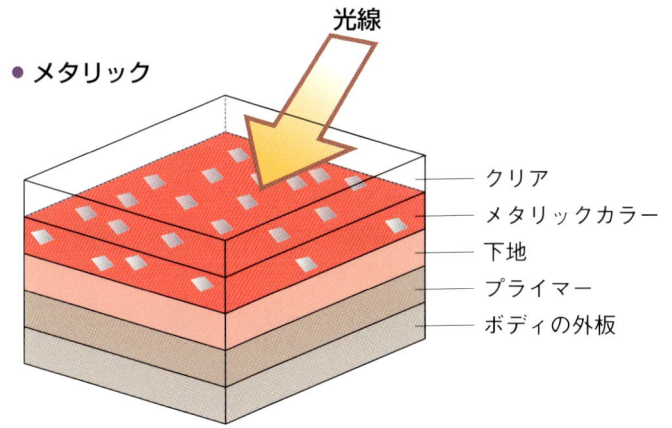

● メタリック

光線

- クリア
- メタリックカラー
- 下地
- プライマー
- ボディの外板

ソリッドカラーに細かいアルミ片を混ぜた塗料。アルミ片は光にあたるとキラキラと光るので、ボディを光り輝かすことができる。アルミ片を保護する目的で、メタリックカラーの上には、クリアが吹き付けられる。

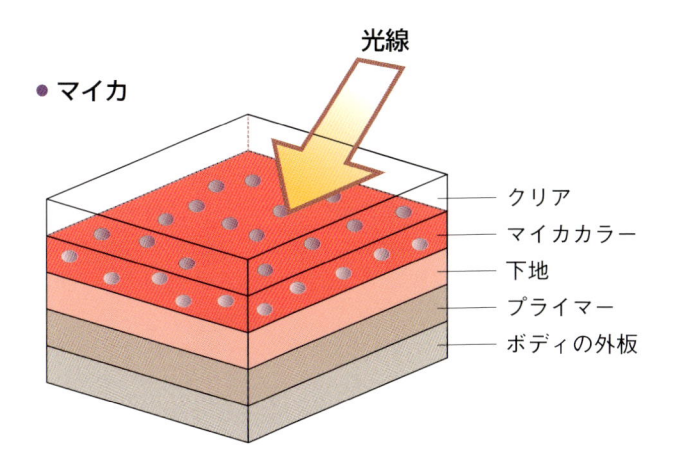

● マイカ

光線

- クリア
- マイカカラー
- 下地
- プライマー
- ボディの外板

真珠のような光沢が出せるので、パール塗装ともいわれる。ソリッドカラーの中に、マイカとよばれる雲母を混ぜる。そうすると、複雑でやわらかい光沢を得ることができる。マイカは細かい粒なので、塗装面を平にならすために、クリアが上部に吹き付けられる。

第6章

豆知識 ワックスを掛ける際、くれぐれもガラス面には掛けないこと。視界をさえぎる障害となる。

ドアとルーフ

> **Key word**　**サイドインパクトドアビーム**　ドア内部に設けられた金属性の棒。ドアの強度を高め、側面衝突時に衝撃から乗員を守る。

ドアに施された安全対策と騒音対策

　車のドアには、サイドインパクトドアビームという金属製の棒が仕組まれており、横方向からの強い圧力から、乗員を守っている。このビームのことを、**サイドドアビーム**、あるいは**サイドビーム**ともいう。

　ドアのハンドルにも工夫がこらされている。近年のドアのハンドルがグリップタイプになっているのは、衝突でドアが変形しても、救出者がドアをこじ開けやすいようにするためだ。

　ドアの内側に付いているゴムをウェザーストリップ、車側に付いているゴム部分を**オープニングトリム**という。どちらも樹脂でできているが、その素材・形状とも進化しつづけている。ドアの気密性や風切り音を減らすため二重構造としたり、一体成形で継ぎ目をなくすことで騒音を減らしている。耳障りな風切り音は、室内外の空気がボディのすき間を通るときにも発生する。それを、抑えるためには、ボディのすき間から漏れる空気を抑制すればいい。そのため、窓枠とガラスの接触面にも、空気を通しにくい素材が用いられている。

　もし以前よりも空気の抜ける音がうるさいと感じたら、こういった部品を交換してみるのも手だ。樹脂部品は年月とともに劣化するので、適宜交換しなければならないのはやむを得ない。

屋根の形状も色々

　室内を明るくし、開放感も得られる**サンルーフ**。日本ではそれほど人気ではないが、日照時間が日本より比較的短いヨーロッパにおいては人気が高い。ほとんどの車にオプションとして設定されている。サンルーフはガラス式の人気が高いが、開口面積の大きい**キャンバストップ**のモデルもある。耐久性の高い生地を用いたキャンバストップは採光性に優れ、また開放感溢れることから、こちらもヨーロッパにおいて根強い人気を誇っている。構造は屋根にスライドレールを埋め込むだけなのでシンプル。そのためトラブルも少ない。また、硬い屋根を電気の力で閉じたり開けたりできる電動ハードトップという屋根もある。走行中に開閉できるモデルも多い。気軽にオープンにして走れるので、こちらは日本でも人気だ。これらのモデルは、モノコックボディをベースにしていることが多い。そのため失われた強度を補強するために、ボディの下部などに補強材が加えられており、固定屋根の車よりも重量が重くなりがちである。

豆知識　ドアを力を込めて閉める音はかなり大きい。これは車内の空気は密閉されているので、力強くドアを閉めると行き場の無くなった空気が炸裂するため。

ドアにも施された安全装備

サイドインパクトドアビーム

現行の乗用車には乗員保護の目的で、全方位に衝突安全性を高める鋼材が張り巡らされている。ドアもその例外ではない。交通事故において、乗員の命を奪う可能性の高い、他の車が真横にぶつかる事故（側面衝突）から、乗員を守るのがサイドインパクトドアビームである。側面衝突は、正面衝突や追突事故よりも発生件数は少ない。しかし、側面には乗員を守るものはドアしかなく、そのために死亡事故になる確率が高くなっている。

車内に開放感をもたらすサンルーフ

サンルーフは室内を広くみせる効果もある。頭上に広がった空間をながめながらのドライブは、開放感にあふれ、楽しさを演出してくれる。

豆知識　サンルーフ車はボディ剛性を維持するために補強剤が入れられる。そのため非装着車にくらべて車重が増す。

洗車

Key word　カーシャンプー　車用の洗剤だが、水あかを分解するもの、ワックス効果があるもの、水なしで使えるものなど、さまざまな種類がある。

水で汚れを洗い流す

車は上部から洗っていくのが基本。コイン洗車場などを利用して、まずは高圧の水でボディに付着した汚れを落としてしまおう。水でボディを拭くような感覚でノズルを操作すると、うまく汚れを落とすことができる。汚れやすいタイヤの後ろ側などは特に入念に水を吹き付ける。

ホイールハウス内に付着した泥も洗い流す。ブレーキ類も汚れているのでこちらも水をかける。

ボディ下部にも水を吹き付ける。車の反対側に人がいないかをチェックしてから行おう。

豆知識　環境保護の側面から度重なる洗車は控えるべきだとの意見もある。

シャンプーでボディにこびり付いた汚れを落とす

水の噴射だけではきれいにならない場合は、カーシャンプーで汚れを落とす。必ず全体に水を吹き付け、砂やほこりなどを落とした後に行う。この手順を省略すると、ボディに付着した砂で車を磨いてしまうことになり、細かな傷をたくさん作ってしまう。

たっぷりアワを作って車を洗った後は、水で車をすすぐ。シャンプーはすみずみまできれいに洗い流す。特に、水が流れていく「雨どい」の部分には念入りに水を吹き付ける。

屋根を洗うには、写真のような柄のついたブラシが便利。カー用品店に各種売っている。

豆知識 海辺や泥道を走った際にはすぐに洗車をする必要がある。ボディがさび付く原因となるからだ。

🚗 洗車

から拭きをして水あか汚れを防ぐ

洗車後、車をそのままほうっておくと、水あか汚れがボディ全体にできる。これはいくらきれいにすすいだとしても、シャンプーの成分がどうしても車にこびりついてしまうからだ。洗車後は車についた水玉をきれいに拭いて仕上げる。

合成セーム皮を使うと、きれいに拭き取りができる。吸水性にすぐれているからだ。

合成セーム皮は、必ず水に浸してから使う。乾燥したセーム皮はとても硬い。

豆知識　ボディについた水滴が乾きにくい曇天が洗車日和といえる。

ボディは金属でできているので熱を吸収しやすい。ボディに付着した水分も蒸発しがちなので、手早くいっきにウェスやセーム皮で拭き取っていく。

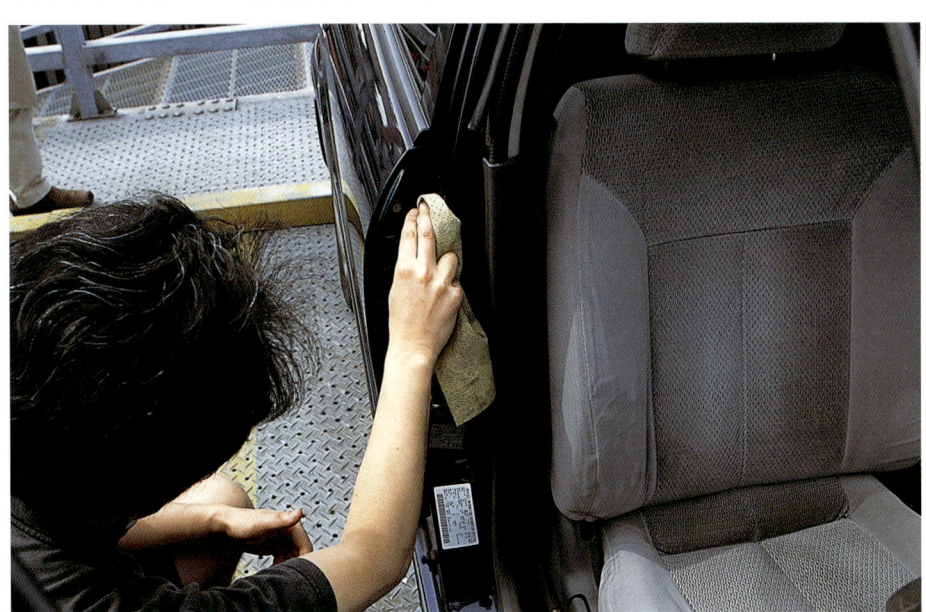

ドアやトランクを開けて、ボディの内側に隠れた部分を最後に拭き取る。ここは汚れていることが多いので、あまりに汚れているようであれば、ウェスに水を含ませて、水拭きをしたほうがよい。

豆知識 直射日光下で明るい色のボディを拭いていると、紫外線で目がやられることがある。そのようなときはサングラスをかけてボディを拭くといい。

洗車

車内とマットの清掃

コイン洗車場には掃除機が用意されていることが多い。また、家庭用の掃除機を延長コードを使って使用するのもよい。ハンディタイプの掃除機は吸い込む力が比較的弱いので、あくまで手元のゴミを吸引するためのものと考えよう。運転席まわりは特に汚れているので念入りに掃除機をかける。

フロアマットはくつについた泥などで相当汚れている。フロアマットクリーナーが洗車場にあればいいが、ない場合は車といっしょに高圧ホースで洗ってしまおう。洗ったあとは水をよくきり、しばらく乾かしておくとよい。泥汚れなどは、洗う前に叩いてある程度落としておくと、作業を効率的に行うことができる。

豆知識 シートは固くしぼったぞうきんで水拭きをするときれいになる。汚れている部分は何度も水拭きをすればよい。

第7章

装備

ライト

> **Key word** **ディスチャージランプ** バルブの中にキセノンガスや水銀などが入っており、電極に高電圧をかけることで青白く明るい光を放つ。

着実に進化するヘッドランプ

　夜間の走行を安全にしてくれるヘッドランプ。昔から変わりがないようにも見えるが、確実に進化している。その代表例が**ディスチャージヘッドランプ**である。色温度が高く太陽光に近い光のため、近年特に人気を集めている。従来のハロゲンランプの2倍の明るさで、寿命が長く消費電力が少ないのも特徴だ。

　ディスチャージランプは、キセノンランプ、**HIDランプ**ともよばれ、光源にはフィラメントを使用していない。バルブの中には**キセノンガス**や水銀、金属ヨウ化物等が封入されており、2つの電極間に高電圧をかけることで、キセノンガスが電離して放電が起こり、青白い光を発光する。この放電によってバルブ内の温度が上昇し、水銀が蒸発してアーク放電を開始する。そして、バルブ内はさらに高温になり、金属ヨウ化物が蒸発、アーク内で金属原子とヨウ素原子に解離して、金属原子特有のスペクトルで発光する。いったん点灯すれば、低電圧（およそ80ボルト）で発光してくれるが、点灯時には高電圧が必要となるので、信号停止などでのこまめなオン・オフは苦手なヘッドランプである。

モラルの問題？　レベリング機構

　ヘッドランプの照らし出す方向を光軸というが、これがずれていると先行車や対向車に非常に迷惑をかける。車両後部に重い荷物を積んだ場合、車両の後部が下がり、光軸が上にずれたりするためだ。特に、最近はディスチャージヘッドランプなどの明るいヘッドランプが増えており、わずかな光軸のずれでも周囲に迷惑をかけるため、ワゴンなどを中心にレベリング機構が採用されている。これは、ヘッドランプのリフレクターの角度などを自動もしくは手動で変化させ、光軸を変化させるもの。欧州ではディスチャージヘッドランプ装着車には**オートレベライザー**が義務付けられているが、日本にその法律はない。

AFSは進行方向を照らす

　以前からコーナリングランプという左右を照らしてくれるランプはあったが、これはウィンカーなどと連動で、照射範囲も狭かった。AFSは、ステアリングの舵角を感知して専用ランプの点灯、もしくは左右どちらかのヘッドランプの照射方向を変えるシステムである。

豆知識　AFS＝アダプティブ・フロントライティング・システム：メーカーによってよび名は違う。

ハロゲンランプ

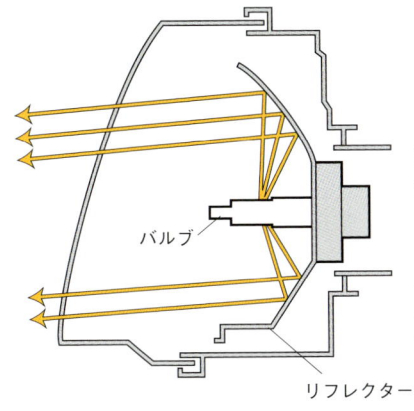

バルブ

リフレクター

いまでも多くの車種に採用されるポピュラーなタイプ。バルブと呼ばれる電球が放つ光を、リフレクターとヘッドランプのレンズに入れられたレンズカットで散らす。電球にはH1／H3／H4／H7など数種類あり、一つのバルブでロービームとハイビームを兼用する車と、それぞれ別々のバルブを使用する車がある。

ディスチャージランプ

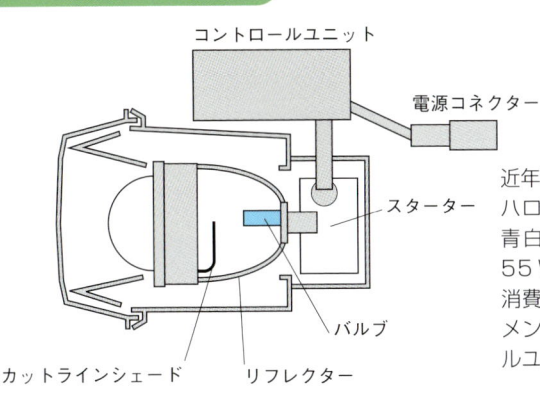

コントロールユニット

電源コネクター

スターター

バルブ

カットラインシェード　　リフレクター

近年、人気を集めているヘッドランプ。ハロゲンランプの黄色い光に対して、青白い光を放つ。ハロゲンランプが55Wなのに対して、わずか35Wと消費電力が少ないことも特徴。フィラメントを持たないバルブとコントロールユニットで構成される。

光をちらすしくみ
バルブ(電球)はそれだけだと横方向に光をちらしてしまう。きちんと前方視界を確保するためには、リフレクターなどで光に方向性を与えることが必要だ。

レンズでちらす
ヘッドランプのレンズに入れられた格子状などの模様で配光を決める。

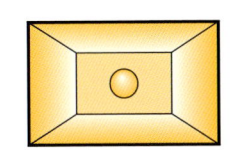

反射鏡でちらす
バルブのうしろにある鏡のようなもので配光する。レンズとの組合せで使われる。

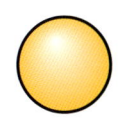

プロジェクターでちらす
ヘッドランプ用として一時期流行した円筒型のランプ。配光できる範囲がやや狭い。

第7章

豆知識　ライトには寿命がある。片方が切れたら切れていないほうも交換時期。同時に交換してしまおう。

ナイトビジョンとワイパー

> **Key word** **ナイトビジョン** 夜間走行の際、肉眼では見えにくい映像を映し出し、安全を確保する。遠赤外線カメラなどを利用する。

夜間走行を安全にする暗視システム

夜間走行では、光が届く範囲しか視認することができない。ディスチャージランプなど明るいランプは登場しているが、対向車や先行車のことを考慮すると、あまり明るくしすぎるわけにもいかない。そこで、夜間走行の安全を確保するアイテムとして期待されているのが、**暗視システム**（ナイトビジョン：メーカーによって呼び名は違う）である。

暗視システムには、物体の温度によって発生する遠赤外線をカメラで捉えてその温度を映像化するタイプと、近赤外線を照射して、その反射を映像化する2タイプがある。カメラや赤外線投光器はヘッドランプやバンパー、ルームミラーなどの車両前部にあり、情報はフロントガラスやメーターパネルに表示され、夜間走行をより安全なものとしてくれる。

走行風を利用するワイパー

ワイパーは雨天時の視界確保になくてはならないもの。そのワイパーも払拭性能が進化している。高速走行時や強風の風圧によってガラスとの接触が弱くなってしまうと、ワイパーはその性能を発揮できない。しかし、スポイラー機能などでガラス面からの浮き上がりを防ぐワイパーブレードなら、逆に風によってフロントウィンドウに押しつけられ、払拭性能が低下することはない。近年では、接続エレメントを持たないワイパーブレードも発売されており、あらゆる走行条件下を想定して、払拭性能は進化し続けている。

拡散式ウォッシャーノズル

従来のウォッシャーノズルは1つのユニットから2本程度噴射されるだけだったが、近年は拡散式が増えつつある。噴射された液はワイパーによって広げられるのだが、直接あたった部分でないと洗浄能力が落ちたり、付着していたこまかなゴミなどによってガラスを傷つける可能性があった。そこで**拡散式**が登場してきたのだが、仕組みは簡単。従来のようにはっきりわかる穴ではなく、細かな隙間を通すことによって広い範囲に行き渡るようにされている。また、運転席部分の噴射量を少なくすることで、視界の確保も考慮されている。

このように、視界を確保＝安全のために、技術は進歩しているのだ。

豆知識 夜間対向車の光に眩惑されて直前の物体が見えなくなることがある。ナイトビジョンはそのような現象の回避策ともなる。

ナイトビジョン

インテリジェント・ナイトビジョンシステム システム構成

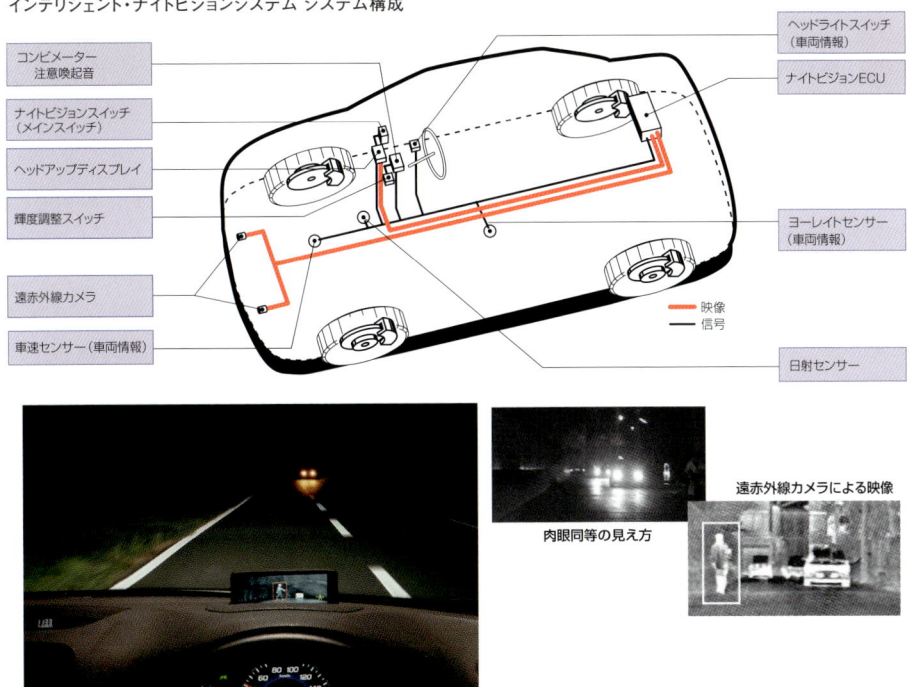

- コンビメーター注意喚起音
- ナイトビジョンスイッチ（メインスイッチ）
- ヘッドアップディスプレイ
- 輝度調整スイッチ
- 遠赤外線カメラ
- 車速センサー（車両情報）
- ヘッドライトスイッチ（車両情報）
- ナイトビジョンECU
- ヨーレイトセンサー（車両情報）
- 日射センサー

― 映像
― 信号

肉眼同等の見え方

遠赤外線カメラによる映像

ホンダ・レジェンドに採用されたインテリジェント・ナイトビジョン。夜間走行は対向車のヘッドランプで幻惑されることもある。そこで、ドライバーをサポートするために開発されたのが、このシステム。遠赤外線カメラで捕らえた肉眼では見えない映像を、インストルメントパネル上面にあるディスプレイに表示するもので、特に歩行者の早期発見に大いに役立つ。ホンダのものはディスプレイ上の歩行者を強調したり、警告音を鳴らすなど、一歩進んだタイプになっている。

第7章

ワイパー

気流
ねじり角度
フロントウィンドウ
※スバル・レガシィのフロントワイパー

ワイパーアームをななめにとりつけることによって、強い風をうけると風圧に浮き上がるのをおさえることができる。

雨などの悪天候時に視界を確保するパーツ。走行時の風圧によって払拭性能が低下しない工夫もされている。雨用に加えて、雪用もある。

豆知識 リアウィンドウにワイパーが無い車は、液体ワイパーと称する水滴をはじく液体を塗っておくとよい。

シート

> **Key word** むち打ち症軽減ヘッドレスト　追突されたときにヘッドレストが前方に動くことで、脊髄への負担を軽減する。

座るだけではないシートの役目

　シートは車内での居住性だけでなく、実は運転操作にも大きく関与している。運転中は前後だけでなく、左右や上下にも力がかかるので、シートの良し悪しは乗員の疲労にも大きく関わってくる、実に重要なもの。一般的に運転席は基本性能にコストがかけられているが、**フルフラット**になるなどシートアレンジの豊富なミニバンなどの2列・3列目シートはアレンジにコストがかけられ、座り心地が犠牲になっているものが多い。

　近年のシートは、電動調整式やヒーターやベンチレーションなど様々な快適機能が備えられているが、安全のためにはシートベルトの着用と、正しいドライビングポジションを取らなければ意味がないことは言うまでもない。

むち打ち症軽減ヘッドレスト

　車が後方から追突された際、追突により体はシートと共に前に飛び出す。しかし、重量の重たい頭部は、それまでの位置に残ろうとして結果的に後方に大きく傾き、次には前に強く曲がるので、脊髄に負担がかかり、**むち打ち**になる。そのためにヘッドレストがあるわけだが、まだまだ完全ではない。そこで、むち打ちを軽減させるヘッドレストも登場している。これは背もたれ部分に乗員からの圧力を受ける**加圧板**が入っている。

加圧板は圧力を受ける部分だが、追突された際にシートが前進して乗員を前方に押し出す圧力がかかる。ヘッドレストのアームは、背もたれの内部まで伸びており、加圧板に力がかかるとアームの位置が動き、ヘッドレストが前方に動くようになっている。これによりヘッドレストと頭部の隙間が減少して、頭部を支える。もちろん、正しいドライビングポジションでなければ、せっかくの安全装置も効果が薄れてしまう。

サブマリン現象防止シート

　衝突時や急ブレーキを踏んだ際、乗員の体がシートベルトの下に潜り込むのが**サブマリン現象**。サブマリン現象が起きると、下半身に傷害を受けやすくなる。

　防止シートでは、座面の膝近くの部分にリインフォースを配し、衝撃を受けても座面の変形が最小限に抑えられて、人間が前方に滑るのを防ぐ。エアバッグと同様にガス・インフレーターを内蔵して、大腿部を持ち上げるタイプもある。

> **豆知識**　皮のパンツやスカートをはく人は、皮製のシートは避けるべき。皮同士が張り付いて、とても不快な目にあう。

フロントシート

基本的な構造は、座面と背もたれで個別のフレームがあり、その上にクッション材と表皮が被せられている。クッション材は自動車メーカーによってこだわりがあり、フランス車のようにやわらかく体を支えるものと、ドイツ車のようにしっかりした堅さで体を支えるものが代表的。国産車のシートもかなり出来がよくなってきたが、シートアレンジが特徴のミニバンなどは座り心地よりも格納性などが重視されている傾向がある。

● むち打ち軽減ヘッドレスト

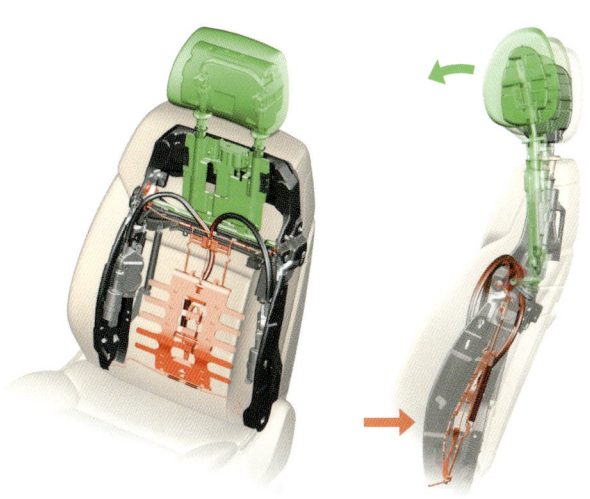

追突されたときにヘッドレストが前方に動くことで頭が後ろに傾かないようにしてくれるので、脊髄への負担を軽減する。

豆知識 シートの中にファンを仕込んだ車まで登場した。夏場の蒸れを防いでくれる。

シートベルト

> **Key word** **3点式シートベルト** 腰部の左右2点とドア側の肩1点で体を抑えるシートベルト。前席では、法律で着用が義務付けられている。

シートベルトをサポートする機能

シートベルトも進化を続けている。現在の主流は**3点式**で、全席3点式を備える車も多くなってきた。その装着時の安全性をさらに高めるのが、衝突時に乗員の移動を抑える**ELR**（エマージェンシー・ロッキング・リトラクター）やプリテンショナー、フォースリミッターなどの機能である。

ELR

通常は自由に引き出したり戻したりできるが、緊急時には自動的にロックしてそれ以上引き出せないようになる。緊急時を感知する方法には種類があり、ウエビング感知式は急激に引き出すとロックするもので、車体感知式は急ブレーキの衝撃などGでロックするもの。現在ではこの両方の感知を備えたものが多い。

プリテンショナー

ELRはとても安全性を高めてくれるが、正しく装着していたとしても、ロックするまでにわずかながら体は前方に移動することになる。あまり体が前方に行ってしまうと、エアバッグが展開することで逆に衝撃を受けることになる。そこで開発されたのが**プリテンショナー式**である。方式は2種類あり、リトラクター側で引っ張るものとバックルで引っ張るタイプがあるが、どちらもエアバッグのようにガス・インフレーターを利用している。急激に発生したガスがベルトを引っ張るのだ。いずれかでも効果があるが、両方を備えた車両もある。プリテンショナーの作動はエアバッグと連動したものが多い。

フォースリミッター

プリテンショナーが装備されていると乗員拘束性は高まるが、そのままだと胸部を圧迫してしまう可能性がある。そこで開発されたのが、フォースリミッターだ。フォースリミッターは、いったん引っ張られたシートベルトを少しゆるめてくれるもので、拘束力に応じて段階的に作動する可変型フォースリミッターも登場している。

いずれの方式にせよ、正しいドライビングポジションできちんとシートベルトを装着しないと、効果はない。

豆知識 シートベルトの締め付けを和らげるグッズが市販されているが、シートベルトを引き込む機能を阻害するのですすめられない。

シートベルトの付加機能

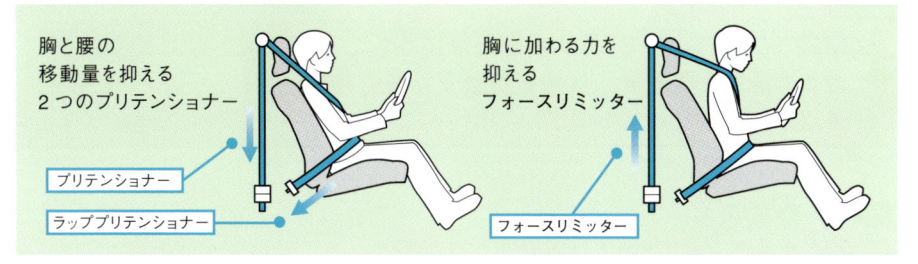

胸と腰の移動量を抑える2つのプリテンショナー

プリテンショナー

ラッププリテンショナー

胸に加わる力を抑えるフォースリミッター

フォースリミッター

一般的な市販車の3点式シートベルトはふだんは比較的ルーズなフィット感だが、いざというときには左のプリテンショナーというシートベルトを引き込む機能で乗員の前方への移動を抑えてくれる。その後に働くのが、引き込みによって乗員にかかる力を抑えるフォースリミッター（右）。

すべての車ではないが、上級セダンや上級ワゴンでは後席の中央席まで3点式シートベルトになってきている。ミニバンでは3列目にも2人分の3点式シートベルトが装備されているだけに、早急にコンパクトクラスの後席中央にも3点式シートベルトの装備を期待したいところ。最近では、助手席側にBピラーのない車などで、右図のようにシートフレーム自体にシートベルトが組み込まれたタイプも登場してきた。

サブマリン現象防止シート

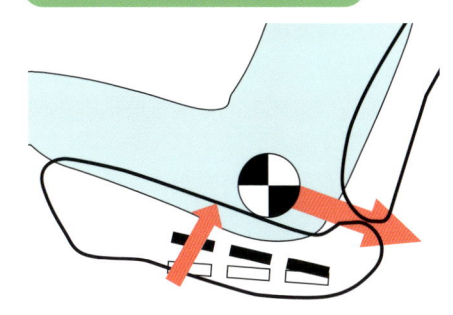

前ページで紹介したアンチサブマリン現象防止シートのイメージ。急ブレーキや衝突時のように強いGが乗員にかかると、体がシートベルトをすり抜けて前方に滑っていくが、座面の変形を最小限に抑えたり、座面の後ろ方向への傾斜を強めることで、乗員が前方に滑っていくことを抑えてくれる。

豆知識 後部座席に座っているからといって安全であるとは言えない。やはり後部座席に着席した人もシートベルトを締めるべきだ。

エアバッグ

> **Key word**
> **SRSエアバッグ** SRSは補助拘束装置のこと。乗員の前に瞬間的にガスの袋を膨らませ、乗員を保護する安全装置だが、シートベルトの着用が前提となっている。

展開のメカニズム

エアバッグとは、ガスで膨らんだ繊維の袋で乗員の衝撃を和らげるシステム。正確には**SRS（サプリメンタル・レストレイント・システム）**エアバッグで、補助保護装置となる。

動作は、コンピューターで制御されており、**Gセンサー**などで衝撃を感知、エアバッグの展開が必要と判断すると、インフレーターに指示を出す。インフレーターはイグナイターを発熱させて点火、イグナイターの高熱がガス発生剤を燃焼させ、大量のガス（主に**窒素**）がエアバッグを膨張させる。もちろん燃えかすはフィルターで除去される。直接ガス発生剤を燃やさないのは、瞬間的に多量のガスを発生させるためである。

エアバッグも進化する

前面衝突したのにエアバッグが開かないこともある。これは、エアバッグを開く必要性がないとコンピューターが判断したからで、前からぶつかったといっても、必ずしも開くわけではない。エアバッグに人間がぶつかる衝撃もかなりのもので、開く必要がないのなら開かないにこしたことはないのである。そのような状況から、エアバッグのガス圧をコントロールして、衝撃を減らす**2段階制御式システム**が普及しつつある。これはインフレーターが2つに分かれたもので、弱い衝撃だと1つ、強い衝撃だと2つ、または段階的に袋を膨らますことで、人間への不必要な影響を最小限にしようとするもので、今後は主流になると思われる。

サイドや膝用もある

車が衝突するのは正面からだけではない。側面の衝突に備えて、シート背もたれの横に内蔵された**サイドエアバッグ**や、ウィンドーへの衝突をカバーする**カーテンシールドエアバッグ**、膝を保護する**ニーエアバッグ**も登場している。

エアバッグは、装備されていたほうが安全なのは間違いないといえるまでに進化している。しかし、注意も必要で、助手席エアバッグが飛び出す所に芳香剤などを設置すると、エアバッグが開いたときに、芳香剤が乗員めがけて飛んでくる可能性もある。エアバッグの上には何も置かないのが望ましい。

エアバッグの展開例

自動車メーカーによる50％オフセット前面衝突試験。これは、それぞれの車の全幅の半分ずつを、前面から衝突させる試験。両車ともにエアバッグが展開していることがわかるだろう。

20～30km/h以上

約30°

エアバッグはぶつかれば必ず展開するというわけではない。速度にして20～30km/h以上で、右にあるように左右方向に約30°までがセンサーで検出できる範囲とされている。転倒したり、追突された場合には展開しない。

運転席／助手席／サイド／カーテンシールドの各種エアバッグが装備されたホンダ・レジェンド。最近ではステアリングコラムの下から展開するニー(膝用)エアバッグまで採用される車も出てきている。このレジェンドをはじめとする上級車種では、エアバッグが展開するときのガス圧を2段階に制御することで、事故時の人間への加害性が少なくできるタイプが採用されている。

豆知識　エアバッグ装着車には、任意保険料が割り引かれる制度がある。

ドアミラーなど

> **Key word** リバース連動ドアミラー　シフトレバーをリバースにすると、ミラーが下向きになり、縦列駐車や車庫入れが楽になる。

多機能化するドアミラー

　水滴などがドアミラーに付着すると後方視界が悪くなるが、それを解決してくれるのが熱で水滴を除去する**ヒーテッドドアミラー**。ドアミラーに熱線が内蔵されており、気温やワイパーなどと連動して電気が通り、雨滴を除去してくれる。ほかにも目に見えない細かな振動で水滴を飛ばすシステムもある。

　親水＆撥水ミラーは、通常走行風が当たらず、ワイパーもないドアミラーの視界を確保するもの。

　親水ミラーは表面にシリカ層があり、表面に凹凸をつくることで多くの水分を維持できるようにしたもの。光触媒にセルフクリーニング機能も備えられており、親水能力を回復する力がある。

　撥水ミラーは**フッ素**や**シリコン**を表面に塗布することで、水滴を水玉状にして接触面積を減らすことで、傾斜や風で飛ばすようにしたもの。どちらも一定期間で効果は薄れてしまうので定期的なメンテナンスが必要だ。

リバース連動ドアミラーや自動防眩ミラー

　リバース連動ドアミラーは、シフトレバーの操作で、ドアミラーの角度を駐車に便利な下方に動かすもの。後輪周辺が視認できるので縦列駐車では非常に重宝する。仕組みはミラー面の角度をスイッチで変える電動調整式ミラーと同じで、鏡面を設定された角度に動かすというシンプルなもの。

　後ろを走る車の光軸がずれていると、ルームミラーやドアミラーに当たった光が運転者の目に当たり、非常に眩しく運転に支障をきたすことがある。ヘッドランプの光軸を調整する**オートレベライザー**が付いていればいいが、手動調整の場合は活用されていないケースが目立つ。さらにハイビームのまま対向車線を走る車もある。ハイビームは遠くまで照らせて安全ではあるが、対向車があるところでの使用は控えたい。対向車のドライバーの視力を一瞬奪い、事故を引き起こす可能性があるからだ。

　後ろの車のライトが眩しいときに役立つのが、**自動防眩ミラー**である。これは、表面のガラス部分と実際に反射する鏡面の間にゲル状の可変透過剤を挟み、この透過剤に電圧をかけて光の透過率を変えるもの。センサーはもちろんルームミラーやドアミラーに内蔵されており、周囲の明るさも考慮して判断している。メーカーによって呼び方や透過率の変化に違いがあるが、非常に便利なものに間違いはない。

豆知識　親水ミラーにするためのシールが、カーショップなどで売られている。

ドアミラーの機能の1例

上はドアミラーの鏡面に親水＆ヒーター機能が付けられたホンダ・エアウェイブの例。さらに、ドアガラスに撥水加工が施されている。下のようにシフトレバーをR(リバース)にすると、自動的にミラー面が下降するものまであって、もはや至れり尽くせりである。

リバース連動ドアミラーの通常時の位置。Dレンジなどの前進時はこの状態。

車庫入れなどでリバースに入れるとミラー面がそれに連動して下向きになる。

第7章

豆知識 自車に自動防眩ミラーが装着されているからといって、街中をハイビームで走るのはナンセンス。ハイビームは対向車がない道だけで使用するべきだ。

リモコンキーと空調関連

> **Key word**
> **イモビライザー** キーに取り付けられたチップのIDと車両側のIDを照合し、一致しなければエンジンがかからないシステム。不正キーは使用できず、盗難防止効果が高い。

安全で便利な機能、スマートエントリー＆イモビライザー

キーレスエントリーとよばれる、リモコンでロック及び解除ができる機構はかなり一般的になってきた。最近はさらに進化したキーが登場し、**スマートエントリー**とよばれる、キーを所持しているだけでドアの施錠やエンジン始動ができるタイプが増加する傾向にある。

このスマートエントリーでは、車体とキー（カードタイプが多い）がマイクロチップなどで電波の交信をしており、センサーがキーの位置を判断。車両の周囲にいると判断された場合のみドアの開閉ができ、キーが車内にある場合のみエンジンを始動できるように設定されている。エンジンがかかった状態でキーを車外にもちだそうとすると警告音がなったりして、危険を知らせるようになっている。信号の種類は何万通りもあり、違うカードでは他の車の操作はできない。

この交信技術は通常のカギでも使われている。キーの内部などにマイクロチップが埋め込まれており、キー固有のコードとランダム交換コードをチェック、不法に作られたキーではロックが解除されないようにして、盗難防止につとめている。近年注目を集める**イモビライザー**は、このようなシステムを利用して、正規のキーを使わずに複製したキーで車内に侵入しても、不正キーではエンジンがかからないシステムだ。キーのコードと車両のコードが一致しなければ、エンジンがかからないようになっている。さらに不正なキーで開錠すると、警告音を発する機能を持つものもある。

エアコンコントロール

普段何気なく使うエアコンだが、パーレンフィルターを搭載するものが増えてきた。これは、花粉除去用のフィルターを備えたエアコンで、ディーゼル車のにおいを除去するタイプもある。フィルターの交換は使用状態によって著しく異なり、渋滞の都市部での使用がメインとなる車両は3ヶ月でフィルターが目詰まりを起こすこともある。また、通常は外気導入で常に新鮮な空気を取り込む必要があることから、センサーが花粉やディーゼルのパティキュレートを検知すると、自動的に内気循環に切り替えたりする機能を持つタイプまである。さらには**GPS**で車の向いている方向と時間を調べ、日光の当たり具合を想定して、空調を行うシステムまで市販されるようになった。

豆知識　欧州車はキーの複製ができない特殊な鍵を使って盗難を防いでいる。

スマートカードキー

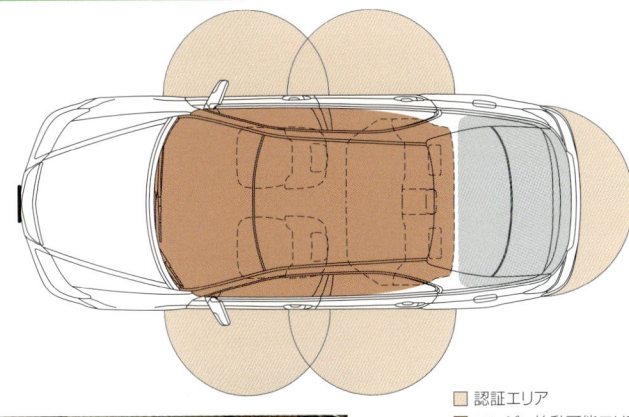

スマートカードキーの作動範囲のイメージ。薄い色の部分は認証エリアで、カードキーを持っていればドアの開閉ができる。エンジンを始動するにはカードキーが室内になければならず、灰色のトランク内にカードキーがあるときは、ロックできないようになっている。

■ 認証エリア
■ エンジン始動可能エリア
■ カードキー閉じ込み防止エリア
（トランク内にカードキーがある場合はロックされない）

2004年に発売された車から、カードスロットが装備されるよになった。

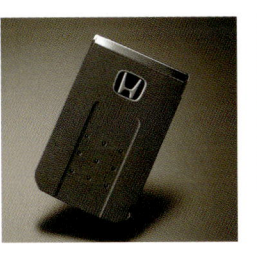

万が一のためにキーが組み込まれている。

専用キーとエンジンの電子制御システム間で電子認証を行うイモビライザー

GPS制御偏日射コントロール機能

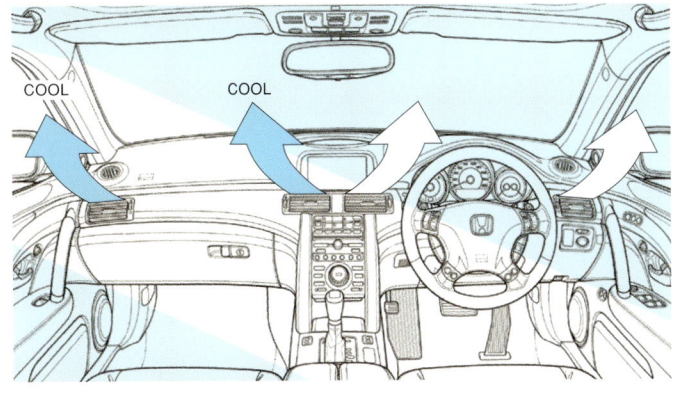

上級車で左右独立のエアコン温度制御が普及してきているが、これは日射センサーとGPS情報によって車内の日当たりが強いところと、そうでないところで風量と冷気の強さを自動的に制御してくれるという画期的な快適装備だ。

豆知識 酷暑にみまわれる日本。最近では欧州車も、日本の夏にテスト走行が行われる。それほど日本の夏は車にとって辛い環境なのだ。

ETCとカーナビ

> **Key word** **HDDカーナビゲーション** HDD（ハードディスク・ドライブ）を搭載したカーナビゲーション。容量が大きく、データへのアクセススピードが速い。

市販品だけでなく、純正も人気

　ここ数年装着率が高いものの代表例として、**カーナビゲーション・システム（カーナビ）**と**ETC（エレクトロニック・トール・コレクションシステム）**が挙げられる。カーナビはかつては量販店で装着するのが一般的だったが、近年ではメーカー純正の人気も高まっている。CD-ROMが登場したころから人気がではじめ、DVD-ROM、HDD（ハードディスク・ドライブ）へと進化、現在では多機能モデルがHDD、普及モデルがDVDといった様相を呈している。

日進月歩のカーナビ

　カーナビは車速や車の傾きなどをジャイロセンサーで検知、**GPS（グローバル・ポジショニング・システム）**という衛星からの電波を受信して、自車位置を地図状に表示している。HDDタイプの容量は大きく、しかもデータへのアクセススピードが速いことから、詳細な地図と快適なルート案内が可能になり、利便性は高まっている。

　カーナビの売りの一つであるVICS（ビークル・インフォメーション＆コミュニケーション・システム）は、FM電波や道路上に配置された電波ビーコンの情報をもとに、渋滞や工事、車線規制の情報を表示してくれるもので、渋滞回避に一役買っている。さらに、携帯電話等で**インターネット**に接続可能な機種は、常に最新の情報を入手することが可能。

　通信端末を内蔵した車の中には、事故や急病の際にセンターを呼びだし、救急車などを手配してくれるシステムやサービスもある。通信端末がカーナビのデータを転送し、パトカーや救急車の手配をしてくれるのだ。

広がりつつあるETC

　ETCは簡単に言ってしまえば、料金自動支払いシステム。車に搭載された車載器と料金所に設置されたアンテナが交信して、停止することなく高速道路等の料金所を通過できる。ETCカードは専用のクレジットカードになっており、主にカード会社などで発行している。専用ゲートの数は増えており、車載器の値段も下がってきていることから、急速に普及してきている。

豆知識 カーナビは世界に誇る日本の技術。最近では海外にも輸出されるようになった。

カーナビゲーション・システム

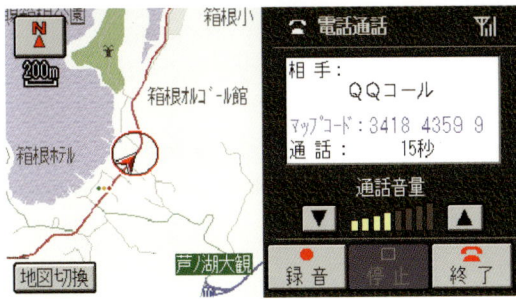

2005年のマイナーチェンジでHDD化されたスバル・レガシィの純正ナビゲーション（上）。左の通信端末が内蔵されたタイプでは、事故などのときに救急車を手配してくれる機能もあるが、エアバッグ連動で自動的に通報してくれるものと、手動で通報するタイプがあるなど、さまざまだ。

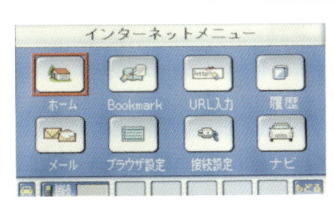

メーカー純正でインターネットに接続できる機能があるタイプで注目なのが、オペレーターに目的地を伝えるだけで目的地を設定してくれる機能。機械オンチにはありがたい。

ETC車載器

ETCは左のようにアンテナとスピーカーが分離されたもののほか、すべてが一体化されたものがある。右はETCの装着例。

豆知識 ETCカードを逆さまにさし、料金所で事故を起こす車が絶えない。カードが正常に装着されているかを確認してから走り出そう。

横滑り防止装置

> **Key word** 　**横滑り防止装置**　車の動きを各種センサーで検知し、4輪のブレーキなどを独立に制御して、横滑りやスピンを回避するシステム。

ABSとトラクションコントロールの発展型

　横滑り防止装置には現在さまざまな名称があり、統一されていない。しかし、基本的な考え方や効果は同じなので、一般的なシステムを紹介しよう。

　コーナリングでは車に**慣性モーメント**が発生する。慣性モーメントとは、軸の回りを回転する物体にかかる力の大きさのことで、慣性は質量に比例する。通常の走行ではこの慣性モーメントが車両コントロールの範囲内にあり、スピンすることはない。しかし、駆動力のかけすぎや、ブレーキ操作のミス、路面の状況などで前輪もしくは後輪（あるいは四輪）が、ねらったラインを外してしまうことがある。これを防ぐのが、横滑り防止装置である。

　トラクションコントロールやABS（アンチロック・ブレーキ・システム）の発展型ともいえるこのシステムは、車のスピンを防止する機能で、前後左右輪のブレーキ力をコントロールすることで、後輪が滑るオーバーステアや、前輪が滑るアンダーステアとは反対側の力を作り出して、車両を安定させるもの。車速センサーやGセンサーにヨーレートセンサーを加えて、トラクションコントロールやABSを四輪独立制御して車両を安定させるのだ。

エンジンの燃料噴射までも制御するシステムも登場

　上記に加えて、ステアリングの舵角やアクセルとブレーキの情報を元に、ステアリングのサポートを行ったり（パワーステアリングの重さを変化させる）、ドライバーのイメージと実際の車の挙動のギャップを埋める、予防安全性の高いシステムもある。

　例えば、前輪が横滑りしようとした場合には、内側の2輪にブレーキを軽くかけて、エンジンの燃料噴射を減らすことで対処。いわゆる手アンダーのように、ドライバーがステアリングを切らないことで、（舵角）状況が悪化するような場合には、切り込み方向が軽くなるようにアシストする。

　このシステムは非常に安全性を高めてくれるが、スポーツ走行の楽しみをスポイルする部分もあるので、カットスイッチなどを設けた車もある。システム自体が高価なため、まだ全ての車両に標準装備とはいかないが、このシステム装備車は任意保険の割引がある場合もあって、普及が進みつつあり、今後量産効果で価格が下がる可能性がある。

豆知識　横滑り防止装置装着車も任意保険の割引対象となる。

事故の防止に有効

たとえば、追越し車線を走行中に走行車線の車がはみ出してきたとする。ステアリングを右に切ってかわしたが、次にもとの位置に戻ろうとして左にステアリングを切った瞬間にテールがスライド。横滑り防止装置がない車であれば、たいていの人はそのままスピンしてガードレールや周囲の車を巻き込んでの事故になるが、横滑り防止装置はスライドが収まるように制御してくれる。

横滑り防止装置の作動例

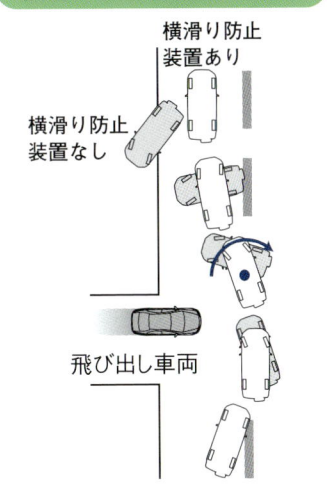

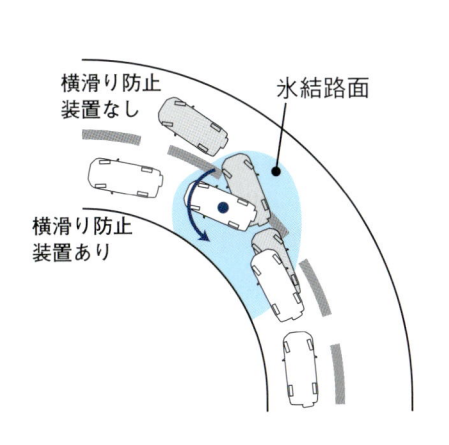

左は路地からの飛び出し車両を回避するもので、右はコーナリング中に氷結部分があったときの例。横滑り防止装置がないと、図中の灰色の車のようにスピンしたり車線をはみ出してしまう。

豆知識 横滑り防止装置のよびかたは各社さまざま。トヨタはVSC、日産はVDC、ホンダはVSA、BMWはDSC、ダイムラー・クライスラーはESPとよんでいる。

クルーズコントロールと車載コンピューター

> **Key word** オンボードコンピューター　外気温、平均速度、燃費、航続距離、あるいはメンテナンス情報などを、カーナビゲーションの画面などに表示する。

進化する運転支援システム

　日本では自動車が過密気味で、閑散とした何十kmの直線道路を走る、ということはあまりないだろうが、米国などでは自分のペースで長い距離を走れることがある。そこでアクセルを踏まなくても設定した速度に保ってくれる、**クルーズコントロール**というシステムが必要となるのだ。

　クルーズコントロールのシステムは簡単で、要するに自動アクセルである。実際にドライバーがアクセルを踏んでいなくても、車のコンピューターが燃料噴射を指示して設定した速度を保つのである。上り坂などで速度が落ちた場合は、よりスロットルを開き、速度が出過ぎた場合はエンジンブレーキを利かせて、速度をコントロールしてくれる。緊急時のために、ブレーキを踏むと速度の設定が解除されるのが一般的。

　また、前走車両との距離を測るミリ波式もしくはレーザー式のレーダーシステム、道路の白線などで車線を判断するカメラを備えて、車間距離制御、車線維持機能まであるクルーズコントロールもすでに登場している。オプション価格が高いことがネックで、普及には時間がかかるだろう。

車両の状態を知らせるオンボードコンピューター

　現在の車は壊れにくくなって、メーター類も少なくなってきた。かつては、速度計・回転計・燃料計・水温計・油圧計・油温計・電圧計など、さまざまな情報をモニターしながら走らなければならなかったが、最近は速度計の他は警告灯のみの車もある。

　そこで、カーナビ画面や別の表示部を設けることで、こういった情報を表示するのがオンボードコンピューターだ。モデルによっては、外気温や平均速度、瞬間燃費、推定航続距離を表示する機能もあり、ドライビングの楽しみを広げ、安全性を高めてくれるものもある。

　さらにガソリンを無駄なく使って走れるように、効率の良いアクセル開度をインジケーターで教えてくれるモデルもある。省エネにも役だっているのだ。

　また、エンジンオイル交換時期や定期点検、タイヤの空気圧警報まで備えたタイプも存在する。現在の車は細部までコンピューター制御が行き届いているので、こうした情報を表示することが可能となったのだ。

豆知識　一定の速度で走らせることができるクルーズコントロールは燃費の向上にも貢献する。

クルーズコントロール

ステアリングホイールの右側などに、設定スイッチが設けられているクルーズコントロール。自分が保ちたい速度になったら、SET 側にレバーを押すだけで、自動でその速度を維持してくれる。ミリ波レーダーやカメラで車線や車間距離が維持できる進化したタイプが、一部の上級車種にオプション設定されている。

オンボードコンピューター

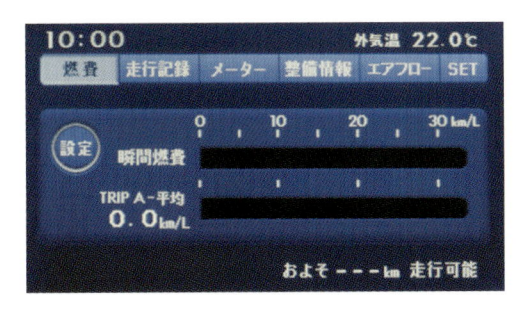

純正ナビゲーションにセットされるオンボードコンピューターの燃費表示画面。オド／トリップメーター部分などに表示パネルがある車もある。燃費表示はこまめにリセットできるものと、給油するまでリセットできないタイプがある。

整備情報が入れられることも一般的になっている。エンジンオイルやオイルフィルタなどの交換する距離と交換した日にちを設定すると、その時期がきたときにナビゲーション画面に文字情報で交換時期がきたことを知らせてくれる。

第7章

豆知識　車外温度を計測し続け、水が凍り付く温度近くに達すると警告音を発する車もある。

Column

安全装備はあくまで補助装置

シートベルトはもっとも効果のある安全装備

　平成16年度の統計によると、自動車事故で死亡または重傷となった人の率で比べると、シートベルト非着用者は着用者の約3倍になっている。シートベルトの着用は、車に乗る際の基本条件といってもいい。さらに言えば、各種エアバッグは乗員がシートベルトを着用していることを条件に設計されている。もし、シートベルトをしないでエアバッグが作動した場合、かえってエアバッグによって人体に損傷を与えてしまう可能性すらある。

　正しいドライビングポジションも重要だ。良く見受けるが、背もたれを倒して運転する姿勢は「サブマリン現象」を引き起こす。これは、シートベルトをしていたとしても、衝撃により体がシートベルトをくぐり抜け、車体前方に体が投げ出される現象だ。これではシートベルトをしている意味がない。

　正しいドライビングポジションとシートベルトの締め方は、
①ハンドルの上部を持ったとき、腕を軽く折り曲げるくらい。
②ベルトが首にかからないように高さを調節する。
③ベルトはねじらないようにする。ねじったところに力がかかり、衝撃の力が集中する可能性がある。
④腰ベルトは腰のできるだけ低いところにかける。お腹にかけると内臓を損傷する可能性がある。

　反対に危険な姿勢もあげておく。
①ハンドルを抱え込むような姿勢。エアバッグが破裂する衝撃で顔面を損傷するおそれがある。
②子供を抱っこして乗る。時速40kmで衝突したとき、乗員に加わる衝撃は、体重の約30倍にもなると言われている。どんなに力持ちのお母さんでも、体重10kgの赤ちゃんが300kgの力で前に飛び出していくのを押さえることはできない。

　いくら各種先進安全装備に守られていたとしても、基本はシートベルトとドライビングポジションであるといえる。

第8章

自動車の歴史

研究の時代

Key word **ガソリンエンジン**　1885年にドイツでガソリンエンジンで動く自動車が発明された。以来、自動車はガソリンエンジンが主流になっていく。

ガソリン自動車の生みの親、ベンツとダイムラー

　自動車の歴史は内燃機関の発明に始まる。1765年、イギリスの**ジェームス・ワット**が蒸気機関を発明したことにより、その道は開かれた。18世紀の後半になると、それを自動車の機関にしようとする試みが行われ、それ以降、馬車に変わる人工の乗り物として自動車の開発が本格的に始まった。現在、世界初の自動車と認められているものは、1769年にフランス陸軍の技術大尉**ニコラス・キュニョー**が製作した蒸気自動車と言われている。これは、蒸気機関を動力源とした3輪車で、時速3.2kmで走ったが、15分ごとに水を補充する必要があった。さらに、大きなボイラーが動きを鈍くさせ、パリの市内を試運転中に塀に衝突、交通事故の第1号にもなっている。

　その後も様々な人によって蒸気自動車の開発が行われ、19世紀は蒸気自動車の時代となっていった。このように蒸気を原動力としたものから始まった自動車だが、1860年にフランスの**エチーネ・ルノアール**がガスを燃料とする内燃機関を実用化したことで、大きな転換期を迎えることとなる。ルノアールは、1862年にはこのエンジンを使った自動車の試運転にも成功。さらに、これに刺激を受けたドイツ人の**ニコラス・オットー**は1863年に2サイクルエンジンを、1876年には現在では自動車エンジンの主流となっている4サイクルエンジンを世界で初めて開発し、それが今日の高出力エンジンの礎となっている。

　1885年頃、ドイツの**カール・ベンツ**が世界初のガソリンエンジン自動車となる3輪乗用車「パテント・モーターワーゲン」を製作。また、同じ年にドイツの**ゴットリープ・ダイムラー**もガソリンエンジンを搭載した世界初のオートバイを製作し、翌1886年には世界初の4輪ガソリン車「モーターキャリッジ」を完成させている。そしてこのベンツとダイムラーがそれぞれ別に、偶然時を同じくしてガソリンエンジン車を作ったことが、現在につながる自動車の歴史の幕開きと言われている。しかし、誕生したばかりの頃は必ずしもガソリンエンジンが自動車の主流になるとは思われておらず、改良が加えられた蒸気機関の利用も捨てがたいと思われていた。だが結果的には、これを期に蒸気自動車はレールを選択し、鉄道へと成長していく。

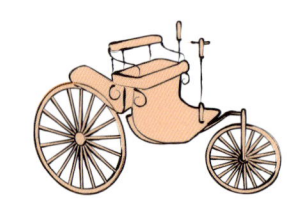

豆知識　ダイムラー・クライスラーグループの超高級車「マイバッハ」。この名前はゴットリープ・ダイムラーの片腕として働いた、ヴィルヘルム・マイバッハの名前からとられている。

実用化の時代

Key word **自動車レース** ガソリン自動車の実用化を大きく押し進めたのは、フランスで行われた自動車競技会だった。

レースが開発を押し進める

今から120年ほど前にドイツでカール・ベンツとゴットリープ・ダイムラーが、それぞれ別のガソリンエンジンを作ったことが、現在につながる自動車の誕生の時と言われている。ベンツやダイムラーが実用化に向けて**ガソリンエンジン**の開発に取り組んでいた19世紀の後半は、ドイツに新しい時代が訪れようとしていた頃だった。つまり、ガソリンエンジンの実用化は、新しいビジネスを生むものだったのだ。結果、技術者の間では競争が繰り広げられ、自動車の進化は一気に加速した。しかし、自動車としてのカタチが花開いたのは、ドイツよりフランスが先であった。

ガソリンエンジンを実用化したのはドイツの技術者であったが、その成果を自動車用として最初に生かしたのはフランス人だった。ダイムラーやベンツがガソリンエンジンを作り上げた19世紀の後半は、フランスでも経済が成長を遂げつつあった時期で、近代化・工業化が推し進められていた。そんな時期に登場した自動車は、早く移動することに熱心だったフランス人の気質にマッチするものだったのだ。それは、個人的な乗り物に対する関心がどの国より高かったフランスだからこそ、新しい乗り物としての自動車を迎え入れる土壌があったからに他ならない。初期の段階で、ガソリン自動車の実用化にもっとも貢献したのはフランスであったのだ。

ガソリンエンジンを搭載した自動車が、商品として最初にフランスで発売されたのは1891年。以来、フランスでは自動車を走らせる楽しみを味わいたいという意欲が、自動車の開発を押し進めてきた。そして、その精神が結実したのが1894年に執り行われた最初の自動車競技会、「**パリ─ルーラン・トライアル**」だ。その翌年には最初のモーターレースである「**パリ─ボルドー─パリ**」も執り行われている。自動車の競技会は人々の関心を呼び、それに優勝することは、そのメーカーの車が優秀であることの証になった。つまり、メーカーの宣伝の場として、これ程の舞台はなかったのだ。そのため、ほとんどのメーカーがレースに興味を示していく。そしてそのことが、自動車の実用化に拍車をかけることになる。

豆知識 フランス人のカーレース好きは現在も変わらない。F1を主催するFIAはパリに事務所をおいている。

工業化の時代

> **Key word** **T型フォード** 1908年に登場したT型フォードは、コンベアラインによる大量生産で低価格を実現、自動車の大衆化をもたらした。

自動車の歴史の金字塔、T型フォード

　自動車が誕生した初期の頃は、ガソリンエンジンがドイツで実用化され、フランスとの間で練り上げられることで自動車は発展していった。だが、19世紀も後半になるとヨーロッパでは、それまで以上に技術提携や交流が各国間で活発に行われるようになり、新しい技術はすぐに伝えられるようになっていった。その結果、ガソリンエンジンの実用化の成功を契機として、19世紀の終わりから20世紀の初めにかけて、ヨーロッパの様々な国で自動車メーカーが誕生した。様々な国で作られ、実用に供されていったのだ。

　イギリスだけは、ヨーロッパでは唯一歩行者の安全を優先した「**赤旗条例**」という法律が施行されていたおかげで、自動車の誕生にはほとんど関わらなかった。蒸気機関に関してはヨーロッパの国々をリードしてきたイギリスだったが、自動車の発達をみるのはその悪評高かった「赤旗条例」が1896年に廃止されてからである。

　20世紀に入ってからも、自動車産業の中心はヨーロッパであった。そんな中、1908年、自動車の歴史を語る上で欠かすことの出来ない1台の車がアメリカで登場する。それが、**T型フォード**だ。その頃のアメリカは最初の世界恐慌を脱し、政府指導による工業化が進み、世界一の工業国になっていた。そんな時代背景の中で登場したT型フォードは、大衆のための自動車を目指して開発され、装備は質素だが、頑丈で壊れにくく、誰にでも運転できるものだった。しかも、ベルトコンベアによる流れ作業という大量生産システムを導入し、低価格を実現したため、一気にアメリカ全土に広がっていった。**ヘンリー・フォード**は自動車を発明したわけではないが、彼の生産手法があって初めて、自動車が普通の人々の手に届くものとなったのだ。また、これにより自動車が社会に深く入り込んできたのも事実である。T型フォードは、人々のライフスタイル、業務環境、さらには産業の生産システムにまで、大きな変革をもたらしたと言っても過言ではない。工業化を推進させたという意味で、T型フォードは自動車史の中で、偉大なランドマークの1つであるといえる。

豆知識 1906年では約10万台だったアメリカ国内の自動車を、T型フォードは1916年には約330万台までに引き上げた。

技術開発の時代

> **Key word** 第一次・第二次世界大戦　両大戦中に、自動車の研究開発は加速度的に進む。国の存亡をかけた戦争は、さまざまな技術革新も引き起こした。

工業界のレベルアップにともない、自動車の性能も向上

　第一次世界大戦を通じて自動車は戦争に強い影響力を及ぼしたが、同時に自動車も戦争によって大きな影響を受けた。戦争という過酷な状況下で明らかになった自動車の欠陥は矯正され、その後の自動車の技術レベルは飛躍的に向上していく。結果、自動車の技術開発スピードに拍車がかかり、全世界的な技術開発競争が幕を開けた。

　なかでも第一次大戦後の自動車の最も大きな技術革新は、より性能の良いエンジンの開発である。1つは、それまで使われていた材料の鋳鉄に代わって、新素材であるアルミニウム合金がエンジンに利用できるようになったことだ。これによりエンジンが軽くなっただけでなく、ピストンスピードは、それまでのものと比べて見違える程速くなった。

　また、カムシャフトを介してバルブがスムーズに開閉できるようになったため、従来のサイドバルブエンジンのような効率の悪さは解消され、ガソリンと空気の混合ガスを素早くシリンダー内に送り込むことができるようになったのも、大きな技術革新といえる。これらにより、回転の速いエンジンが作れるようになり、エンジンパワーも向上した。

　エンジンの能力を高めるために、**スーパーチャージャー**が発明されたことも大きな技術革新だ。これはシリンダー内に強制的に圧縮した混合ガスを送り込むことで、より強い加速を可能にした。さらに第二次世界大戦時には、**ターボチャージャー**が実用化された。ターボチャージャーは、空気の薄い高空を飛ぶ飛行機のために開発された部品だ。日本の上空にやってきたB29にも取り付けられていた。第二次世界大戦が終わった頃、ターボチャージャーを車に取り付ける研究が本格的に始まる。

　タイヤは、当時はすでにミシュランが開発した空気入りタイヤが一般的になりつつあったが、**ショックアブソーバー**と左右独立した**サスペンション**の開発により乗り心地が改善された。さらに、車輪が路面を正確に捉えるようになったため、スムーズな走りも実現できるようになった。また、**ブレーキ**は4輪全てに取り付けられ、安全性が飛躍的に向上したが、そのブレーキは、機械的に作動するものから油圧で作動するものに代わっていく。このように技術開発の流れはとまることなく、改良が進むにつれて性能向上が図られ、開発された新しい技術は、自動車の一般的な装備になっていった。その改良による進化の度合いは大きく、近年の燃費問題や排気問題といった環境問題さえも乗り越えつつある。

> **豆知識**　第二次世界大戦は飛行機の開発競争という側面もあった。戦後多くの技術者が車メーカーに就職し、飛行機開発で培った最新の技術を車に惜しげもなく導入した。

日本の自動車産業

Key word　排気規制　日本の自動車メーカーは、1970年代の排気規制を乗り越えたことで、世界でもトップの技術力を身につけたともいえる。

日本において乗用車の生産が本格化したのは1960年代後半

　現在では堂々たる自動車王国となったアメリカだが、アメリカに自動車メーカーが誕生したのは、ヨーロッパに遅れること10年ほど経ってから。では、日本は？　というと、それからさらに30年以上も遅れてのことだった。これは関東大震災復興を機会として、アメリカのフォードやゼネラルモーターズが組み立て工場を日本に建設したことに端を発する。その後にトヨタや日産が、国産車を量産するようになったが、生産の中心は乗用車でなくトラックであった。この流れが欧米との大きな違いではある。これは、民間の需要があったわけではなく、軍部の要求があったからだ。さらに、軍部は自動車より飛行機を重要視したため、日本では飛行機メーカーが先行し、その後に自動車メーカーに移っている。そういった状況からスタートした日本では、乗用車が生産の中心になるのは1960年代後半以降の話となってしまう。

　実際、日本に自動車が入ってきたのは19世紀の後半のことで、それから30年近くは輸入が中心であったが、そんな中、日本的なものとして発展してきたのがオート3輪車である。これは、荷物の運搬を主たる用途とする商用車ではあったが、日本での自動車のメインストリームとして、戦後の1950年代まで量産され続けた。これにより隆盛を極めたメーカーが、その後自動車メーカーとして台頭していくことになる。また、戦後になると飛行機産業が縮小され、そこにいた優秀な技術者が自動車産業に吸収されていく。そしてそのことが、日本の経済的な成長とうまくリンクするように、自動車メーカーを発展させていくことになった。また、現在、日本の自動車産業が世界でもトップに成り得たきっかけとして、1970年代に行われた**排気規制**が挙げられる。排気規制は、これまでの自動車の進化のカタチを問い直すほどのものであったが、これを他国に先駆けていち早く乗り越えてきたことで、日本のメーカーは技術力を身につけたのである。これは、日本の自動車メーカーの着実な技術開発や工夫があったからこそ。まだ問題が山積みされている**ハイブリッドカー**や**燃料電池車**の開発にも、日本は確実に対処していくだろう。

豆知識　世界初のハイブリッドカー「プリウス」はアメリカにおいても人気がある。先端技術の日本車というブランドイメージはいまだ健在だ。

さくいん

▶▶▶ 数字 ◀◀◀

1ストローク … 32
1ピース … 157
1ボックス … 10
1.5ボックス … 10
2サイクルエンジン … 32
2ステージターボ … 88
2ピース … 157
2ボックス … 10
2系統式ブレーキ … 159
3ナンバー … 8
3ピース … 157
3ボックス … 10
4WD … 100
4WS … 148
4サイクル … 32
4リンク式 … 137
4輪操舵システム … 16
5ナンバー … 8
5リンク式 … 137

▶▶▶ A, C, D ◀◀◀

ABS … 164, 204
AFS … 188
AT … 110
ATF … 113
Cd … 175
CO（一酸化炭素） … 70, 76
CVT … 116
DCジェネレーター … 68

▶▶▶ E, F, G ◀◀◀

ECU … 64
ELR … 194
ETC … 202
F-1 … 34, 98
FF … 34, 96, 100
FF車 … 92
FR … 96, 100
FR車 … 92
「Gラーダー」式 … 90
GPS … 202
GPS制御偏日射コントロール機能 … 201

▶▶▶ H, I, L ◀◀◀

HC（炭化水素） … 70, 76
HIDランプ … 188
ISOFIX … 176
LSD … 124

▶▶▶ M, N, O ◀◀◀

M＋S … 152
MR … 98, 100
N_2（窒素） … 76
NO_x … 70, 76
NO_x吸蔵触媒 … 77
O_2（酸素） … 76
OHC … 38, 44
OHCエンジン … 44
OHV … 44
OHVエンジン … 45

▶▶▶ P, R, S ◀◀◀

PCV … 70
RR … 34, 35, 98, 100
SH-AWD … 22, 127
SRSエアバッグ … 196
SV … 44
SVエンジン … 45

▶▶▶ T, V, X ◀◀◀

T型フォード … 212
VICS … 202

Vベルト式	117	インレットチェックバルブ	58
V型	28	ウイング	174
X配管方式	159	ウェイストゲートバルブ	86

▶▶▶ あ ◀◀◀

		ウェザーストリップ	180
アウターシンクロナイザーリング	109	ウォーター・ギャラリー	78
アウトプットシャフト	104	ウォーターチューブ	82
アウトレットチェックバルブ	58	ウォーターポンプ	80
アクチュエーター	16	ウォッシャー液	92
アクティブセーフティ	126, 130	ウォッシャーノズル	190
アシストアーム	139	エアインレット	55
アダプティブ・フロントライティング・システム	188	エアクリーナー	55
		エアコンコントロール	200
アッカーマン機構	142	エアダクト	174
アッカーマン原理	143	エアバッグ	176, 196
圧縮	32	エキセントリックシャフト	52
圧縮リング	46	エキゾーストマニホールド	72
アッパーアーム	139	エチレングリコール	78
アルミニウム合金	156	エナメル塗料	178
アルミペースト	178	エマージェンシー・ロッキング・リトラクター	194
アルミホイール	156		
アンカーピン式	162	エンジンオイル	84, 93
暗視システム	190	エンジンの形	28
アンダーステア	145	エンジンブレーキ	167
アンチロック・ブレーキ・システム	164, 204	エンジンルーム	92, 174
		オイルギャラリー	84
イグニションコイル	64	オイルストレーナー	84
一酸化炭素	70	オイルパン	84
イモビライザー	200	オートマ	110
イリジウム合金	66	オートマチックトランスミッション	110
インジェクション式燃料噴射	31	オートマチックフルード	110, 113
インジェクター	60	オーバークール	78
インターナルギア	110	オーバーステア	145
インチアップ	156	オーバーヘッド・カムシャフト	38, 44
インテークマニホールド	55	オーバーラップ	42
インナーシンクロナイザーリング	109	オープニングトリム	180
インペラー	112	オフロード車	172

オルタネーター	62, 68
オンボードコンピューター	206

▶▶▶ か ◀◀◀

カーシャンプー	183
カーテンシールドエアバッグ	196
カーナビ	24, 202
カーナビゲーションシステム	24
カール・ベンツ	210
回転力	36
カウンターシャフト	104
ガソリン吐出口	60
可変ギアレシオ	144
可変バルブ	74
可変バルブタイミング	42
可変リフト	42
カム	38
カムシャフト	38
ガラス繊維	178
ギア式ポンプ	85
機械式ＬＳＤ	124, 125
機械式過給器	90
気化器	60
キセノンガス	188
キセノンランプ	188
気筒数	28
希薄燃焼	30
逆アッカーマンリンク	142
逆位相	149
逆ハン	98
キャスター角	138
キャタライザー	76
ギャップ	66
キャブレター	60
キャリパー	160, 166
キャンバー角	138
キャンバストップ	180
吸気	32
吸気マニホールド	54, 60
共鳴	74
極板	63
希硫酸	62
キングピン傾斜角	138
空気圧メーター	128
空気式パワーステアリング	146
空気抵抗	174
空気抵抗係数	175
空気バネ	134
クーペ	10
クラークサイクル	32
クラッシャブル構造ボディ	172
クラッチ	102, 106
クラッチカバー	102, 107
クラッチディスク	102, 107
クランクアーム	50
クランクシャフト	50, 80
クランク主軸	50
クランク・プーリー	50
クリープ	110
クルーズコントロール	206
グローバル・ポジショニング・システム	202
クロスメンバー	172
軽自動車	8
減速	122
コイルスプリング	134
コイン洗車場	182
高圧コード	64
交流発電機	68
コーティング	178
コールドタイプ	66
小型自動車	8
ゴットリープ・ダイムラー	210

コネクティングロッド	50		シャフト	176
ゴムブーツ	120		十字軸	118
コントロールバルブ	147		摺動式トリポード型	120
コンピューター	206		循環経路	78
コンプレッサーブレード	86		衝突安全インテリア	176
コンロッド	48, 50		ショートストローク	36

▶▶▶ さ ◀◀◀

			ショックアブソーバー	134
サージタンク	55		ショルダー部	154
サーモスタット	80, 82		シリンダーブロック	46
最終減速装置	122		シリンダーヘッド	30
サイドインパクトドアビーム	180		シングルポイント式	54, 61
サイドウォール	154		シンクロ	108
サイドエアバッグ	196		シンクロナイザー	105
サイドバルブ	44		人工雲母	178
サイレントシャフト	51		水素エンジン	26
サスペンション	132		水素タンク	19
サスペンションアーム	148		水平対向	28
錆	178		スイングアーム	38
サブフレーム	172		スーパーチャージャー	90
サブマリン現象	208		スーパーハイキャス	148
サブマリン現象防止シート	192, 195		スターターモーター	62, 63
サプリメンタル・レストレイント・システム	196		スタッドレスタイヤ	152, 153, 154
サマータイヤ	152		スタビライザー	134
サルーン	10		スチールベルト	153
酸化チタン	178		スチールラジアルタイヤ	153
サンギア	110		ステアリング	140, 176
三元触媒	76		ステアリングギア	144
サンルーフ	180		ステアリングギア比	144
シーケンシャルツインターボ	88		ステアリングギアボックス	148
シート	192		ステアリング機構	141, 142
シートベルト	194, 208		ステアリング径	144
自動クラッチ	102		ステアリング特性	140
自動防眩ミラー	198		ステアリングホイール	144
ジャケット	78		ステーター	112
車載コンピューター	60		ストイキメトリー	30
			ストラット式	133, 139

ストローク	36
スパークプラグ	66
スプリング	134
スポイラー	174
スマートエントリー	200
スリックタイヤ	152
スリップサイン	154
スロットルバルブ	54, 56
スロットルボディ	55
セーム皮	184
セダン	10
セパレーター	63
セルフスターターモーター	62
セルモーター	62
洗車	182
前面投影面積	175
ソリッド	178, 179

▶▶▶ た ◀◀◀

タービン・スーパーチャージャー	90
タービンブレード	86
タービンランナー	114
ターボ	86, 90
ターボラグ	88
タイトコーナーブレーキ現象	100
ダイナモ	68
タイヤ	128, 150, 154
タイヤの構造	150
タイヤのサイズ	154
タイヤの種類	152
タイヤローテーション	154
ダイレクトイグニション	64
タイロッド	142
ダウンフォース	175
ダッシュボード	176
縦置き	34
ダブルウィッシュボーン式	133, 139

炭化水素	70
単動2リーディング式	163
窒素酸化物	70
チャイルドシート	176, 177
チューブレス・ラジアルタイヤ	150
直接噴射	30
直噴	30, 60
直噴式燃料噴射	31
直流発電器	68
直列	28
チルトステアリング	144
ディスクキャリパー	161
ディスクブレーキ	160
ディスクローター	160
ディスチャージランプ	188
ディストリビューター	64
ディッシュ	156
ディファレンシャル	122
デノックスキャタライザー	76
デフ	103
デュオ・サーボ式	163
テレスコピックステアリング	144
電解液	62
点火コイル	64
点火プラグ	66
電極	66
電磁クラッチ	23
電動式パワーステアリング	146
ドア	172, 180
ドアミラー	198
同位相	148, 149
搭載方式	34
等速ジョイント	121
トーイン	148
トー角	148
トーコントロールリンク	148

トーションバー	134, 146
トーションビーム式	133
ドグクラッチ	104
独立懸架方式	138
塗装	178
ドライブシャフト	102, 120
ドライブシャフトブーツ	120
ドライブ・バイ・ワイヤ	54
トラクションオイル	116
トラクションコントロール	126, 204
ドラムブレーキ	162
トランスアクスル	35, 96
トランスファー	100
トリポード式	121
トルク	36
トルク感応タイプ	125
トルクコンバーター	110, 112
トルコンカバー	114
トルコンスリップ	111
トルセンＬＳＤ式	125
トレッド	150
トレッドパターン	152
トロイダルＣＶＴ	116
トロコイド式ポンプ	85

▶▶▶ な ◀◀◀

ナイトビジョン	190
内輪差	145
ナックルアーム	142
鉛蓄電池	62
ニードルジェット	60
ニュートラルステア	145
燃焼室	30
粘性	174
燃料電池車	18, 26
燃料電池スタック	18
燃料噴射	54
燃料噴射装置	60
燃料ポンプ	58
ノッキング	46, 78

▶▶▶ は ◀◀◀

パーキングブレーキ	165
ハーシュネス	132
パートタイム4WD	100
ハードトップタイプ	11
バーフィールド型ユニバーサル	120
バーフィールド式	121
排圧	72
排ガス再循環装置	70
排気	32
排気経路	70
排気タービン過給器	90
排気ブレーキ	167
排気量	28
排出ガス浄化装置	76
ハイテンションコード	64
ハイドロマチック・トルクコンバーター	110
ハイブリッド車	26, 68
倍力作用	162
バウンシング	132
バキューム・ブレーキブースター	158
爆発膨張	32
バスタブ型	31
白金	66
ハッチバック	10
バッテリー	62
バッテリー液	94
ハニカム	76
ハブ	120
ハブキャリア	132
パラレルステアリングリンク	142
バランスウェイト	50

バランスシャフト …………………… 50	フッ素 …………………………………… 178
バルブ ……………………………………… 56	フットブレーキ ………………………… 158
バルブスプリング ……………………… 38	不凍液 …………………………………… 78
バルブタイミング ……………………… 42	フライホイール …………… 62, 106, 107
バルブトロニック ……………………… 56	プラグキャップ ………………………… 64
バルブリフト …………………………… 40	プラットフォーム ……………… 170, 172
ハロゲンランプ ………………………… 189	プラネタリーギア ……………………… 110
パワーシリンダー ……………………… 148	プリテンショナー ……………………… 194
パワーステアリング …………………… 146	プリロード ……………………………… 144
半球型 …………………………………… 31	フルタイム4WD ……………………… 100
半クラッチ ……………………… 106, 110	ブレーキ …… 129, 158, 160, 162, 164, 166
バンケル・サイクルエンジン ………… 52	ブレーキシュー ………………………… 162
反射鏡 …………………………………… 189	ブレーキパッド ………………… 160, 166
ビークル・インフォメーション&コミュニ	ブレーキフルード ……………………… 166
ケーション・システム …………… 202	ブレーキローター ……………………… 167
ヒーター ………………………………… 192	ブレード ………………………………… 86
ビスカスカップリング ………………… 100	フレーム ………………………………… 172
ピストンクラウン ……………………… 46	フレキシブルカップリング …………… 118
ピストンシール ………………………… 160	プレッシャープレート ………………… 106
ピストンスカート ……………………… 46	フレミングの左手の法則 ……………… 69
ピストンリング …………………… 46, 47	フロアマット …………………………… 186
ピッチング ……………………………… 132	ブローバイガス ………………………… 70
ピニオンアシスト式 …………………… 147	ブローバイガス還元装置 ……………… 70
ピラー …………………………………… 176	プロジェクター ………………………… 189
ビルトイン・フレーム ………………… 172	ブロック ………………………………… 152
ヒンジ …………………………………… 176	ブロック型パターン …………………… 153
ファイナルギア ………………………… 122	プロペラシャフト ……………………… 118
ファストバック ………………………… 10	フロントエンジン・フロントドライブ
プーリー ………………………… 42, 116	………………………………… 34, 97
フェード現象 …………………………… 167	フロントエンジン・リアドライブ …… 97
フェンダー ……………………………… 172	フロントサスペンション ……………… 133
フォースリミッター …………………… 194	フロントミッドシップ ………………… 35
複動2リーディング式 ………………… 163	ベーパーロック現象 …………………… 167
普通自動車 ……………………………… 8	ペダル …………………………………… 176
フックジョイント ……………………… 118	ヘッドランプ …………………………… 188
プッシュロッド ………………………… 44	ベルト式CVT ………………………… 116

変速機	102, 104
ベンチュリー部分	60
ベンチレーション	192
ベンチレーテッド・ディスクローター	161
ペントルーフ型燃焼室	31
偏平率	155
ボア	36
ホイール	120, 156
ホイールアライメント	138
ホイールスピン	150
ホイールハウス	182
ホイールバランス	156
ボールスクリュー式	140
歩行者安全ボディ	176
ポジションランプ	169
ホットタイプ	66
ボディ	174
ボディ剛性	172
ボディ構造	172
ホワイトメタル	48
ボンネット	172, 176

▶▶▶ ま ◀◀◀

マイカ	179
マグネシウム合金	156
マグネットスイッチ	63
摩擦クラッチ	106
マスターシリンダー	159
マスターバック	158
マッド&スノー	152
マフラー	74
マルチバルブ	40
マルチポイント式	54, 60, 61
マルチリンク式	139
水あか	184
ミッドシップ	34, 35
ミッドシップエンジン・リアドライブ	99

ミドルシンクロナイザーリング	109
メカニカル・スーパーチャージャー	90
メカニカル・ブレーキアシスト	158
メタリック	179
メンテナンス	92
モノコックボディ	172, 180, 181
モノリス	76
モノリス型触媒コンバーター	77

▶▶▶ や ◀◀◀

油圧式パワーステアリング	146
油圧ブレーキ	158
遊星歯車機構	115
ユニバーサル・ジョイント	118
揚力	174, 175
横置き	34
横滑り防止装置	204
四輪操舵	148

▶▶▶ ら ◀◀◀

ライト	188
ライニング	162
ラグ型パターン	153
ラジエター	82
ラジエターコア	82
ラックアシスト式	147
ラック&ピニオン式	140
ランナー	112
ランプ	168
リアアクティブステア	148
リアエンジン	34
リアエンジン・リアドライブ	34, 99
リアサスペンション	133
リーディング・トレーリング式	162
リーフスプリング	134
リーフスプリングサスペンション	137
リーンバーン	30
リサーキュレーティングボール式	140

リジッド方式	136
リバースギア	102
リブ型パターン	153
リフト	40
リフト量	56
リブ・ラグ型パターン	153
リミテッド・スリップ・ディファレンシャル	124
リム	156
リモコンキー	200
流体クラッチ	106, 110
理論空燃比	30
リンク式	137
ルーフ	180
冷却水	78, 80, 92
レプロジョイント	118
レベリング機構	188
レリーズフォーク	107
ロアアーム	139
ロータリーエンジン	52
ロータリーバルブ式	147
ロープレッシャーターボ	88
ロッカーアーム	38, 44
ロックアップ	114
ロックアップ機構	114
ロックアップクラッチ	114
ロングストローク	36

▶▶▶ わ ◀◀◀

ワイパー	168, 176, 190
ワゴン	10
ワックス	178

デザイン	インフォマップ
レイアウト・DTP	東光フォト（ムラカミマスミ）
イラスト	東光フォト（寺崎涼子）
撮影	上村大輔
協力	BMW Japan、本田技研工業、富士重工業、日産自動車、 フォルクスワーゲン・グループジャパン、プジョー・ジャポン、マツダ

本書の内容に関するお問い合わせは、書名、発行年月日、該当ページを明記の上、書面、FAX、お問い合わせフォームにて、当社編集部宛にお送りください。電話によるお問い合わせはお受けしておりません。
また、本書の範囲を超えるご質問等にもお答えできませんので、あらかじめご了承ください。

FAX：03-3831-0902

お問い合わせフォーム：http://www.shin-sei.co.jp/np/contact-form3.html

落丁・乱丁のあった場合は、送料当社負担でお取替えいたします。当社営業部宛にお送りください。
法律で認められた場合を除き、本書からの転写、転載（電子化を含む）は禁じられています。代行業者等の第三者による電子データ化及び電子書籍化は、いかなる場合も認められていません。

徹底図解　自動車のしくみ

編　　者	新星出版社編集部
発 行 者	富　永　靖　弘
印 刷 所	公和印刷株式会社

発行所　東京都台東区　株式　新星出版社
　　　　台東2丁目24　会社
　　　　〒110-0016　☎03(3831)0743

©SHINSEI Publishing Co.,Ltd.　　　Printed in Japan

ISBN978-4-405-10649-9